締造美國經濟的33位巨人

Men Who Are Making America

博泰・查理斯・富比士 著｜邊曉華、胡彧 譯｜孔謐 審校

五南圖書出版公司 印行

Prologue

譯者序

當中國悄然崛起時，美國已走過必經的滄桑。縱觀美國這段歷史，我們不難發現，成功不僅是一個態度問題，更是一個經年積累、沉澱的過程。對一個人的發展是這樣，對一個民族、一個國家的崛起同樣如此。

沒有大道理，更沒有枯燥無聊的說教，三十三個人，三十三個傳奇故事。該書用平實而樸素的敘述風格，以及三十三位商業巨人眞實的經歷故事，向讀者昭示誠信、樂觀、堅忍、果敢及寬容的品格，才是獲取成功人生的眞正元素。而所謂成功的意義，也遠遠超出了對財富的聚斂、對資源的佔有和對金錢的崇拜。

這本書表面上是一本傳記，但卻是一部美國社會經濟發展史的縮影。

這本書是第一手資料，它糾正了以往人們對成功和富有的一些錯誤觀念。

這不僅僅是一本勵志的書、一本簡單的人物傳記，這本書反應美國人民的根本價值觀，也對「美國夢」做了很好的詮釋，此外，它還是一部美國商業的戰爭史。對新一代渴望擁有成功的年輕人來說，是一本再好不過的人生指南；或許可以去除些蔓延在當代的浮華、焦躁，以及為獲取財富而急功近利的心態、不擇手段的方式，甚至喪失了對生命、對良知的尊重。對於知識份子和商界精英們來說，它或許有些許的借鑑意義：身為一個國家和民族發展中間力量的知識份子和商界精英，又該如何承擔對社會的義務和責任？而對於正在迅速崛起的國家，它或許也會有些許的啓迪：當一個國家、民族的經濟迅猛崛起時，我們的社會與媒體尙需要敬畏哪些優秀的品格、恪守哪些傳統的美德、弘揚哪些民族精神、傳播哪些文化？因為只有這些才是一個國家和民族最終可以成功和富足的根本！該書即使是普通人作為茶餘飯後的消遣，一卷在手，也足以讓讀者掩卷沉思：當我們的生活水準超越了溫飽的層面，我們該如何提升生活的品質？什麼才是眞正的成功和幸福？

名人也是人，但他們的親身經歷會讓你明白，成功爲什麼會和他們有緣。沒有人是完美的，但每個人都有自己的優點，將它發揮到極致的時刻，便是你成功之時。成功的人，首先是一個耐得住寂寞的人，是一個能夠戰勝自己的人。雖然有時候努力了也不一定成功，但不努力就一定不會成功。苦難往往是一筆財富，可有的人能夠在逆境中臥薪嚐膽，卻在稍有建樹後失去鬥志。別說你痛苦，有的人根本顧不上體會痛苦；別說你懷才不遇，這世上比你有才的人不計其數；別抱怨世道不公，從長遠來看這個世界上還是公平的。別問爲什麼，一切有因必有果，當你明白自己爲什麼落後了，你就已經悄然進步了。

該書作者花了十年的心血將這本書奉獻給美國人民，譯者則希望通過自己的棉薄之力，用中文來呈現原著的風采，將它眞實的精髓呈獻給億萬大中華圈的讀者。

整個翻譯過程雖然辛苦，但卻是一個感動的過程，更是一個受教育過程。正是這些巨人成功背後的經歷，和令人震撼的品格與精神，讓我們堅持下來，並使該書最終付梓。

Prologue

導言

「我如何才能獲得成功？」

這是每一個正常人都會問到的問題。

本書詳實講述當今美國工商和金融界三十三位頂級人物，登上成功之巔的心路歷程。這三十三位非凡人物的選擇依據，是一個面向全國商業領域提出的問題：誰是美國商界三十三巨頭、締造美國輝煌的人？除了幾個因地理和環境因素所產生的個例之外，榜上之人全部爲得票最高的人選。因此，對於「成功」二字，這些被冠以殊榮的商界精英們，最有資格向人們娓娓道來，給你以啓迪，給你以幫助。

那麼，這三十三位在商業界倍受推崇的人又是誰呢？

他們的過人之處又是什麼呢？

他們有的人出身於平民階層；

或出身於中產階級；

或出身於富有家庭；

或出生於美國本土；

或出生於蘇格蘭；

或出生於德國；

或出生於英格蘭；

或出生於加拿大；

或從商店店員做起；

或從銀行職員做起；

或從雜貨鋪雜工做起。

本書推翻了人們的普遍看法：在美國，金融界和商業界的最高職位，大多數都掌握在年輕人手中。因爲在這些傑出人物中，只有二人年齡在五十歲以下；當中年齡爲「五」字頭的，只有少數幾位會在類似的排名中入圍；他們的平均年齡是六十一歲，而且，七十歲或七十歲以上的多達八人。

這一點，對於那些還處在創業階段，尚未獲得顯赫成就的人來說是一個鼓勵。天道酬勤，有耕耘，必有收穫。只是從耕耘到收穫須經歷一個必然的過程。

其實，這三十三位名人的生活軌跡能夠帶給我們的，就是這樣一個道理：成功要具備的要素是耐心、堅持不懈、堅忍不拔和永不氣餒。

透過對這些商界領袖進行個性剖析，我們不難得出這樣一個結論：在美國這樣一個自由民主的土地上，家庭出生與教育背景、血統與宗教、先天與環境，既不會成爲成功的絆腳石，也不可能是通向成功的捷徑，唯一重要的是一個人的優秀品質。在美國，人只按照優點來劃分等級。如果美國不是以這一點作爲傳統的話，這三十三人中大部分的卑微出身，恐怕會引發更多的議論。

在研究這些人的職業生涯過程中，最讓我印象深刻的是這樣一個事實：其中大多數都爲自己的成功付出了代價。他們工作比別人更爲努力，時間更久一些；他們做研究和計畫比別人更爲勤快些；他們有更強的自律能力和克服困難的能力，因而能夠在成功的道路上走得更遠一些。

一個人怎樣才能成就大事？

須具備哪些素質？

哪些是必經之路？

要想全面回答這幾個問題，讀者恐怕要看完整本人物特寫，但在這裏，我只想總體地評論一下，對於成功的衡量，往往是兩方面的。

第一方面是每個人都具備的普通成功要素。

第二方面是僅僅有天賦的人才可達到的成功。

從第一種意義上來講，如果這些品質能夠被挖掘出來，普通的人在經過恰當的鍛鍊和訓練之後，至少可以獲得普通意義上的成功。

但是一般來講，要想獲得像本書中介紹的人物那樣非同尋常的成功，第二類的品質是不可或缺的。這些品質貫穿於他們性格特徵中，我來一一列舉，它們分別是：完整、自律、誠懇、勤奮、冷靜、自修、振奮、自強、脾氣好、有勇氣、堅忍不拔、自信、專注、沉穩、忠誠、有抱負、樂觀、有禮貌。

他們具備更罕見、更勝一籌的品質，非常人所能及，比如說：遠見卓識、治理有道、統籌大局，也就是說他們具有選擇、領導、激勵他人的能力；精神和身體上的耐力；非同尋常的判斷力和記憶力、爲了自己認定值得的事情去冒風險的意志力、個人魅力、動力、想像力和理智。

正如莎士比亞所說：「世人皆嚮往成功，唯有力求，方可得來想當然。」

我的觀察和調查讓我更加確信，百分之九十的成功都是受之無愧的成功。名譽、責任、財富（非繼承性）總是尋找足夠寬闊的肩膀來承擔重任。儘管有時候這個道理十分淺顯明白，但命運女神總是一成不變地按照這個準則安排一切。人終究會找到自己合適的位置。

沒有人能夠重複他人的豐功偉績。沒有人能生出第二個洛克菲勒或愛迪生。

但話又說回來，本書裏大量的人物特寫，證明了在這個充滿機會的國度裏，通常沒有人會因爲早期的先天殘疾或家庭環境而遭受失敗。

我之所以爲那些傑出實踐家們立傳，主要原因就是要鼓勵和幫助數以百萬的年輕人。他們雄心勃勃、頭腦清醒、充滿活力、勤奮，他們正用自己全部的精力、體力、腦力以及幹勁，去闖出一番自己的天地來，成爲有用的建設性公民，爲後人留下寶貴財富。

我還要談一下可能會出現的誤會性批評，因此，我要在這裏做出明確解釋，這本人物特寫裏所列人物，只限定在金融界和商業界，並沒有囊括其他行業的精英人物，比如說政界、科學界、教育界、藝術界、文學界和醫療界等等。我也沒有把鐵路巨頭列入名單，是因爲我打算把他們寫進另外一本傳記中。

有人可能會提出反對意見，他們可能會說，很顯然在這裏金錢變成了衡量成功的唯一準繩。按照常理來講，一個能夠建立實力雄厚的金融、工業、礦產或商業機構的人，往往會賺很多錢，很多很多。在商業界，利潤是對成就的唯一獎勵。

但是，如果一個人的出發點就是賺錢，把賺錢作爲唯一目標而不擇手段達到目的時，像邁達斯國王那樣點石成金的狹隘目標，他是不可能實現的。

這些在商界呼風喚雨的人物中，大多數人經商的動機不是爲了錢，而是獲得成就的那種快樂；有所創造的那種快樂；讓事情有所發展的那種快樂。

上天似乎早已註定，耕耘最多的人收穫也最多。

成功總是以奉獻的面目示人。

倘若金錢變成了成功的全部內容，這樣的成功也就沒有太大意義了。

本書中的人物（除了少數特殊例外）之所以能被全國的同行看作是「締造美國的巨人」，看作是最佳楷模，是因爲他們所具有的社會威望，遠遠超過了他們銀行帳戶的存款。

他們之中大多數爲人們提供了大量的就業機會，讓人們能夠擁有足夠的收入，去成爲自信的市民，去和自己所愛的人結婚，建立起一個溫馨的家。因此他們都是爲社會做出貢獻的人。如果沒有這種級別的人物，如果這些人沒有超常的組織能力，不能夠穩健地經營企業，那麼，一個國家就無法立足於世界民族之林。一個現代化的國家要想保持繁榮和富強，首先國民素質要高，其次應該持有這樣的對外貿易理念：只有那些放眼全球、充滿智慧的金融商業界領頭羊，才能打開新局面，征服新領地。

美國在很大程度上要感謝那些空想家、夢想家、那些與世隔絕的知識份子；要感謝那些冷靜理智的靈魂，他們的目光指向了更高層次的東西，沒有淹沒在物欲橫流的現實中。但是在這個哲學領域中，還有人成就更高。我們之所以能夠在世界上擁有這樣的地位，並不是抽象思維的功勞。

我們區別與其他民族的顯著之處在於，我們是靠事實獲勝而不是靠雄辯；我們靠的是行動，而不是靠白日夢；靠具體的成就而不是靠虛無的理論。世界可以和我們的政治家、哲學家、詩人、藝術家、作曲家、作家相媲美。

但沒有一個民族可以和我們數不清的實踐家、我們的工業、運輸、商業、金融和發明巨人相媲美。

希爾、哈里曼、摩根、愛迪生、卡內基、貝爾、韋爾、弗里克、加里、施瓦布、法雷爾、福特、威利斯、杜克、伊斯門、羅森沃爾德、佩特森、基思、伍爾沃斯、麥考密克、阿穆爾斯、威爾森、戈瑟爾斯、古根海姆、哈蒙德、瑞安、尼科爾斯，他們都是美國二十世紀的偉大人物，還有哪個國家的人物可以與他們相提並論？更別說是我們那些國際金融界的巨頭們了。

守舊的英雄們往往是破壞者。

創新的英雄才是建設者。

我希望這本簡明的、扼要的、筆墨不多的人物特寫，能夠眞正改變人們普遍的觀念：「哦，有錢人可眞幸運，可惜我們沒那麼好的運氣！他們就是運氣好！」其實他們也遇到過困難。書中我專門詳細地講述了這些人物所遭遇過的一些困難，以及他們是如何戰勝這些困難的。因爲這樣做會幫助許多人，對成功和非成功之間的差別有更好的理解。整本書所寫的幾乎都是這些名人早期的奮鬥經歷，這些艱難的奮鬥歷程，足以使普通人望而卻步，失去信心。因此，本書的副標題應爲堪薩斯人的座右銘：「千錘百煉方成鋼。」

這些文章曾以連載的形式刊登在《萊斯利週刊》上，引起了人們極大的興趣，這樣的結果眞的很令人滿意。實際上，這本期刊以編輯的身份評述道：自創刊以來，還沒有哪個系列文章引起過全國上下範圍如此之廣、時間持續如此之久的關注。

鑒於廣大讀者的要求，我十分樂意地推出了這本書，將這些人物特寫以永久形式發行。本書中增加了許多正宗的、原來的傳記中所沒有的內容。這些內容如果面對的是媒體，他們會很反感，不願談起。只有讓他們相信，坦率、完整地講述自己生活中的故事會鼓勵他人，才有可能誘使他們敘述自己的人生經歷。

如果未能確保這本書會發揮鼓勵他人的作用，我就不會費這麼大功夫寫它了。事實將證明，爲了準備這樣一部金融界和商界巨頭紀實傳奇系列，所花費的時間、體力、耐心，以及爲了完成編寫任務所採用的交流方式都是値得的。有時，要花上半年或一整年的時間，才可以讓一個採訪人物開口談及自己的職業生涯。還有幾個人，文章中會講到，根本就沒有機會進行面對面的採訪，所有的資訊都必須按照二手資料處理，比如說亨利・福特、喬治・F・貝克。

無論存在哪方面的可能，我都會讓採訪人物親口講述自己的故事。我知道，目前還沒有一部書可以使那些有抱負的年輕人，詳盡瞭解到我們國家最優秀的人物，聽他們親口教給你最實用的智慧，這些智慧均來自於他們重大的親身經歷。

請原諒我用過長的篇幅來介紹這本書。

目次

1

最具創意的企業家
J·奧格登·阿木爾

從思想觀念上來講，奧格登．阿木爾與他的父親同屬民主派，只是眼界比他的父親更為寬闊。當菲力浦．D．阿木爾十六年前去世時，阿木爾公司的年業務量僅為一億美元。現在阿木爾公司的年業務量為五億美元。一切成就均來自於奧格登．阿木爾，他是公司的智囊、總指揮、首領、策劃者、設計者和建造者。作為富商之子，他可不是個徒有外表的傢伙，他是美國最有才幹，最有創意的商人之一。

自從J．O（他的同事這樣稱呼他）接手以來，他一直在擴大公司業務範圍，創辦了一系列附屬企業，做起了除肉食加工以外的其他生意——阿木爾糧食公司比世界上任何一家糧食公司的規模都要大，阿木爾擁有世界第二大的皮革加工廠，阿木爾是世界上名列前茅的肥料生產商，在整個美國的鐵路運輸系統中，阿木爾擁有數量最大的冰箱和汽車業務。

在基督教與非基督教世界中，J．奧格登．阿爾木是頭號商人。同樣，他也是雇用員工最多的個體企業——擁有四萬名員工。阿木爾公司不是上市公司，只是一個家族企業。

在我先前的印象裏，阿木爾是一個傲氣十足，難以與其他同行相處的貴族；是一個獨善其身，不肯參與其他上流社會活動的獨行俠；是一個只會利用他人的才智來管理家族企業的平庸商人，相信其他人也和我有同感。這樣的印象都是拜那些八卦記者、那些利慾薰心的政客、還有那些漫天飛的報紙所賜。

人們對他竟然會有如此錯誤的概念，如此不公正的判斷！

我非常坦率地將自己的想法告訴了阿木爾，並告訴他，經過仔細調查後，我發現這一切都是錯誤的。他聽了以後，大聲笑了起來，然後很直接地給出了解釋。

他說：「我並沒有什麼遠大的社會志向，我只是想把阿木爾公司經營好，讓千萬個年輕人能夠在這個世界上有立足之地，獲得成功。我生意上的合夥人都是我的好朋友、談得投機的人。如果不是因爲和他們一起工作或相處感到愉快，我是不會、也無法將工作繼續下去的。如果沒有了情感上的支援，工作將變得舉步維艱。」

我第一次當面向他提到這些負面消息時，他只是輕描淡寫地說了一句：「就算你有一億三千萬美金，那又怎樣呢？」

事實上，阿木爾先生不屑混跡於美國上流社會的原因並非太過貴族化，而是太過民主化。

他提到了在企業經營中的情感因素。

於是我問道：「您在經營過程中，允許自己參雜一些感情因素在內嗎？」「參雜感情因素在裡邊？」他用詫異的口吻將問題重複了一遍，「爲什麼不呢？我就是用感情來經營公司的。沒有了情感的投入，一個公司是不會成功的，也不值得去經營。一個組織能夠成功的關鍵原因是什麼呢？難道不是員工對它的忠誠與熱情嗎？如果一個老闆自己本身冷冰冰的，他又如何能夠激起員工們的熱情來呢？沒有一個人能獨自經營一個大公司，他必須依靠其他人來操作大部分具體的事務。」

「爲了得到合適的人選我們總是儘早入手。阿木爾公司將辦公行政人員的選擇看得比其他事情更重要，因此更爲挑剔一些。因爲今天的辦公行政人員很可能會成爲日後的部門經理。我們就是按照這個原則做出選擇。我們從不高薪聘請管理人員。正如賓夕法尼亞鐵路公司的一個小小制動員最終成爲了總裁一樣，我們公司裏基層的年輕人也有可能有朝一日會升到最高領導層。」

這裏，我先將話題扯開一下。聽一個年輕人說，阿木爾先生有一天偶然談起，他平生最樂意的事情就是培養年輕人。

這個年輕人指著自己大聲地對阿木爾說：「阿木爾先生，您就不要再找了，你要的人就在眼前，給我一次機會吧。」

阿木爾先生果然給了他一次機會，今天這個年輕人就是阿木爾公司的副總裁，阿木爾的左膀右臂，最信任的同事，羅伯特・J・當漢姆，芝加哥銀行部和企業部總裁。擁有王子般的收入，且年僅四十歲！

我在採訪過程中去過阿木爾公司的每個部門，我發現每個部門的行政總監都在四十歲以下，而不是四十歲以上。一個人到了該退休年齡就應該拿著退休金享受生活。

阿木爾先生今年五十三歲了，他生於一八六三年，所以我說他是五十四歲，可他並不接受我這樣的說法。他微笑著向我抗議道：「不要打擊我嘛。以前我一直都覺得自己就是個年輕人，直到有一天早晨，因爲某些特殊原因我遲到了。一般情況下，我會在八點前到達養殖場，可那天我到那兒時已經是八點半了。在我經過時，一個辦公室裏的小夥子看都沒看我一眼，抬起頭來看了看鐘錶，然後對另一個人說：『不知道這老頭今天早上發生什麼事了！』這『老頭』二字就像一把利刃一樣刺痛了我的心。」

在這個世上，出自阿木爾家族的格言警句，以及各種各樣的佳話已司空見慣，但到目前爲止，我還沒有看到過誰像老阿木爾那樣，公開地讚譽自己的兒子爲「虎父無犬子」。

眞的，他當之無愧。我們不妨可以看一看下面這幾句話，全部是我和他面對面談心時他一語道破的精華部分。

「做生意可以沒有俱樂部，但不可以沒有化學家和律師。」

「人最寶貴的能力是能夠發現別人的能力。」

「人越是富有強大，就越要考慮到別人的感受，這樣你才能獲得更大的成功。」

「人只有正確給自己定位，才能更好地把握自己的未來。」

「在這世界上，金錢會毀掉一個年輕人，貧窮卻能鍛鍊一個年輕人。」

「我認識很多人，沒錢時很好，可一旦有了錢，人品就變質。」

「我從不焦慮，焦慮對一個人造成的傷害要遠遠大於努力工作帶來的傷害。」

「這世上的確有運氣存在。你也許走運得到了一份好工作，但是要長久把握這份工作，絕不是靠運氣。」

和其他有錢人子弟不一樣的是，阿木爾是一名工人。連續幾年來，他都在肉類食品加工廠工作，從最底層做起，每個工作日早晨八點鐘上班，賺每週八美元的薪水。他從經驗這所嚴酷的學校裏學習做生意，因爲他嚴格的父親一定要他這樣做。正如阿木爾在他很不錯的一本書《裝罐工的生活》中寫到的那樣：「對豬、牛、羊等牲畜的屠宰、加工處理、裝罐可不是什麼輕鬆體面的活。」

後來，當他成爲總監時，他總是在早晨七點鐘之前，在家裏收到來自全國各個主要畜牧交易市場的報告單，分析一下國際國內的情形，然後再決定當日的購買計畫。

我想再順便說一下另外一個插曲，關於這件事，阿木爾先生看了這篇文章也會感到吃驚，因爲他還不知道我竟然把這件事也「挖掘」了出來。

英國的宣戰給美國金融界帶來莫大的恐慌，美國股票交易市場，由於害怕大量抛售會導致股市崩盤，所以各大市場暫停交易。銀行因要求非常時期通貨、票據交換所證劵、以及財產轉讓從屬權利而一片混亂。儲蓄銀行凍結了現金的支付。

一切似乎都搖搖欲墜。

不，不是一切，芝加哥期貨交易市場——著名的穀類交易市場還開著。雖然也受到了這一爆炸性新聞的影響，但是，憑著每筆生意都成交，足以使這場風暴遜色許多。各家報紙紛紛以頭版頭條報導了這件事，講述了阿木爾穀物公司總裁喬治．E．馬西是如何英雄般地拯救了這一天的。一開始，他堅決反對關閉交易市場，接著，當亂哄哄的市場開始失去控制，穀物的價格開始一路飆升時，他首先賣掉了一百萬蒲式耳大麥，接著又賣掉一百萬蒲式耳，每蒲式耳的成交價格都沒有超過原價的兩到三美分。相比較之下，在明尼阿波利斯的交易市場上，每蒲式耳大麥的價格暴漲了八美分。馬西一下子成了英雄。

當我問到那激動人心的一天的情況時，馬西承認：「是的，我那天的確去了期貨交易市場，賣了二三百萬蒲式耳大麥，從而阻止了市場的偏離。但是，那天一大早我就打電話給阿木爾先生，向他提出建議。我其實什麼都沒做，只是執行了他的命令而已。」

馬西還另外講述了一些迄今為止尚未對媒體吐露過的事情。

「阿木爾先生還告訴我：『如果有人需要幫助，不要袖手旁觀，能關照就儘量關照一下。』我回答道：『您是在冒大風險，萬一他們中有人破產了怎麼辦？』阿木爾先生又重複了一遍：『儘管放手去做吧，帶那些信得過的人去銀行貸款，幫他們度過難關。』於是，我就這樣做了。最後，那些在穀物交易中向銀行貸款的人，沒有一個破產的。當然，這也是阿木爾先生的主意，並不是我的主意。」

一個瞭解阿木爾本人更勝過那些阿木爾家族故事的作家說過：「J．奧格登．阿木爾不肯承

認自己在革新、創造、經濟、金融等各方面都超過了他的父親，但事實的確如此。」

一個傑出的芝加哥商人告訴過我：「J・O已將父親建起的產業擴大了四倍，是因爲老阿木爾不及他兒子那樣樂觀、那樣有遠見、那樣敢於冒險。在父親身上就已經表現出的那份擴展能力在兒子身上更爲突出。能夠做到這一點是因爲他對這個國家的發展抱有極大的信心。正如阿木爾親口所說那樣：『美國的發展使得我在做長期規劃時，不再是井底之蛙。』」

小阿木爾不會贊同這樣的分析，很少有人對自己的父親如此尊崇。

其實，阿木爾先生的謙遜很大程度上造成了大多數人對他的誤解。他躲避採訪，當我在路上截住阿木爾先生的時候，他坦率地告訴我：「我本來打算避開你。我已經告訴了當漢姆把你支走。」

報紙上，你永遠不會看到阿木爾出現在公衆面前做演講。他解釋說：「因爲我出生在富有家庭，所以我不想讓人們覺得，我總是將自己的觀點強加於人。我父親有一次曾對我說：『你不能總想著自己是有錢人。』所以我一直在以我自己的方式，努力消除做爲一個有錢人或有錢人之子而產生的與其他人的隔閡。」

對於公民委員會或其他重要問題爲核心的委員會，阿木爾先生總是做出一些實際性的工作，而不是頻頻露面於鎂光燈下。

他對社交不感興趣。他總是把時間劃分爲工作和家庭兩部分。他家裏的一切由他的妻子也就是先前的洛麗塔・謝爾登小姐負責。他深愛著自己二十一歲的獨生女兒。他的女兒曾經是個跛足，後來，阿木爾先生請來了著名的維也納外科醫生洛倫茲成功地實施了手術使她得以康復。後來在阿木爾先生的資助下，美國有許多患有同樣疾病的兒童都接受了洛倫茲醫生的醫治，甚至遠在太平洋海岸的兒童都受到了這種幫助。

阿木爾先生和自己的母親可謂母子情深。不管他工作多麼繁重，他從不允許自己的母親在沒有自己陪伴的情況下離開芝加哥，而且母親每到一處，他都堅持親自去那裏陪著母親回家。菲利浦・D・阿木爾後來說：「我的大多數修養與建樹均來自我的妻子。」貝爾奧格登（婚前的名字）將自己謙遜的美德傳承給了自己的兒子——J・奧格登。

每每提起父親低微的出身以及早年的奮鬥史，阿木爾總是發自內心地爲父親感到驕傲。他向我詳細描述了他的父親是如何在十九歲時離開自己的故鄉紐約斯多克橋一個小村莊，和其他三個同伴一道去加利福尼亞淘金的。那是在一八五一年，他們決定長途跋涉去加利福尼亞金礦尋找人生中的第一筆財富。四個人中，有一個死掉了，另外兩個返回去了，但是菲利浦・阿木爾卻沒有停下跋涉的腳步，終於在六個月後，成功到達了加利福尼亞海岸。他的第一份工作是挖溝，白天五美元一天，晚上十美元一晚。通常他都是夜以繼日地幹，漸漸地，他得到了掘溝的長期合同，五年後，他積蓄了八千美元。帶著這筆財富，他返回故鄉，夢想著買一個農場，和自己心愛的女人結婚，可是，唉，她卻早已嫁給了一個有名望的獸醫。

在返回故鄉的路上，密爾沃基留給了他深刻的印象。密爾沃基地處美洲大陸樞紐之地，來往車輛人流衆多，因此，是一個發展商業的理想之地。一八五九年，年輕的阿木爾（父）在那裏和佛瑞德・B・邁爾斯合夥做起了加工生產和代理生意。那時候，每人僅拿出了五百美元作爲資本，現在，那張原始合同被小阿木爾當作最寶貴的財產之一，珍藏在自己的辦公室裏。那個時候，旅行的人以及其他一些人對臘肉和鹹肉的需求量很大，年輕的阿木爾成爲了當時美國最大的肉類食品加工商約翰・普蘭金盾的初級合作者，於是生意就轉向了這個方向。後來，美國內戰爆

發引發了對罐裝肉類食品需求量的劇增，普蘭金盾和阿木爾趁這個機會賺了一筆。

戰後的芝加哥做為一個迅速發展的金融中心，已超越了密爾沃基。阿木爾帶著他那與生俱來的遠見卓識，於一八七〇年和他的兩個兄弟移居到了芝加哥，隨後建立了阿木爾公司。阿木爾公司迄今為止仍然是一個家族企業，所有股權都歸家族內部所有，它擁有一系列相關連鎖企業，相當於經營著一個十億的鋼鐵廠。

公司的創建者老阿木爾於一九〇一年辭世，他的一生經歷了美國歷史上最輝煌、最鼓舞人心、最成功的階段之一。次子小菲利浦·D·阿木爾早在他去世的前一年也去世了。在長子J·奧格登是否有能力繼承父業這一問題上，家族內部某些人曾抱有疑慮。說實話，阿木爾·皮埃爾一度也未曾想到，奧格登會將這份事業做得如此波瀾壯闊，直到後來，奧格登用事實證明他的父親判斷是正確的。其實，早在他去世前的幾年間，老阿木爾就滿意地看到了奧格登成長為一名拔尖的企業家。其實，也就是從那個時候起，J·O就已經在經營阿木爾公司了，並且做得很成功，這讓老阿木爾的晚年生活過得幸福無比。

阿木爾先生帶著一絲懷舊的口吻對我說：「那時候，我覺得自己能夠出生在阿木爾家族，能夠繼承這個家族的企業，眞是這世上最幸運的年輕人。但是沒過多久，我就改變了這種想法。因為，經營企業對我來說除了麻煩，一無所獲。尤其是當美國政府對阿木爾公司和整個肉類食品包裝行業實施了各種嚴格的審查後，情況更為糟糕。捫心自問，我一直都誠實公正地經營著阿木爾公司，當然，我也不需要靠什麼見不得人的勾當去賺錢。但是，這種審查卻讓我感到了莫大的羞辱與不快。一直以來，我都將父親的名譽和業績引以為榮，而且也在用心不斷地努力維護它們。可是，還沒等我們得到法庭頒發的《無疫健康證書》，美國肉類食品加工行業就已經遭到了誹謗，致使『美國生產』成爲一個又一個國家的拒絕對象。」

阿木爾先生還補充道：「這段經歷讓我明白，有錢人如果只管埋頭享受自己的財富，而不去考慮財富所附帶的責任，那他絕不是個聰明人。」

最後，阿木爾公司漂亮地挽回了由於政府干預所帶來的行業性嚴重損失，公司的銷售量比十六年前翻了五倍，建起了大量的周邊產品生產線。我們不妨看看以下資料。

阿木爾公司迄今爲止已經在全球建立起了五百家分公司。

光在阿根廷建立工廠就投資了三百五十萬美元。在四十多個國家和城市設有辦公室和長期辦事處。每年僅國外市場的業務就約爲一億美元。去年，用於收購牲畜而付給農場主的現金總數約爲三億美元。

目前，阿木爾公司所經營的產品種類已多達三千種，與往年那個只賣肉類的普蘭金盾—阿木爾公司已有了天壤之別。

阿木爾糧食公司，這個世界上最大的糧食公司已經在南芝加哥建起了一個存儲量爲一千萬蒲式耳的穀倉，從而使阿木爾糧食公司的總倉儲能力提升到兩千五百萬蒲式耳。

每年，阿木爾糧食公司都要賣掉幾百萬美元的原木，因爲有成千上萬的農場主發現，用成品原木來建穀倉、儲存糧食要方便得多。

在最近的一個月期間，芝加哥阿木爾食品加工基地迎來了一萬四千名參觀者，在這裏，從屠宰到加工包裝，整個生產過程的每道工序全部是公開的，歡迎大家隨時前來視查。

阿木爾公司去年的各部門平均利潤率將近百分之三。

從牲畜圍場到辦公室，阿木爾先生在公司的每個部門都工作過。還沒等他修完耶魯大學謝菲

爾德理科學院的全部課程，阿木爾就被父親叫回去開始著手管理公司。自從阿木爾接管以來，他享受的假期還不如一個普通的職員多，每天的工作時間足以令任何一個工會負責人感到憤慨。

參觀完阿木爾糧食公司後，阿木爾先生把我帶到了一間屋子裏。在這個看似小型磨房和麵包房的地方，一個化學分析專家正在給公司購買的每一批穀物做抽樣測試，然後確認每批貨裏所含水分的百分比，再把穀物磨成粉，進一步分析麵粉中所含營養價值，再把它烘烤成麵包，這樣一來，顧客在購買的時候，就可以直接確切地瞭解到他們要購買的麵包是由哪種穀物，什麼顏色的穀物做成。有了這種科學測試過程，公司就可以首先賣掉那些水分含量高的糧食，因此每年可以節約幾十萬美元。在很多情況下，糧食中的水分意味著如果不及時賣掉這批貨，每蒲式耳穀物會蒙受一到兩美分的損失。這就是做生意，「不是利用俱樂部而是利用化學家」。

我注意到，不論我們走到哪裏，阿木爾先生都不停地和雇員打招呼，喊他們的名字，對他們的關懷溢於言表。有幾次，我單獨和工人們談起阿木爾先生，我發現，他們更多的是把阿木爾先生當成同事而不是老闆。他們覺得，自己是和阿木爾先生一起工作，而不是為他工作。因此，我絲毫不懷疑他所說的話：「在我的工作中，員工對公司的忠誠是最成功的地方。我周圍的同事都那麼優秀，如果不是這樣，我就不會加倍認眞經營阿木爾公司了。身邊和我一起經營公司的人們讓工作變成了樂趣。」一個行政人員告訴我，在他印象裏，阿木爾先生最開心的時候，就是去參觀由自己的員工經營的農場的時候，這個農場已經成為了一個科學管理的大型企業。他說：「每當想到和公司有關係的人能夠賺到、積累到一定的財富，最終有了這麼一個企業時，阿木爾先生就會由衷地感到高興。」

由於篇幅有限，在這裏不能一一講述阿木爾家族的福利行為。老阿木爾耗資幾百萬美元建起了阿木爾技術學院，每年都有幾百名品學兼優的學生從這所學校裏畢業，準備投入工作，這個時候很多公司和機構都紛紛來到這裏和他們簽訂雇傭合同。幾年前，小阿木爾和他的母親爲學院捐贈了一百五十萬美金，不久前，阿木爾先生又捐贈了五十萬美金。經營這所學校每週要花費數千美元。

學校的來歷要從著名的博愛主義者F．W．崗薩羅斯博士在一八九二年所做的演講說起。那次演講的主題是「如果我有一百萬，我會用它做什麼」。從那以後，崗薩羅斯博士就成爲了阿木爾技術學院的校長，實際上，阿木爾資助給他的是幾百萬，而不是一百萬。

畜牧場有專門的護理人員，他們不僅上門照顧生病的員工，而且還善於發現其他員工的家庭需要，並給與必要的關注。畜牧場的一個員工非常自豪地告訴我：「在冬天，如果有人報告說誰家沒有煤了，不出半小時，運煤的馬車就會在去往家裏的路上。」「阿木爾先生他就是這種人。」

當美國捲入歐洲戰爭時，阿木爾先生立刻提出來，所有的食品行業的交易都應由美國政府來控制。這種無私的態度引起了其他資本家強烈的批評，卻也改變了他們的觀點。阿木爾先生用實際行動向人們證明，包裝工人也可以成爲愛國者。

2

內心充滿博愛的銀行家
喬治·F·貝克

「他是美國態度最堅決的人，卻也是心地最善良的人。」

這是一位傑出的美國銀行家對喬治・F・貝克的描述。喬治・F・貝克是J・P・摩根後期最爲親密的合夥人，是迄今爲止華爾街最有實力的國民銀行家，他是多家企業的董事長，所管理的公司數量爲美國之最，他或許還是美國現世第三富有的人。

我個人就足以證明貝克先生態度是何等的堅定，沒有什麼可以使之改變。至於其他同行業人士對他怎樣評價，他毫不在意。

他告訴我：「我做什麼是我的事，與公衆無關。」當他站在華盛頓的證人席上，面對「普驕貨幣信託委員會」時，他也是這麼說的，這種態度讓委員會的調查人員大爲惱火，並嚴厲責令他改掉。

如果每個金融家面對公衆和輿論都採取貝克態度的話，那麼再過一年，在美利堅共和國恐怕就要掀起一場革命了。

十幾年前，民主自由的民衆曾經讓一些資本家吃過不少苦頭，所以新一代資本家便從中吸取了一些教訓，他們明白了一個道理：決不能看不起千千萬萬和他們同樣有血有肉的普通人，是他們創造了共同的財富。銀行行長只是在爲公衆理財，上市公司的股權掌握在廣大投資者的手中，公衆的意志足可以讓一個帶有一半公共事業性質的公司元氣大傷。大多數人對這些理念早已耳熟能詳。然而，喬治・F・貝克卻一直恪守著自己長久以來奉行的一套東西，他是舊觀念的帶頭人，這種舊觀念就是——業務要保密。在他的一套理念中，公衆輿論的力量尚未被列入考慮範圍。

許多接受此次「美國三十三大商界巨人」問卷調查的人，在投票的過程中還附帶了代表自己

觀點的信件。一個大的出版商給出了這樣一番評價：「你會注意到，我並沒有將喬治・貝克列入其中，因為我覺得他只是一台賺錢的機器而已。」

這也正是很多人對他的總體印象。那些人沒有看到他真實的一面，那些人對他的瞭解只停留在工作方面，那些人從沒聽說過他做過什麼慷慨的事，只把他看作一個控制著許多金融、工業、鐵路實體，並從中謀取巨額利潤的超級人物。這一切使他能夠有足夠的資本，通過股權購買，通過建立第一證券投資公司，通過每年分給其股東百分之五十到百分之七十或更多的股息，從而登上了美國第一國民銀行總裁的寶座。

就在幾天前，一位優秀的銀行家聲稱：「貝克所賺到的利潤讓銀行業中的其他人顯得很小兒科。」

貝克先生是第一個有想法，並敢於從事被《國民銀行法》所限制的業務的紐約銀行家。他的方法很簡單，就是註冊幾家公司（來經營被限制業務），這些公司的所有權實質上歸銀行所有，這些註冊公司擁有的銀行股份為交叉控股，也就是說，每個企業都擁有其他企業的一部分股權，沒有對方的同意，誰也不能擅自轉讓股權。事實已經證明，這項革新可帶來高額利潤。

貝克先生的職業生涯似乎要比普通美國人的職業生涯更為高深莫測，我曾多次試圖從行業及社交朋友那裏打聽貝克先生早期職業生涯的一些情況，但毫無進展。

一位資深人士這樣說：「我曾多次碰到過貝克先生，有幾次是去參加他的晚宴，有幾次是他來參加我的晚宴。但是，對於他的歷史，我瞭解到的也並不比一個陌生人多多少。他從來不會成為聚會上的中心，我是說，哪怕再小的社交集會上他也不會成為活躍人物。但是，他卻很擅長另一件事情——聽別人說。他是一個優秀的聆聽者，他說得少，但總是在聽。」

當我努力地讓他相信，我和他談話不是出於他，而是出於他的後代的原因後，他卸下了盔甲，語重心長地對公衆談起了他的一些生活片段。他的談話內容總結起來就是：「總有一天，人們會明白這個道理的。」我記下了這些事，這些事是我唯一能夠對他有所印象的參照物。

然而，所有和貝克先生共事過的人都會立刻表示，他是最公平的人，公衆認爲他唯一感興趣的事情是將一億五千萬美元變成兩億美元其實是對他的誤解，他不善言談的外表下卻有著良好的個人修養，儘管在他捐給紅十字會一百萬美金之前，只有一次有利於他的慈善家活動記錄——送給可奈爾大學五十萬美金，可貝克先生平日裏卻常常做一些善事。

說起這五十萬美金的饋贈，背後還有一個令人觸動的故事。在這裏，我將這個故事寫下來，因爲這是我唯一能夠收集到的可以從中看出他個性的一個故事。

一個朋友談到「捐款」一事時說，當時就連報紙媒體都紛紛報導了這件事，他本來以爲貝克先生一定會表現出極大的滿意。

可沒想到貝克先生卻搖了搖頭，將目光投向了遠處，傷感地說道：「這一切來得太晚了。」這位朋友知道，這位老先生一定有話要說，於是，他等待著。然後，貝克先生講述了幾年前發生的一件事。一九〇七年的一天，在大恐慌剛剛得到控制，情況開始有所好轉的時候，貝克先生悄然來到了一個有許多人出席的工會俱樂部會議上，此時的會議已經進入尾聲。圈內的人士都知道，在金融風暴期間，貝克曾經做出過緊急援助，功不可沒。所以，當大家看到貝克先生的出現時，都紛紛報以熱烈的掌聲以示歡迎，掌聲迴響在會議室的上空，伴隨著他走到自己的座位上。

然而就在那天，在他出席這個會議的那段時間裏，貝克太太離開了人世。

「我沒有及時回到家，把這些好消息告訴她。」貝克先生難過地說道。

貝克先生在一九〇七年經濟動盪期間所起到的中流砥柱作用，卻在一九一三年引起了「普騎委員會」律師塞穆爾・昂特邁耶的注意。以下是雙方的談話結果：

問：在此次華爾街金融風暴中，大家都認爲摩根先生是一個統領全局的人物，你對此有何看法？

貝克：那要看站在誰的立場上說話，如果我們把摩根先生視爲朋友，我們就會這樣認爲。

問：通常情況他不會這麼引人矚目吧？

貝克：我認爲是的。

問：那麼你和斯蒂爾曼就是他的左膀右臂了？

貝克：不，不是的先生，我不這樣想。

問：那麼誰應該是呢？

貝克：我不知道，應該是他公司的成員吧。

問：您也太謙虛了吧，貝克先生。

貝克：在大恐慌期間我想我和斯蒂爾曼起了些作用。

問：那麼，你承認在大恐慌期間摩根先生是大將軍，你和斯蒂爾曼是他的副官？

貝克：是的。

問：依你個人的判斷，你是否認爲摩根先生是當今金融界最爲舉足輕重的人物？他所擁有的影響力是不是已遠遠地勝過了其他人？

貝克：如果他再年輕幾歲的話，他會是的。我不大瞭解他的過人之處。

問：除了你自己，沒有人能做到這麼多，對吧？

貝克：你也能做到，我們兩個都要算進去。

問：不開玩笑，貝克先生，你覺得呢？

貝克：其實也沒有什麼特別巨大的影響力。

問：什麼時候這種巨大的影響力就不復存在了？

貝克：當平息金融風暴的一系列活動停止時，這種力量也就沒有了，在大恐慌時期，事情就是這樣的。

誰也不知道喬治・F・貝克是怎樣一步一步爬上來，最終成爲金融界大腕的。他的早期職業生涯像一個謎團，比斯芬克斯更爲神秘，而且，貝克先生對此始終也像斯芬克斯一樣緘默。對於他早期的職業生涯，我試圖想要從幾件事實上問起，但是，他一律拒絕給出任何進一步詳細資訊。我又提到，我也許能從最知情的人那裏獲取到一些有價值的資訊，他的回答是：「他對此一無所知。」看來的確如此，因爲貝克先生坦白地告訴我：「他從來沒敢在我面前問起過這些事。」接著我又問了另一個朋友，這個朋友同貝克先生可以說是世交，可沒想到他竟舉起兩隻手大叫道：「他以前的經歷，就連上帝也別想從他嘴裏得到半個字，如果我知道，我很高興告訴你，可是我的確不知道，就算你問他也沒有用。」

我又試圖從《美國名人錄》中找尋線索，但是我所能找到的就只有這些：

「喬治・費希爾・貝克，銀行家，一八四〇年三月二十七日出生於紐約特洛伊。一九〇九年至今任紐約第一國民銀行董事長（舊版本）」這些就是這份出版物所能獲取到的全部歷史檔案，最早的記錄爲一九〇九年。至於在此之前的六十九年裏他的一切經歷，名人錄中無從記載。

有關他的生平，流傳著一些傳言，或者說傳奇、故事，你愛怎麼稱呼就怎麼稱呼它吧。據說喬治·F·貝克在剛開始獨立謀生時，是一個雜貨店店員，每週僅能賺到兩美元。後來，他又做過夜間看門的工作，每週五美元。他一直堅持自學直到有了足夠的資格成爲一名銀行職員，接著被提升爲某個銀行的查帳員。關於他的職業生涯，第一個可知、可靠的記載是一八六三年時，他和約翰·湯普森以及他的兩個兒子在國民銀行法的框架下，共同參與了紐約第一銀行的建立。開始的時候，貝克只是個出納員，但是四年之後他獲得了總裁的職位。

據一位資深人士講，年輕時的貝克曾大量買進美國戰爭債券，他幾乎把銀行的全部資金都壓在了這次收購上。他的膽識贏得了摩根銀行秘書的欽佩，他斷言，第一銀行一定會從各方面得到美國政府的好處。這些債券果然上漲了。目前，紐約第一銀行所擁有的儲蓄額是全紐約五十四家銀行儲蓄額的總和。

在紐約第一國民銀行建立五十周年紀念之際，每個股東都拿到了一份折疊式宣傳材料，上面印有這樣一段話：「從建立之日起，第一國民銀行就努力開闢新業務，加強和其他銀行家之間的合作，繼而成長爲紐約以外多家國民銀行的擔保行及受託行。它在開業的第一年就調用了大部分儲蓄額來積極支持美國戰爭債券的發行，並已經從這種對政府的信任和支持，以及這種經營的大膽與自信中獲得了豐厚的回饋。在各大銀行中，作爲再融資財團的代表，第一國民銀行從一開始就爲美國經濟安全做出了卓越的貢獻，並大力支持了後來幾屆政府發行的各種債券，同時也促進了自身的發展。僅在一八七九年全年間，第一銀行就經營了七億八千萬美元的政府債券，在整個買賣過程中，沒有出過任何差錯，也沒有蒙受過任何損失。」

貝克先生目前（一九一七年）是自由債券委員會的成員，因此，他的銀行經營著比其他銀行數量更多的債券業務。

第一銀行的原始總資金爲二十萬美金。對於後來的貝克來說，幾十萬美元簡直是微不足道的一件事。當「普驕委員會」的訊問人員問他是否從證券信託公司中獲取到利潤時，他的回答是不覺得從中賺過什麼錢，就算有利潤，數目也太小了，記不起來了。他所謂的「少量」利潤，其金額竟然是在七十萬美元到八十萬美元之間！他的另一項理財項目收入爲近五十萬美元，可他卻完全忘掉了，可見在他眼裏區區幾十萬眞的不算什麼。

所有的金融學家都說，是貝克的智慧讓第一銀行成爲了一座名副其實的金礦。不，不只是金礦，金礦有枯竭的一天，而貝克先生的第一銀行仍然像以前那樣踏踏實實地充實自己的業務，他讓利潤的增加和歲月的增加成正比。去年（一九一六年）的股息率高達百分之六十，總金額爲六百萬美元，這還不算其下屬證券公司分給股東的幾百萬美元紅利。第一銀行一下子就給投資者支付了百分之二千五到百分之三千之間的巨額收益，其中包括百分之一千九的股息。

一九〇一年時，他們公告支付了一項九百五十萬美元的專門股息，這樣一來他們的總資本就提升到了一千萬美元。在全部的十萬股中，貝克持有兩萬股，他的兒子持有五千零五十股，摩根公司持有四千五百股。

一九〇八年公告支付的股息收益爲百分之一百二十六。因爲當時貨幣監理官規定，銀行不能從事證券業務，他們把這些收益全部投入到了第一證券公司的組建上，開始著手經營證券業務。貝克先生把銀行所得的利潤全部轉化成了股票，證券公司的股東在任何情況下都沒有投票權，一切事物均由董事會成員管理，董事會成員由銀行的管理人員組成。儘管貝克先生告訴「普驕委員會」的訊問人員，每日的平均交易量沒有超過一百手，但這種組織的確可以任意投資看好的股

票。

貝克先生所投資的股票中有五萬股「摩根大通銀行」，五千四百股「國民商業銀行」，兩千五百股「銀行家信託公司」，九百二十八股「自由國民銀行」，五百股「明尼亞波利第一國民銀行」，以及少量的「紐約信託公司」，「阿斯特信託公司」，「布魯克林信託公司」等等。

貝克先生的影響力範圍不僅僅擴大到了這些領域，而且還憑藉其幾億的資產成為了擔保信託公司、人壽保險公司的頭號人物，更別說他在諸多鐵路線上的投資了。他購買了大量鐵路可轉換債券，其中包括：拉克萬那鐵路、李海山谷鐵路、新澤西中部鐵路、雷丁鐵路、伊利鐵路、岩石島鐵路、南部鐵路線、大北鐵路、北太平洋鐵路、紐約中央鐵路、紐黑文鐵路。

摩根成立了美國鋼鐵公司後，貝克作為他的朋友成為了公司財務委員會的成員。除此以外，他也沒有忘掉其他行業一些值得去關注的公司，某種程度上更可以說，是那些公司沒有忘掉他，大部分公司都聘請他去做總監。一個和他共同負責鐵路管理的人告訴我，貝克先生對物理和個人財產理財方面的瞭解和所記憶的知識令人歎為觀止。他奔波於各地做業務視察，從沒有漏掉過一次。

貝克先生所管理和託管的企業雖然多得數不勝數，但是你要問起他來，他不會立刻就和你侃侃而談。然而第二天，他還是回到了這個話題：

貝克：你的描述讓公眾感覺到我是個了不起的管理者，我覺得有點言過其實，所以在這裏我要聲明一下，我從來沒有主動要求過這些東西，是他們找上門來的。

問：那你知道你到底管理著多少公司嗎？

貝克：不知道，很多個。

問：究竟有多少？
貝克：不知道。
問：超過二十五個了吧？
貝克：可能吧。
問：有五十個嗎？
貝克：不清楚。我從來沒數過。
貝克先生對自己所分的紅利也好，擁有的頭銜也罷，總是顯得那麼淡漠，下面的對話可見一斑。
問：你說摩根大通的總資產四年前就已增加到了五百萬美元，那麼它的分紅派息是多少呢？
貝克：我不記得了。
問：哦？你自己手中就持有兩萬三千股，怎麼會說不上來呢？
貝克：那我要好好回憶一下，但是現在我正好記不起來了。
摩根發表了他註定將要收回的著名理論，在發放款項時，他更看重的是貸款申請人的人品，這比抵押品更重要。貝克先生先用他實際行動捍衛了這一理論，但隨後又推翻了它。他有自己的看法：
問：股票抵押貸款的評估準則是什麼？
貝克：既要考慮貸款申請人的情況也要考慮到其他情況……最終得到貸款的原因或許是出於被抵押的股票，而不是出於申請人本身。
問：實際上，銀行既要看所抵押的股票也要看貸款人，是吧？

貝克：通常是這樣的。對於有些貸款申請，我們是不會接受的。

問：是不是有些人，即使有抵押物，也不會得到你們的貸款？

貝克：是的，先生。

第一證券公司引起了貨幣信託委員會的注意是件很正常事情。有一次，委員會律師問貝克先生：「你認為組建第一證券公司是對銀行法的規避嗎？」

貝克先生回答道：「不是。」

這個子公司沒過多久就開始給投資者分派了百分之十二到百分之十七的股息紅利，在開始的前四年當中，盈利率為百分之四十。從那以後公司利潤逐年上升。

昂特邁耶先生問道：「毫無疑問，你控制著第一證券公司的管理和日常事務。」

「我不喜歡別人的妄自猜測。」

問：對於你的控制沒有人提出過異議嗎？

貝克：沒有，先生，我從來都不反對其他人來管理這個銀行。

問：哦，那麼還有誰控制過第一銀行呢？

貝克：不，從沒有人控制過它。

問：我明白了，銀行是在自己控制著自己。

貝克：事實上是這樣。我們是一個非常和諧的大家庭，我們不可能出現任何分歧，我為此而感到高興。

問：哦，從幾年來就有百分之二百二十六的增長來看，應該是這樣的。

事情的發展是這樣的，貝克先生當初是打算購買並控股大通銀行，使它和第一國民銀行能夠融合在一起。但後來，隨著第一國民銀行的不斷發展壯大，它可以獨立於大通銀行之外，所以合併並沒有徹底進行下去。

從那以後，貝克先生辭掉幾個董事會職位，但是他仍然還擁有四十多個董事會職位，代理著幾百萬資金的運作。

儘管他已經七十八歲了，但他飛快的腳步、清晰的雙目、挺直的腰板、充沛的精力令他就像只有六十多歲一樣。在他忙於經商的一生中，他幾乎沒有什麼時間去從事體育活動，一直到七十歲時，他才第一次加入了高爾夫俱樂部。從那以後他就迷上了高爾夫球，許多日子都流連在高爾夫球場上。現在，如果可能的話，他會和約翰・D・洛克菲勒好好打上一場，讓這兩個商界鬥士在賽場上相逢，一決高下。在他開始打高爾夫球的同時，他點燃了有生以來的第一根煙，從此便與它們結下了不解之緣。

即使是最道地的社會主義者也無法對貝克先生的生活方式提出質疑。他從不鋪張浪費，對自己的財富也十分低調，在不如自己富有的人面前，他從不張揚。他的朋友說，他的家庭生活因簡約和諧而美滿。當然，他的獨子小喬治・F・貝克也追隨其父效力於第一國民銀行。他是個普通工作人員，但頭腦聰明，工作努力，被人們一致公認爲最有前途的年輕人。而且他還是個身材很棒的運動員，是紐約快艇俱樂部的主力隊員。他的內在品質無懈可擊，足以和他的父親相媲美。在國家需要他的時刻，他會挺身而出爲國效力，除了其他的義務以外，他還擔當了美國海軍後備快速戰車籌備委員會主席。後來，他不顧大西洋上遍佈的敵軍潛艇，毅然以陸軍中校的身份前往義大利紅十字委員會。

喬治・F・貝克的一些親近的朋友每每談起他，對他總是欽佩大於熱愛。他們說，他本人並

沒有意識到自己在金融方面的巨大影響力，也從來沒有想過要以此駕馭他人。他們說，他盡最大努力去發展美國的金融、鐵路和工業，但這些大多是出於愛國的動機。他們總喜歡說起他簡約的習慣和品味。他一點都不講究排場，而且，最不喜歡在衆人面前出風頭。

雖然朋友們對貝克先生的印象與公衆對他的那種鐵石心腸、賺錢機器的印象大相逕庭，但是，他做了一生的金融生意，還從來沒有誰曾懷疑過他的誠實，哪怕是一點點。

3

開創標準石油公司新時代的另類總裁
艾爾弗雷德・C・貝德福德

那還是在美國總統賈斯特・A・亞瑟任職期間，一位年輕人正徘徊在百老匯大街上尋找工作機會。

三十三年之後的他，登上了有史以來最大的企業實體總裁之位，坐在百老匯大街最著名的辦公大樓裏。

他的名字叫艾爾弗雷德・C・貝德福德，是新澤西標準石油公司新當選的總裁。新澤西標準石油公司是整個美國標準石油公司的母公司。我問他：「您邁向成功的第一步是什麼？是什麼使您在行業中遙遙領先？什麼是您獲得事業成功的牢固基礎？」

貝德福德先生回答道：「當我剛找到工作時，還只是一個辦公室雜工。那時候，我總是時刻牢記著，一定要讓自己的能力得到發揮。在完成自己的工作之後，我常常主動地幫助出納員數現金，幫助記帳人清理帳目，整理單據，將帳簿放入保險箱，做一切我認爲需要去做的小事情。」

「沒過多久，公司來了一個財會專家，他要對公司的會計和帳目進行重新組合，我就被任命爲他的助手。我不僅僅將他需要的票據憑證及其他單據拿給他，我還請求他允許我幫他把一行行數字加起來，幫他做單據比對，以及一些單調乏味的統計工作。出於感激，這位會計就開始教我一些常見的記帳方式，一些會計基本原理，以及記錄和分析商務業務的基礎知識。」

「我勤勤懇懇地做著這些工作，晚上在家自學，沒過多久，我就告別了辦公室雜工的工作，成爲了一名記帳員。公司讓我負責的事情和承擔的責任遠遠超過了一名普通的記帳員要做的事。我之所以能夠得到這第一次的升職，是因爲我願意並且付了比別人期待更多的努力，同時也因爲我已初步具備了一些經商能力。我的經歷讓我明白了一個道理：一般的辦公室職員之所以難以得到提升，是因爲大多數情況下，他們總是機械死板地完成自己分內的任務。」

A・C・貝德福德走馬上任，成爲標準石油公司的總裁，標誌著一個舊時代的結束與新時代的來臨。想當年，那一群滿懷希望、思維敏捷的年輕人構思並創造了這個享譽全球，將光明帶到每一個地方的公司，他們當中，只有約翰・D・洛克菲勒和他的兄弟威廉・洛克菲勒兩個人最成功，其他的人現在都不再從事這一行業了。羅傑斯、弗拉格勒、佩恩、普拉特、麥吉、蒂爾福德、沃登、布魯斯特、阿奇博爾德，他們都是有見識、充滿著力量勇氣和企業家精神的人，但現在，他們的時代過去了。

取代這些人的是一群新一代的年輕人，他們中的佼佼者有A・C・貝德福德、W・C・蒂格爾、F・W・韋勒、H・C・福爾傑、H・L・普拉特、W・M・伯頓博士、W・S・里姆。對於這第二代石油企業家來說，他們還沒有從人們懷疑的目光中走出來，還沒有拿出東西來證明自己有實力能夠很好地從上一輩手裏接過重任，領導石油工業。

但他們已經有了一個漂亮的開端。新的領導者帶來了新的規則，以前瀰漫於百老匯二十六號的那種神秘氛圍，以及因此而產生的過分懷疑、焦躁、不安如今已不復存在。

「任何一個用正當方式博得我的注意力的人，我都會向他敞開大門。」這是標準石油公司新總裁上任時發表的革命性的宣言。那些被派去對貝德福德的上任做專訪的報界老手們，對百老匯二十六號過去一貫的做法深有體會，但這一次卻被很大方地帶領著參觀了總裁的辦公室，這使他們幾乎無法相信自己的眼睛和感官，貝德福德先生甚至比那些一直很在乎公眾印象的公司管理人員還要大方。

他們發現貝德福德先生是那種通情達理的人，是一個既聰明又善良的人。他開朗、坦率、容易相處，隨時準備著和人們談論在企業經營中可能會出現的問題，比如說勞資糾紛等問題。以後，在百老匯二十六號，人們再不會看到緊閉的房門和緊閉的雙唇。貝德福德董事長是一個宣導公衆印象原則的人。

從默默無聞到成功之巔，貝德福德先生獨自經歷了漫長的旅程，每一步都是靠自己。我希望他能夠談一下自己一路走來所學到的東西，給其他一些積極向上的年輕人一些指導和建議。

於是，他開口說道：「嗯，我給每個年輕人的建議是這樣的：首先做好你分內的事，要用心去做，努力地去做，要想去做，帶著愉悅與熱情去做，然後，再看看周圍還有什麼可做的。」

「不要以時間去衡量你所從事的工作，要看看從早晨進了辦公室到晚上辦公室關門這段時間裏，你都完成了哪些工作，如果到規定下班時間你還沒有做好手頭的工作，不要就這樣離去。」

「把自己的工作軌跡記錄下來，多看，多研究，多思考。要善於鑽研自己的本職工作，看看怎樣才能使它更有效，更好地爲人類服務。盡可能地培養高瞻遠矚的習慣，要有想像力和遠見。」

「然後規劃好你的人生，爲自己選好一條道路，計畫並夯實好每一個必要的腳印，這些腳印將朝著你的目標延伸。每一步要走得踏踏實實，次序分明。一次只做一件事。如果你眼下的工作是記帳，你就要將記帳研究透徹，然後再學習一些會計的基本知識，不要只把記帳當成一種機械性的工作去做。從財會，再到學習金融，它會向你打開另外幾扇門。也許你是從生產部門開始做起的，那麼你就先掌握了這個部門的知識，然後，再去學習其他相關部門的一些知識。然後，你就會熟知整個生產過程。」

「那麼，你的下一步就是要考慮銷路和市場，也就是如何能將產品推銷出去，被人們所利用。充分研究你的產品的市場優勢和劣勢會使你成爲一個眞正的商人。這種生產和銷售的雙重知

識會使你有資格登上行政管理的職位，打開通往高層管理的通道。而那些滿足於在一個部門以老套的方式按部就班的人仍然還在原地踏步。」

我又問道：「貝德福德先生，照這樣說起來，您是不是覺得幾乎每一個人都有成功的機會？」

「何止一個機會，有很多機會。」他信心十足地回答道，「每個人都會碰到很多機會，但是，當機會來臨時，要看你是否能夠看到它。我們常常聽人們說，我曾有過機會，可我沒能把握它。對於已經失去的機會，不要太在意，要看準以後的機會，並且能夠抓住它。」

我又問道：「在你看來，一個智商普通但是卻很勤奮努力的人是否至少能達到一般的成功呢？」

「是的，我對那些自以爲萬事通的傢伙、那些聰明卻不踏實的人、那些突然間拔地而起的優秀人物沒興趣，因爲他們沒有紮實的基礎，可能會像一根木棍那樣倒下去。」他又強調說：「做任何事情一定要自然而然，要用合理的方式去做，不管你是在和老闆、客戶，還是在和競爭對手、雇工打交道，你都要這樣，千萬不要急功近利。」

「畢竟在很大程度上，巨大的成功是以一個大行業爲基礎，以點點滴滴的日常品行爲內容，再加上因正直、公平地對待他人而獲得的聲望構成。」

很老套的建議，對吧？那些想要從中找到全新的伎倆，希望不付出努力就能將成功捕獲的人在這裏找不到任何安慰。這裏有的，是些亙古不變的對眞實的肯定，和對勤奮、誠實這種眞正美德的肯定。

我對成功的人研究越深，我就越相信，凡是能夠獲得成功的人，都經歷了共同的跋涉，都灑下了汗水，都努力克服了橫在面前的一道道障礙，不管面對多麼大的困惑，都沒有失去自己前進的方向。我堅信，成功與平庸之間相差的那個砝碼就是更為充沛的精力、多出一兩個小時的勞動再加上比別人多一兩碼的遠見。

從工作開始之日起，艾爾弗雷德．C．貝德福德就沒有忽略過任何微小的額外勞動。他的成長過程可以說是幸運的。他的父親是一個英國人，多年來一直在英國倫敦擔任美國一家手錶公司駐歐洲辦事處代表，但是，他們的家仍然在布魯克林（美國紐約）。艾爾弗雷德一開始在布魯克林阿德菲大學接受教育，後來又去了瑞士洛桑，之所以選擇這裏，是因為其優秀的語言環境以及其他一些優勢。他的母親已經是八十四歲高齡了，是一位有學問、有才華的女士，通曉美術、文學、音樂和歷史，她在對艾爾弗雷德和他的弟弟的學習管理上曾投入了大量的時間和精力。

「我從母親那裏繼承了對文學和藝術的熱愛，它讓我看到了生命中更美好的東西。」這是一個兒子對母親簡單的讚美。

艾爾弗雷德在十九歲時結束了他歐洲的學習生涯，決定開始工作。他沒有顯著的才能，也沒有什麼特長。一個朋友讓他在自己的部門做了一個存貨管理雜工，這是一家位於百老匯大街，名叫E．S．傑夫瑞的紡織品批發公司。由於這是一次能夠去百老匯大街發展的機會，所以，他答應了。

老天！還沒過四十八小時，他就發現自己來錯了地方，這裏整個環境都令他感到不舒服。這個部門還有二十個年輕人，他們全部都在接受負責人的培訓。這個負責人是一個高層次的、衣著乾淨的、心胸寬闊的人，他發自內心地希望年輕人能夠在生活中出人頭地。然而，年輕的貝德福德卻在這裏看不到未來，前面的路似乎障礙重重。而且，絲帶之類的東西實在是無法激發起他的

男子氣概。

但他並沒有辭掉這份工作。秋季貿易的準備工作迫使他每天早晨七八點就開始工作，一直要幹到晚上十一點。貝德福德沒有開小差，認眞做了自己該做的事。他迅速得到了提升，從最初級的存貨管理雜工成爲了一名眞正的存貨管理員，公司後來又讓他從事一些銷售工作。再次提到那段往事，貝德福德先生這樣評價道：「儘管成天和絲帶打交道對我來說是件很不舒服的事，也是不適合我做的事，但是，在那裏我卻學到了順序、系統和存貨的價値，學到了如何恰當地整理存貨以及一些基本的經商原理。經理是一個優秀的銷售人員，有時我們會湊到他跟前聽他說起他的『生意經』。他的銷售技巧讓我們吃驚得連嘴巴都合不攏。我們都認爲他是個天才。」

然後，他停了下來。我耐心等待。

「在那裏，我也學到了一個教訓。」貝德福德先生接著說，「我們最重要的一個客戶要來了，爲了吸引這個客戶，我們在準備工作上花了很大的精力，來展現我們的產品。部門裏的每一樣產品，從舊的到最新的，都被裝點得完美無缺，擺放在那裏。即使是那些死氣沉沉的數字，看起來都閃著美麗的光。一切都被佈置得如此巧妙，別具匠心，讓人耳目一新。然後，採購來了，被征服了。兩天後，他買走了經理建議的每樣產品。這可眞是打了漂亮的一仗，整個公司都傳遍了這個消息，慶賀像雨點般灑向我們部門。」

「又一個銷售旺季到來了，但是卻不見那個客戶的蹤影。因爲他發現，前一個銷售旺季他所採購的商品有很多是舊款式的、被淘汰的、賣不掉的產品。當他發現時，已經付出了代價，毫無疑問，這次採購讓他賠了錢。人們都私下議論，這個客戶肯定再也不會從他那裏買一分錢的產品了。」

「這件事情在我腦海裏翻騰了很久，讓我明白了一些道理，它讓我明白，強行向客戶推銷他不情願的東西無異於自掘墳墓，你必須對客戶的利益負責，把客戶的利益看得和自己的利益同樣重要。你要坦率地、誠心誠意地向他提出建議，告訴他，你的這種建議很適合他，可以使他獲得可觀的利潤。這樣一來，你在給他激勵的同時也獲得了他的信任。同客戶之間的這種關係一旦確立之後，你就牢牢地抓住了這個客戶。你的生意如果沿著這條軌跡走下去，那麼它就會日益壯大起來。」

當一個麵粉公司提供給他一個更好的發展機會時，他寫信給父親徵求意見。得到的答覆是讓他去諮詢一下他父親的好友查爾斯・普拉特。經過調查後，普拉特的意見是：這個公司太小了，不可能有什麼大的發展機會。在這之後沒過多久（一八八二年），年輕的貝德福德接到通知去百老滙四十六號，查爾斯・普拉特公司去應聘。那個時候正值查爾斯・普拉特和標準石油公司合併之際，貝德福德得到了一個職位。從此，貝德福德便與標準石油公司結下了不解之緣。

公司派給他的第一份工作是負責一個子公司帳目中的資產負債表。他從來沒有記過帳，因此儘管盡了全力還是無法達到帳目平衡。會計員發現，這個新來的小伙子碰到了麻煩，就看了看這些數字。「把現金也加進去，看帳目是不是還平衡不了。」他冷冷地說了一聲。這樣一來，帳目就平衡了。貝德福德意識到，自己有很多東西要學，他似乎註定就要學習這方面的技術。

在這個地方待下去，他還眞需要一些決心，因爲這位先生總是不厭其煩地告訴他，自己來到這裏是多大的錯誤，在這裏日復一日，年復一年，如今他都四十歲了，可仍然只是個會計員。他告訴貝德福德：「我寧願自己的兒子們餓死也不願看著他們像你一樣開始幹上這一行。」然而，貝德福德和他們是截然不同的人。他看問題更透徹，他想問題更深遠，他做事情更執著。在普拉

特公司人員調整時，這位悲觀的會計員被辭退了，取代他的是一位會計專家，開篇時提到過這一段。

大約也就是在這個時候，標準石油公司開始計畫向遠東地區擴展業務。公司的一個業務代表從印度寄來一封封長信，信裏描述了那裏的發展前景。這些信件需要被複製以便讓其他的董事會成員參考，公司委託貝德福德爲速記員朗讀這些信件。讀著讀著，一幅畫面漸漸在他腦海裏形成了，他想像著這個行業的前景和未來，慶幸自己已經跨入這個行業，這一切讓他感到興奮不已。這才是一個男人應該做的大事業，絲帶根本無法與之相比！

這位年輕朋友的能力、熱情和可信度贏得了普拉特先生的極大信任，儘管一開始貝德福德在卑爾根化學公司並沒有從事什麼實質性的工作，但是，隨著時間的推移，普拉特把越來越多的職責和機密任務交代給他，其中不僅包括生意上的事，還包括一些慈善方面的活動，這使普拉特這位崇高的、具有公益精神的優秀公民後來一直被人們所稱頌。當公司創始人之子C・M・普拉特繼承了公司後，貝德福德成爲了他的助理。

這一切都爲貝德福德日後成爲標準石油公司總裁積累了寶貴的經驗，埋下了伏筆。因爲普拉特父子很熱衷於企業經營多樣化，所以他直接參與了石油以外的各種重要事務的管理中。他被任命爲長島鐵路公司的財務總監、俄亥俄河流鐵路公司的秘書，此外還主管著多家公司，其中包括俄勒岡波特蘭一個電氣照明公司、西維吉尼亞的一個煤業公司、以及水利工程、公用事業和鐵路建設。每進行一次新領域的嘗試，每積累一些新的經驗，每擔負起一個新的責任都會讓他獲取到知識和經驗，不斷擴大商務界的朋友圈。

與此同時，貝德福德透過他管理的子公司——卑爾根化學公司同標準石油公司保持著聯繫，此時，他已經成爲了這家公司的經理。他堅信，總有一天，這種社交關係會成爲一筆巨大的財富。他的想法應驗了。

在一九〇七年，金融大恐慌爆發前的某一天，H・H・羅傑斯找到了貝德福德先生，告訴他現在有一個加入標準石油公司董事會的機會，問他願不願意。這個建議實在是太出乎預料了，貝德福德頓時目瞪口呆。

「我不知道自己能爲董事會做些什麼，我現在對石油還不是很在行。」貝德福德先生趕忙聲明。

「你已經積累了大量實用的、各個方面的經商經驗，這正是我們所需要的。」他用堅定的口吻解釋道，「我們一致認爲，像你這樣的年輕人應該在董事會有一席之地。」

第二天，各大報紙刊登了短短的三行聲明：從今日起，艾爾弗雷德・C・貝德福德被推選爲新澤西標準石油公司董事會成員。

艾爾弗雷德成爲董事會成員可以說是打破了先例。在此之前，只有那些經驗老到的石油專家們才有資格成爲標準石油公司的董事。董事會的每一個人都是了不起的人物，都堪稱是工業史上具有代表性的人物。

貝德福德先生的升職引起了廣泛的議論。它產生了革命性的影響，洛克菲勒集團向來以沉穩謹慎爲風格，這次卻做出了與以往完全不同的決定。

但是，羅傑斯先生和洛克菲勒兄弟，以及其他一些熟知情況的人卻很明白他們在做什麼。他們知道這樣做不會有錯。羅傑斯先生一直在爲公司物色新一代的棟樑之才，當時在標準石油公司的六萬名員工中，他認爲貝德福德最有潛力，因此毫不遲疑地選中了他。

「對我來說，在當時那種金融危機的情況下，能夠每天與這些人交往是無價之寶。」貝德福德先生最近評價道，「從他們身上，我汲取到了商業和金融方面的寶貴經驗，那是他們幾十年來在處理重大事件上積累起來的。對於一個相對還年輕的人來講，這是無法想像的特權。」

作爲董事會最年輕的成員，他總是不顧旅途勞頓，主動做爲代表，去處理其他地方的一些重要的事情。英格蘭、羅馬尼亞、義大利、法國以及德國，都需要有人親自去監管。他很快地從其他事務中退出來，專心從事石油的生產、精煉、運輸和銷售。

一九〇八年，當政府啓動訴訟程序要求解散標準石油公司時，貝德福德是應訴材料準備工作小組的成員之一。如果在此之前他還對標準公司的運作和經營細節一無所知的話，那麼，在接下來的一兩年之內，他一定會瞭解全部。

一九一一年，美國最高法院做出了判決，命令標準公司的控股公司放棄所有子公司，它被分成了三十二個企業。儘管這是一個關係到千千萬萬老百姓的幸福，影響到鐵路及加工生產行業，甚至影響到國外貿易的巨型企業，但整個分割過程還是以周全的方式進行的，並沒有影響到公司的正常運作。貝德福德先生對此從來不敢邀功，他總是把這一切歸功於公司的效率以及人事安排。但是，我們不難得出這樣一條合乎邏輯的結論：是他的訓練和領導能力直接導致了這一傑出的管理成果，因此，在按照法院判決書的規定執行這項巨大而複雜的任務時，才能表現出應有的條理性。

在經歷過這麼大的變故之後，原董事會的老資格成員除了約翰·D·阿奇博爾德外全部退休了，阿奇博爾德成了董事長。當時已經身爲財務總監的貝德福德再次獲得晉升，成爲標準石油公司的副總裁。在阿奇博爾德先生去世之後，貝德福德於一九一六年十二月二十六日被選爲董事長。

報紙上刊登了他當選的消息，同時也登載了這樣一段訪談摘要：

「商界爾虞我詐、互相拆臺的日子已經一去不復返了。眼下，美國正鋪開一條公平互利的國內國際貿易之路。」

「在經歷過前所未有的戰爭之後，會有更多的困難在前方等待著我們。和其他國家進行貿易是發展我們的經濟的必要手段。歐洲將會發展迅速，我們也同樣不能錯過機會。」

「一個來自歐洲的朋友最近向我們公司發出了挑戰：『我們歐洲的石油公司將會超趕你們美國，成爲世界石油的主導力量，因爲我們的發展過程不會受到來自政府或公衆的不必要干預。』要想在戰後的全球商戰中取得成功，我們的政府，我們的公衆，以及我們的媒體就必須用公正、寬容的態度去對待那些爲這一民族事業而努力的人們。」

「我們向來都對工人們很好，我們沒有裝修工人宿舍，也沒有爲他們提供免費衛生洗浴設施，是因爲我們認爲這是城市生活自身的事情。大多數生活在城市裏的人都應該有機會過著應有的生活，享受到休閒和娛樂，這一切都應該是做爲一個市民的權利，而不應該是雇主給他的額外待遇。在我看來，足夠的薪水以及獨立的生活對於工人們來講是最好的選擇，一般來講，他們也是這樣想的。」

這裏我要補充一點，貝德福德先生在行業領域裏同樣有著傲人的成就，他爲天然氣資源的發展做出了巨大的貢獻，然而在公衆面前他從不說起這些。當然，要說起來的話，這又是一個故事。

對於貝德福德先生工作以外的生活，在這裏我就不詳細說明了。我只能大概地提一下，他

一直以來都宣導要建立一個耗資一百五十萬的基督教青年會，基督教青年會實際上是一個巨大的禁酒旅館，可供五百個人永久居住，同時也是一個宗教、教育、健身中心。他把大多數業餘時間都投入到了對年輕人的幫助上面。最近，貝德福德先生被國際基督教青年會任命為戰事委員會委員。這個組織將制定一套綜合的計畫，以便在目前的戰爭中（一戰），在陸軍和海軍中展開我們的基督教青年會工作。

作為石油工業中的一個偉大人物，最能夠證明貝德福德先生能力的是最近的一次當選，他被美國國防部任命為石油委員會主席。這個委員會由美國最傑出的石油界大亨組成，主要負責供應石油的節約和使用效率提高等關鍵問題。

最近美國商會任命貝德福德先生為商會成員，讓他負責非常棘手的戰爭薪資單的管理問題。這是一場我們已經捲入，故而不得不繼續鬥爭下去的戰爭，而且，必須付給軍人相應的工資。這無疑又是一項至高的榮譽。在這個問題上，迫切需要採取明智行為，所以，美國商會華盛頓的會員全部被召集起來，就這件事進行一次全國性調查，然後從最可靠的資訊資源中找到支援，來確保戰爭中最沉重的問題在各個方面都得以妥善解決。

貝德福德先生認為，健康的體魄是成功的基石，也是塑造品德的途徑，所以他一直都很注重健身與娛樂。他是個高爾夫愛好者，經常騎自行車，他在格倫科夫和長島的郊區都有自己的住宅，他喜歡和家人外出郊遊，當然他已經結婚並且有了兩個兒子。

那麼，我們是不是應該稱他為美國命脈工業合格掌門人呢？

4

最傑出的電學天才，全人類的福音傳播人
亞歷山大·格雷厄姆·貝爾

收割機的發明將饑荒趕出了美國。繼收割機之後，電話機的發明是美國爲現代文明做出的又一大貢獻。他的發明者亞歷山大．格雷厄姆．貝爾終將會留名史冊，但是就在今天，有一部分的美國人已經不記得他了。

就像人們嘲笑麥考密克的第一台簡易收割機、富爾頓的第一艘汽船、菲爾德的第一個跨大西洋電纜鋪設項目、摩斯的第一台電報機、古德伊爾的第一款橡膠產品、賴特的第一架飛機、愛迪生的電燈泡實驗一樣，貝爾的第一台電話機也同樣遭到了人們的嘲笑。

和其他發明家不一樣的是，貝爾博士發明電話機的動機既不是出於好奇，也不是出於生活所迫。他的父親是一個學者及知名的科學家，他從小就受到了良好充足的教育。但是，他仍舊沒能擺脫和其他發明家同樣的命運。他同貧窮的鬥爭開始於青年時期而不是少年時代，這份鬥爭的艱苦性和長久性絲毫不比其他那些「另類人物」遜色。他努力想辦法將這個被人嘲笑的「玩具」變成眞正有用的東西，爲此他付出了全部。有一段時間，他甚至偶爾會借一點飯錢，然後同自己並肩作戰的，充滿熱情的希歐多爾．N．韋爾分享這僅有的一點生活開支。

從一八七六年的費城世博會（美國獨立百年博覽會）中，人們第一次聽說了「電話機」這個新名詞。同年的一月二十日，一位年輕人寫好了申請專利的書面說明書和發明的權利要求書，詳細說明了電話是電報的改良形式，並於二月十四日在華盛頓塡寫了美國專利局的申請表格，這位年輕人就是亞歷山大．格雷厄姆．貝爾。

第一次的通話內容記錄如下：「沃森先生，請來一下，我找你有點事。」這次通話發生於一八七六年三月十日，發明者貝爾先生在波士頓頂樓廣播室打給一個叫做湯瑪斯．A．沃森的同事，他當時在下面的一樓。沃森聽到這句話後，立刻衝到樓上將這個好消息告訴了貝爾。差不多

在事隔四十年之後，一九一五年一月二十五號這天，貝爾先生將同樣的內容又傳遞給沃森，只不過這次貝爾是在紐約而沃森在三藩市。

貝爾博士親口對我講述了他發明電話的整個故事，我相信，這段陳述將具有歷史性價值。

貝爾博士說道：「作爲一個默默無聞的年輕人，一直以來我都在嘗試著發明一種多功能電報機，所以我去了華盛頓和德高望重的亨利教授探討這方面的問題，他是電學方面的權威。我把自己醞釀了很長時間的想法告訴了亨利教授，我告訴他，我想通過電線來傳輸聲音。他用贊成和鼓勵的語氣表達了自己對這個想法極大的興趣，我無拘無束地和他盡情暢談。他告訴我，我具有發明家的潛質，可是，我只能對他說，我現有的電學知識還無法將它實現。他告訴我：『那就去學。』」

「現在回顧起來，那個時候是我生命中至關重要的一個階段，我得到的是支援而不是打擊。那個時候，我覺得自己無法成功的原因是因爲自己缺乏電學方面的知識，現在我才意識到，如果那個時候我對電學很精通的話，恐怕今天就做不出電話機來了，因爲電學專家們永遠不會去嘗試我所嘗試的東西。我的長處就在於我終身都在對聲音做研究，所以對聲音的性質瞭解得多一些，比如說，說話時聲音在空氣中傳播的振幅的圖形，以及其他一些原理。我必須要在沃森先生的幫之下才能進行工作，通過做實驗學習一些電學的知識。恐怕沒有一個電學專家會愚蠢到去做我們這種荒謬的實驗。」

這就是電話發明的開始，讓湯瑪斯·A·沃森來爲我們講述一下前前後後所發生的事情吧。

「一八七四年時，我在波士頓一個簡陋的工作室工作，那是一個供發明家們組裝各種裝置的工作室。有一天，這裏來了一位年輕人。雖然我知道這裏的每個發明家都充滿了熱情，但是這個年輕人身上似乎更有著無盡的工作勁頭和自信心。他很快就引起了我的注意。他想製造這麼一個東西：利用共振原理，通過一根金屬線同步傳送七到八個詞。這個計畫剛開始看起來行得通，但就是無法實現。我們整整做了一個冬天的實驗，還好我們剛開始沒成功，要是成功了的話，可以直接說話的電話可能永遠也不會從貝爾先生腦子裏冒出來。一天晚上，貝爾對我說：『沃森，我想再告訴你另外一個想法，你肯定會大吃一驚。』接著，他告訴我，他可能會發明一種東西，讓人們能夠直接通過電報機對話。當時我就覺得這是自己聽到過的最令人震撼的想法。一八七五年的六月二日，我和貝爾正被他的諧波電報機搞得焦頭爛額，我在一個房間給他發電報，他在另一個房間裏等著接收。其中一個發報機的彈簧出了點問題，沒有震動，這時，在另一端的貝爾突然聽到了一個奇怪的聲音。他立刻向我喊道：『你剛才怎麼弄的？』」

「也就在那個時候，他意識到了聲音是可以通過電流傳送的，剛才的那一聲是人類第一次聽到的通過電流傳送的聲音，電話也就是在那一刻誕生的。」

「亞歷山大・格雷厄姆・貝爾抓住並利用了這一具有重大意義的發現：各種聲音，包括人的聲音都能夠通過機械裝置傳送到人的耳朵裏。貝爾立刻讓我動手組裝世界上的第一台可以對話的電話機。第二天我就做了一架小小的裝置，但我發誓，那個時候我壓根沒想到自己做出的這個東西有多麼重要。那個時候，用這台小小的設備，我可以通過一根電話線聽到他的聲音，偶爾還能聽清楚幾個字，可是也就只能到達這個程度了。雖然這台機器還有點簡陋，但是貝爾的思路是對的。經過了十個月的改進，我們終於發明了能夠清晰傳遞聲音的電話機。」

「一八七六年十月，波士頓大學和劍橋大學之間進行了歷史上的第一次遠距離通話。那天下班後，我們試著將兩台通話裝置分別連接在一根金屬線的兩端，就像電報機那樣，可還是沒什麼

作用。最後，我發現另外一條電路干擾著我們的對話，於是我切斷這條電路，然後，我聽到了貝爾的聲音：『喂，沃森，喂，怎麼了？』這就是第一段長距離通話的誕生。」

「幾乎是在四十年之後，我和貝爾用最初的那台通話裝置又進行了一次通話，只不過這次他在紐約而我在三藩市，我們之間相距四千英里。」

今天，貝爾電話網絡每天要傳送三千萬通電話，擁有一千萬用戶，架設電話線總長度爲兩千萬英里，是一個總資產爲十億美元的企業，擁有員工二十萬人。

在接下來的那段歷史性的、艱苦的日子裏（一戰），電話作爲軍隊備戰的一個部分，充分顯示了其無可估量的價值。

亞歷山大·格雷厄姆·貝爾是註定要發明電話的人。他的父親亞歷山大·梅爾維爾·貝爾對發音和聲音科學方面有很深的造詣，他是愛丁堡大學的一名講師，主要研究發音與演講技巧，格雷厄姆於一八四七年三月三日出生在那裏。老貝爾希望耳聾的人能夠通過一種「看得見的語言」開口說話，他在這方面做了大量的研究，他還是這門學科中標準音量的創始者。貝爾的祖父，亞歷山大·貝爾也因治療有語言障礙的人而聞名全國。貝爾的媽媽對他的成才也做出了自己的貢獻，她教貝爾學習音樂，尤其是彈鋼琴，這使他對聲音有了更進一步的瞭解。

貝爾小的時候喜歡惡作劇，他的密友是一個磨坊主的兒子。有一天，他們倆正玩得開心，卻被磨坊主抓了個正著，並且挨了一頓訓斥，最後這個磨坊主說：「聽著，孩子們，你們就不能做些有用的事情？」貝爾便有禮貌地問他什麼才是有用的事。磨坊主抓起一把大麥，然後說道：「如果你能讓這些大麥的殼脫掉，那麼你就幹了件有用的事。」貝爾開始動腦筋，最後他發現只要用硬毛刷反復搓刷，就能把穀粒的殼去掉。緊接著他又有了一個主意，把穀粒放到一個轉動的機器裏，利用離心力和震盪力使穀粒在硬毛刷或粗糙的表面上不斷摩擦，這樣就可以將穀殼脫去。這個小傢伙把自己的方案拿到磨坊主面前，磨坊主採納了它，而且事實證明，這個方法奏效了。

又過了一段時間，頭腦靈活充滿創意的貝爾建立了一個名叫「男生藝術促進會」的組織，這裏的每個成員至少都稱得上是「教授」。在贊助人阿納托米「教授」和他父親的資助下，這個社團收集了各種貝爾自己處理的小動物骨架、各種鳥蛋和各種植物等等。這個社團發展得很好，知道它的人也越來越多，貝爾在他自己小閣樓裏舉行的演說也吸引了很多人參加。有一次，他準備爲大家做一次特別現場演示，他拿著一頭死掉的幼豬，打算在這些充滿好奇的觀衆面前當場將它解剖。

貝爾「教授」帶著驕傲與興奮，用一把刀戳向幼豬的屍體。突然，這頭死掉的動物發出了一聲咆哮，太可怕了！結果，這群驚慌失措的孩子們在解剖者的帶領下，紛紛向門口逃去。從那以後，這個小社團也就漸漸被人們淡忘了。

其實，小豬屍體發出的聲音是由於遺留在體內的空氣得到釋放而產生的。

這個小「實驗家」在訓練一種梗狗「說話」方面，做得更成功也更有趣味。只要稍微擺弄一下梗狗的下顎，它就會發出「奧啊唔，嘎嗎嗎」的聲音，好像在說「How are you, grandmamma?（你好嗎，奶奶？）」

十四歲時，貝爾以一個普通畢業生的身份畢業於愛丁堡皇家中學，之後他同自己的祖父在倫敦居住了一年，他的祖父是他唯一最親近的人，也是他的好夥伴。在這裏他潛心研究聲音科學，學會了嚴肅思考，變得少年老成起來。回到家之後，他對父母感到很不滿意，因爲貝爾在祖父母

那裏擁有的自由在家裏得不到父母的允許。他聯合了自己的弟弟，準備乘船離家出走。

「我已經整理好衣物，確定了自己出發去利斯的時間，然後計畫在利斯偷偷混上一艘船。」貝爾先生講述到。

在最後一刻，他改變了主意，這對於整個世界來講也許是件幸運的事。但他仍然渴望著能夠獨立，十六歲時，他應聘前去蘇格蘭埃爾金一家學院任教，並得到了准許。他的年薪爲十英鎊包食宿，同時，他還學習拉丁語和希臘語，以便使自己能夠更好地勝任大學的教學工作。他發現，有幾個學生年齡比他還大，但他對此毫不在意。

後來，他去愛丁堡大學進修人文課程，並取得了常駐碩士學位，回到埃爾金學院後，任教演講技巧課和音樂課。當貝爾一家搬到倫敦時，亞歷山大・格雷厄姆重新開始學習，先是在倫敦學院，後來又在倫敦大學學習。

早在二十一歲前，貝爾就教會了很多先天的聾啞兒童開口講話，當他的父親去美國作學術演講時，他就會代替父親作指導。他教有語言障礙的人如何發音，在中學和大學裏做演講，漸漸地追隨了父親的事業。他被人們視爲一個極其有能力的年輕人，「青出於藍勝於藍」幾個字已經不足以來形容他了。

命運總喜歡在關鍵時刻和人開玩笑，有一件事徹底地將這個年輕人送入了新的生活軌道。他的兩個弟弟死於肺結核，爲了謹愼起見，一八七〇年，貝爾一家舉家遷徙，遠渡大西洋定居於加拿大安大略布蘭福德附近。他在聾啞兒童教學方面所取得的聲望，使他能夠有機會成爲波士頓大學聲音生理學的講師。貝爾教授於一八七二年搬到了波士頓，在那裏，他將自己全部的精力都投入到了教學和對發音科學各個階段的研究中。也正是在這段日子裏，他對多功能發報機和後來的電話機產生了濃厚的興趣。這是一項艱巨的任務，只要他的熱情稍微少一些、信心稍微不足一些或是耐心稍微不夠一些，他恐怕就會在取得一點點成就前，早已放棄了這一切。研究人類的聲音在空氣中產生震動的特性，本身就不是一件容易的事情。他堅信，要想通過電流來傳遞語言，就必須在電流強度方面做一些變動，好讓它能夠和說話時，聲音所產生的電流相匹配。用更通俗的語言來講就是：他必須發明一種能夠持續傳遞電流的裝置來取代間歇電流。這是貝爾經過多次試驗後總結出的經驗。最後在一八七六年年初，他終於研究出了這項名副其實的專利產品，正如前面提到的那樣，那一年他年僅三十歲。第二年，他去了歐洲，就他這項具有劃時代意義的發明做了一系列演講。

亞歷山大・格雷厄姆・貝爾的發明對這個世界產生了巨大的影響，但這些影響並非來自於他所取得的專利。因爲，從發明之日起到取得專利的這段日子裏，已經有無數台電話機被生產出來了。

從某種程度上來講，世界欠聾人一部電話機。貝爾家三代人爲了幫助那些有語言障礙的人們而耕耘終身，他的父輩們以及他自己多年在聲學方面的專業研究，使他對發聲的每一階段都瞭若指掌，也正因爲如此，格雷厄姆・貝爾才能夠解決各種問題最終發明電話。

成功與名望的背後是一大堆麻煩、煩惱、障礙、反對與失望。他的發明設想遭到了歐洲和美國新聞界的嘲笑，甚至連一些技術類期刊一開始也並沒有認眞對待他的設想。研究經費方面也不是十分明確。

貝爾的岳父加德納・G・哈伯德是唯一支持貝爾，對這種新型設計深信不疑的人。他是一個有錢人，很有做生意的天賦。他帶著十分的熱情投入到這個專案的開發中來，並且在普及電話機

的使用方面全力以赴。貝爾和哈伯德不僅面臨著設計生產必要儀器和各種零件方面的基本問題，而且還屢次遭到實力強勁的西部聯盟電報公司的打擊和羞辱，其背後的原因是涉及到電報公司經濟利益的利害關係。愛迪生也曾效力於西部聯盟電報公司，但當時他還只是一個名不見經傳的年輕人，他發明的電報機爲西部聯盟電信服務的競爭力奠定了堅實的基礎。

貝爾的名聲最先在歐洲傳播開來，但他的好運並沒有因此而接連不斷。原材料價格昂貴，客戶也很難敲定，而且，剛開始時的遠距離電話線還無法到達令人滿意度傳輸效果。正在這個時期，一個叫希歐多爾・N・韋爾的年輕人帶著他那用之不盡的精力和無法遏止的熱情加入了貝爾和哈伯德，他對電話價值的認可和對電話前景看好絲毫不亞於它的發明者，同樣，他也是個目光長遠，極具商業頭腦的人。

就像大多數偉大人物一樣，亞歷山大・格雷厄姆・貝爾是個十分謙虛的人。只要有機會，他就會向人們講述其他人在發明電話的過程中所起到的作用。

他這樣說：「任何一項偉大的發明或技術的進步，必然是許多人智慧的結晶和共同合作的成果。對於我後來的人，我可能起到了開闢道路的作用，但是如果說到電話發明的重要過程，以及以我的名字命名的整個系統，我感到，這一切應該是其他人的功勞而不是我個人的功勞。爲什麼這樣說呢？因爲我甚至不知道爲什麼在不使用電線的情況下，一個在華盛頓的人可以將電話打給一個待在法國艾菲爾鐵塔上的人。」

「回首往事，我仍然記得那些人的名字，他們在電話發明的初始階段做出了貢獻，但是卻沒有人會把他們和電話聯繫起來。然而，正是有了這些人的建議、支持，和經濟上的幫助，我們才能擁有今天的電話。」

貝爾因其劃時代的成就而獲得了法國政府頒發的沃爾特獎，獎金金額爲五萬法郎，他用這些錢外加自己很大一部分錢建起了華盛頓沃爾特研究所，宣傳和普及聾啞人的相關知識，讓人們更瞭解聾啞人，這就是貝爾的做事方式。後來，他又耗資三十萬美金建立了聾啞人發聲教學促進會，並且親自擔任會長。即便有很多次很多人勸他轉變方向，用這些錢經商，去獲取更大的利潤，但他還是全身心地投入到給千千萬萬無聲世界的人帶來希望的崇高事業中。他還寫了好幾部書，其中包括《聾啞兒童的教育》、《人類聾啞種類分類史備忘錄》、《發聲機能演講文集》。

他對聾啞人的興趣還給他帶來了浪漫的愛情。一八七七年，他和加德納哈波特（史密斯森學會會長）的女兒梅布爾·加德納·哈波特結婚，梅布爾·加德納·哈波特幼年失聰，貝爾教授對聾啞人的研究和教學成果讓她獲得了巨大的進步。

就算亞歷山大·格雷厄姆·貝爾沒有發明電話，他的其他成就也足以使他成爲名人。他發明了一種遠端探測儀，可以使病人在免受痛苦的情況下探測到子彈的位置和形狀；他和A·C·貝爾以及S·泰恩特共同發明了留聲機；貝爾在感應平衡學方面所取得的成就，也在科學界擁有很高的地位；二十多年前，他向美國科學學院報告了自己在電光電話方面的發現；在此之前，他在倫敦皇家科學院做了有關光在硒金屬片中的運動的演講。

二十七年前，貝爾建立了一個小小的基金會，促進了當時還是新鮮事物的航太研究的發展。他研究出了一種四面體風箏，成功地在空中拉起了四百磅的物體，並做了停留。這一成果除了在負重重量方面外，在更深層次上超越了班傑明·富蘭克林的風箏實驗。貝爾在航太以及其他應用科學領域中也是一個先驅者，儘管科學界對他的貢獻給出了很客觀的評價，但是他在這些方面的成就卻沒有聞名全球。在很大程度上，是因爲貝爾是電話發明者這種名譽已經蓋過了他本人。

貝爾不僅僅是一個發明家，他還是個很好的園藝師。雖然他大多數時間住在華盛頓，但每年他有很長的一段時間都要在諾娃斯高帝雅廣闊的別墅裏度過。在這裏，他的科學家精神也得到了充分的發揮。他把自己的科學知識應用到了對羊的培育上。他對羊的瞭解要遠遠多於蘇格蘭牧羊人。在他的著作中，對於綿羊這種動物做出的闡述就像對待抽象的應用科學一樣詳細。

縱觀美國的名人，貝爾是最具有影響力的人物之一，他用自己充滿智慧的一生爲美國做出了不可估量的貢獻。他長長的白髮和濃密的鬍鬚，寬闊的前額，熱情和藹的目光無不表露出他的個性與獨特，你立刻就會被他吸引。

對於他，我們不得不承認，他用自己的成就贏得了美國賦予他的榮耀。他擔任史密森學會會長、國家地理協會的主席、美國電子工程處處長、以及各種科學和哲學組織的實際及名譽成員。他是勳級會榮譽軍團的官員，同時，他爲人類文明的進步做出了巨大的貢獻，因而收到了來自世界各地科學協會和大學數不清的獎牌和學位。

去年三月，著名詩人愛德溫・馬克漢姆在紐約市民論壇上，就「公衆服務貢獻獎」的話題對電話之父貝爾給出了最中肯的描繪：

跨越空間　從此距離已無法將你我阻隔
聽你的聲音　你的笑臉就在我面前
我們雖天各一方　心卻緊緊相連
每一個角落　都是心靈的家園

電纜是世界的忙碌神經
在空中穿梭　在城市間遊走
以閃電般的速度
爲你送去誠摯的話語
繞過草原　跨過高山和湖泊
整個世界都傳遞著愛的訊息
無論戰場還是農場　都將彼此連接
無論是在阿爾卑斯山脈還是剛果
抑或是在埃及、日本
都能找到它留下的蹤跡

美國也許會驕傲地說，愛迪生和貝爾這兩個最傑出的電學天才是屬於它的。但是，它還不能這樣說，因爲愛迪生和貝爾應該屬於全人類，因爲全世界的每個家庭都會對他們帶來的好處心懷感激。

5

傲視群雄的鋼鐵大王，博大仁愛的慈善家
安德魯・卡內基

在美國所有的現代富翁當中，安德魯．卡內基可能會是遺產最少的一個。他的遺產要比約翰．D．洛克菲勒少將近十億美元，比弗里克少約一億美元，也要遠遠少於摩根、希爾、哈里曼、哈克尼斯兄弟、拉塞爾．賽奇、赫蒂．格林、約翰．雅各布．阿斯特所留下的遺產。

據我所知，卡內基已將三億兩千五百萬美元用於慈善公益活動，自己僅剩三千萬美元。

卡內基在鋼鐵廠的原始投資爲二十五萬美元，二十七年後，他將價值爲三億美元的卡內基鋼鐵公司的股份賣給了摩根鋼鐵公司，其中包括近一億美元的優先股，九千萬美元的普通股。卡內基和斯科特拿走了卡內基鋼鐵公司百分之六十的股份，將剩下的百分之四十的股份留給了他的四十位合夥人。

卡內基在《財富福音》一書中闡述了自己的基本信條：

「一個人生前可以擁有幾十億財產，任他支配，然而，死後就算全部將這些無法帶走的身外之物留給後人，供他們使用，也不足以讓世人爲他落下哀悼的淚水，他既不會帶著榮耀離去，更不會被人們久久稱頌。那麼，自然而然，人們很快就會將他忘記。世人對這些人的評判往往是：『死得不光彩的有錢人』。」

其他地方還記載著他這樣一句話：「我將留給後代一條道路，這條道路的意義絲毫不亞於萬能的金錢。」

卡內基並沒有兒子，只有一個女兒，出生於一八九七年。世界上最富有的繼承人之一不會是她。

相對而言，卡內基會衰老而死，他今年八十二歲，身體虛弱。

美國現代歷史上只有一個人可以和卡內基相提並論，他就是石油大王約翰．D．洛克菲勒。

卡內基創造了一個「新的時代」，一個令人歎爲觀止的慈善活動時代。確切來講這還不算是一個新時代，因爲在希臘和羅馬最爲昌盛的時期，統治者和富有的貴族就奉行過一些慷慨之舉，他們爲卡內基提供了仿效的原型。

沒有哪個美國人受到的讚譽比他更多，也沒什麼人像他那樣經受過雨點般的指責。他被人們尊奉爲閃耀著美德的聖人，同時也被人們譴責爲一個雙手沾滿血跡的暴君和一個苛刻的工頭。有人把他的成功歸結爲智慧、遠見和超人般的能力，還有人把他說成是一個虛誇自負的人、一個沾沾自喜，自鳴得意的典範、一個環境造就的寵兒。他唯一與衆不同之處，就是自己寫給自己，並刻在自己墓碑上的那幾句話：「躺在這裏的，是一個將他人才能爲自己所用的人。」

人們一邊稱他爲財富共用的社會主義者，一邊稱他爲無情的統治者，因爲他從來不爲任何個人提供幫助，哪怕這個人和他有著同樣的商業頭腦。

因爲他沒有固定的宗教信仰，因此，儘管他已經捐助過七千多個教堂，可是，在他的整個職業生涯中，「無神論者」這個綽號一直伴隨著他。一個熟悉他人說：「聽聽教堂裏的音樂和唱詩班，就成了他表達宗教信仰的唯一形式。」

一直以來，人們都在指責他，認爲他和合夥人之間的爭吵以及對合夥人的欺騙堪稱是工業史上之最。然而，像施瓦布、科里這種充分享受到他的獎金與紅利的人卻給予了他這樣的評價：「從來沒有人造就過這麼多的百萬富翁，也沒有人如此慷慨地將自己的財富同別人分享。」

他被人們稱爲「蘇格蘭現代守護神」。然而，在一戰的初期，他對待戰爭的那份和平態度卻激起了人們的憤慨，就在他的故鄉，人們將污水和泥漿潑向了他的雕像。

在這些衆說紛紜的事情中，到底哪些才是眞的？他就眞的那麼神秘嗎？難道有兩個卡內基嗎？他到底是聖人還是惡魔？還是一個有著善惡兩重性格的人？

其實，在我著手認眞研究卡內基的生平之前，由於受到了自己幾個蘇格蘭長輩的影響，對他並不抱有什麼好感，蘇格蘭是卡內基的出生地。人們不喜歡他張揚的做事方式，有人對卡內基出資修建的大樓充滿怨恨，因爲大樓的外牆塗著「卡內基」幾個大字，而納稅人卻辛辛苦苦地負擔著它。在蘇格蘭，無論是高地還是峽谷，城市還是村莊都流傳著卡內基爲人，說他是那麼的傲慢；和其他人發生爭論時是那麼的沒有耐心，哪怕面對的是行業的專家或技術人員；他的自信永遠是那麼的過頭；他對待家人永遠是那麼的冷漠。

然而，我想說的是，我對卡內基的成見和誤解卻隨著對他瞭解的加深而日益減少。我並非英雄崇拜者，但在我看來，卡內基身上所具備的優秀的品質要遠遠多於他的「缺點」。就算在他早年時期有缺點，那也是出於事業上的原因，而不是出於狂妄自大。

卡內基在年輕的時候曾邀請威爾斯王子去賓夕法尼亞鐵路乘坐火車，此舉唯一的目的就是希望日後能在業務上得到一些優惠，最後他得到了。當他出入於紐約社會名流雲集的地區、華盛頓更高一層的政治和外交圈時；當他與歐洲皇室成員親密共飲時，也並非想要成爲報紙的社會專欄人物大出風頭，他所想的是自己的帳目上，如何能將利潤這一欄擴大。

到後來，一些傑出優秀的人物之所以追隨卡內基公司，並不是出於卡內基的經濟實力，而是因爲他的人格魅力。他在四處周遊的同時，用他那雙充滿智慧的眼睛觀察著身邊的一切。雖然他接受學校教育的時間不是很長，但是，他後來在一個家庭教師的指導下不斷學習，從而彌補了這一缺憾，他成爲了一個眞正有學問、知識淵博的人，所以，許多人都覺得，許多署名爲卡內基的書都是由他本人撰寫的，絕不是出自他人之手。他能夠背得出半數莎士比亞的作品、伯恩斯的

全部作品，而且對許多學科都有深刻的研究。在他的財富變得舉世矚目之前，他曾有很多英國好友，他們都是才華出衆的人，他們是格拉德斯通、羅斯伯里、莫利、赫伯特·斯潘塞、馬修·阿諾德和詹姆斯·布賴斯。

即便是擁有這樣一家超級大公司，卡內基仍然保持著對生活的熱愛。他很會講故事，樂觀開朗，對未來充滿著無限的憧憬。他熱愛生活，熱愛這個世界，也熱愛世人。他並沒有完全沉浸在對鋼鐵的研究中，實際上，任何一個經營鋼鐵的人都比他更內行。但是卻沒有誰能夠比他更懂得經營之道，比如說，他能夠抓住更大的訂單、確保工人們更好的工作成果，或者是能找到更好的合作夥伴。就像約翰·D·洛克菲勒一樣，在經歷了少年時代的拼搏之後，他過著比任何同事都舒適的生活，而且比他們中的大多數人都長壽。

卡內基對待自己的搭檔、管理人員、以及那些胸懷大志，大有前途的年輕人就像是在使喚奴隸，這一點是衆所周知的。但是，他對待自己的工人卻好得出奇，而且很受工人們的愛戴。

分析一下卡內基和同行業其他巨頭的衝突其實並不難。比如說，他和弗里克的失和就是必然的，原因是他們兩個人有著截然不同的個性和經濟背景。

卡內基嘲笑國王和君主制度，然而自己卻建立起了一個君主立憲制的企業，並親手爲自己戴上了王冠。他的語言就像前俄國沙皇和土耳其皇帝一樣獨斷。他的寵臣在公司裏位高權重，但是誰也休想和他的寶座沾上邊。他建立了一套獨特的獎金和分紅制度，那些靠這種制度發達起來的有能力的人，對這種制度的創始者可謂頂禮膜拜，因此也就理所當然地接受著他的傲慢、奴役和他的老練世故。

既然卡內基爲樂隊付了帳，他就有權聽他想聽的曲子，整個公司也就心滿意足地隨著卡內基之曲翩翩起舞。

這些方法對於那些職位低於他自己的人來說是可以的，但是那些和他平起平坐的人根本無法忍受他的專橫。

亨利．C．弗里克在加入卡內基集團時，就已經是一個集財富與權利於一身的人。他預見到，在大型企業的管理方面，將會發生革命性的改變。他意識到，日後的工業、鐵路和金融領域在利益上將會出現互相依存，息息相關的局面。他感覺到，那種獨立的君主立憲制企業離消亡的日子已爲期不遠。他推崇更爲民主的企業管理模式，認爲管理控制公司的人應該具有政治家的胸襟和導演般的安排能力，而不是沙皇般的獨斷與專橫。在國內，弗里克是他的對手之一，在才智和地位上都足以和他相抗衡。卡內基不承認自己有什麼對手，也絕不可能和誰去分享他的地位與權力。弗里克很快就適應了這種新的經濟秩序，而卡內基仍舊堅守著他的那一套東西——無論在哪里，卡內基都必須坐在象徵最高權力的位置上。

然而，如果說卡內基以慘不忍睹的低價欺騙了他生意上一個又一個的入股合夥人，那恐怕就是大錯特錯了。大部分情況是這樣的，在大蕭條風暴襲來之際，很多人對鋼鐵行業失去了信心，而卡內基則正好相反，自從他第一次在英格蘭看到貝西默酸性轉爐時起，就從未對冶金行業失去過信心。對鋼鐵行業，他總是能夠用睿智的目光撥開陰霾，看到行業在整個世界發展過程中起到的難以估量的重要性。在他眼裏，鋼爐裏流出的，永遠是滾燙熔化的金子而不是熔化的鋼鐵。

我們可以毫不誇張地說，沒有哪個雇主可以這樣慷慨地將利潤和自己的同僚們分享，但權利絕不可以分享。

如果讓我用一句複雜的句子來描述卡內基，我會這樣說，年輕的卡內基具有驚人的工作能

力和極其敏銳的機會嗅覺；他為父母爭光，成為父母的驕傲，並讓自己的母親能夠擁有一個最美麗的夢想；通過高強度的學習和眼界的不斷開闊，卡內基最終成為了一個通曉多種文化的人；他在很早的時候就顯示出了極好的理財技巧，而且他能夠想辦法完成更好的交易，這在當時是無人能比的；他關心自己的工人，用慷慨的利潤分配系統激勵著有才幹的人為公司做出貢獻，並且最終達到成功；從性格上來講，儘管他喜歡簡單的做事方式，在某些方面也表現出民主的一面，但是，他太過以個人意志為轉移，甚至於到達了傲慢的地步，這給他的一言一行蒙上了濃重的自負色彩；最後，他的揮金如土（大多數都是有意義的）為有錢人的生活方式開闢了先河，促使其他的百萬富豪們也紛紛解囊，為人類利益做出了貢獻，因此，他身先士卒為完善人類的手足之情樹立了榜樣。

現在，我們來快速追溯一下這位窮苦的移民織布工之子是如何一步一步成為世界鋼鐵大王的。

卡內基在一八三五年出生於丹佛姆林，父親是一個手工紡織工人。卡內基沒上過多少學，很小的時候就開始為家裏掙生活費。十歲時，他就用積攢起來的錢買了一箱橘子，然後又把它賣給零售商，利潤還不小！當時，蘇格蘭引進了蒸汽機帶動的織布機，這迫使卡內基的父母帶著卡內基和弟弟湯姆移民到了美國，那一年，他十二歲。因為有親戚已經在賓夕法尼亞阿勒格尼高原的斯萊伯鎮定居下來，所以他們也在那裏的貝爾福特居民區安了家。他的父親在一家棉花種植廠的磨房裏找到了工作，小安德魯被一家紗廠以每週一點二美元的工資雇用，成為了一名紡紗工。他的媽媽為隔壁一個名叫菲比斯的鞋匠洗衣服、縫補鞋子。菲比斯有一個十歲的兒子，名叫哈里，這幾個小移民很快就成了好朋友。

卡內基在幾年前說過：「那份工作給我帶來了真正的滿足感，而這種感覺並非來自於每週一點二美元的工資。」

他每天天沒亮就開始工作，一直到晚上天黑才下班，午間只有四十分鐘的休息時間。然而，他覺得自己現在已經是可以養家的一個家庭成員了，這個內心深處的念頭一直在安慰並支持著他。

後來，一個友好的蘇格蘭人讓他在自己的紡紗廠裏幹活，每週付給他一點八美元，但這次，他的工作還包括燒鍋爐。他回憶道：「管理好鍋爐裏的水，讓它驅動發動機是一項責任重大的工作，如果我出了什麼差錯，整個工廠都有可能被炸成碎片。我壓力很大，這份壓力導致了我精神上的一些問題，我從夢中醒來，發現自己整晚坐在床上，手裏還拿著鍋爐蒸汽壓力計。但是，我從沒有把自己的窘境告訴過我的家人，不，不能告訴他們，一定要讓他們相信我這裏一切都好！」

再後來，丹佛姆林市的一個當地人給了小安德魯一份每週三美元的工作，讓他做匹茲堡的電報送信員。他擔心自己對城市不瞭解，會在工作過程中迷路，於是，他狠下功夫記憶城市路線，於是沒過多久，他閉著眼睛也能說出這座城市每個商業區每家公司的門牌號碼。他每天早晨很早就去了辦公室，悄悄地練習發報技術。

一天早晨，費城方面強烈要求發一封「陣亡電報」，安德魯在沒有任何發報員在場的情況下，接受了發報機裏傳來的資訊，然後又迅速把它發送了出去，這一切發生在電報公司開始營業之前。事後，他不但沒有像他擔心的那樣，因爲此番大膽的舉動而遭到解雇，反而很快被提升爲發報員，而且得到了每個月二十五美元，一年三百美元的薪水。他還以每週一美元的酬勞做著一項額外的工作——抄錄報紙上的消息。這讓他有機會每晚接觸到那些爲早報寫文章的記者們。

那個時候，湯瑪斯·A·斯科特是賓夕法尼亞鐵路匹茲堡的主管，他常常去發報室和電報公司阿爾圖納地區的主管聊天，這位精力旺盛的年輕發報員引起了他的注意。後來，當鐵路公司建立起自己的通訊網絡後，卡內基被挖了過去，以每個月三十美元的工資成爲了一名辦公人員兼發報員。

有一次，鐵路全線癱瘓而一時又找不到當時的主管斯科特，情況十分危急。身爲電報員的卡內基果斷地冒用斯科特的名義發出電報，指示火車如何運行，從而避免了一場災難。這在當時是絕對不符合制度的，但是卡內基卻把它當作了一個典故，並引出了他最喜歡說的一句話「打破規則是爲了拯救規則的制定者」。後來，斯科特以每個月五十美元的薪金把他聘爲自己的私人秘書，從此，通往財富之路的大門打開了。

有一天斯科特突然問他：「你能不能湊夠五百美元的投資金額？」儘管他毫無頭緒，一時想不出到那裏去搞這麼大一筆錢，但他還是回答道：「是的，先生，應該可以的。」斯科特解釋道：「有一個人手上有十股阿丹姆斯快遞公司的股票，可他去世了，這些股票現在以每股五十美元的價格出售。」當時，爲了省些房租，卡內基家裏的儲蓄全部都用來買了房子，他聰明的母親「神的使者」（安德魯這樣叫她）想出了一個辦法解決了這個問題。第二天一大早，她就坐船前往俄亥俄州，用自己的房子作抵押，向一個叔叔借了錢，理由是：「給孩子一個開端吧。」

他的第一筆股息像一個神秘的金色使者一樣悄然來到他的帳戶上，這引起了卡內基的思索。這是個讓錢生錢的好辦法。此後沒過多久，投資者伍德拉夫給卡內基展示了一款臥鋪車廂，他立刻就對眼前這種車廂充滿了熱情，並同意買下一部分股權。當他再一次面臨資金短缺的問題時，他大膽地去了當地銀行，尋求貸款幫助。

銀行家很痛快地答應了：「哦，安德魯，你的想法是對的，貸款沒問題。」於是，安德魯卡內基有生以來第一次在貸款協定上寫下了自己的名字，成爲了歷史上最有名望的貸款人之一。

卡內基在投資理財道路上的每一個轉捩點上，幾乎都得到了斯科特的幫助。南北戰爭時，斯科特被提升爲賓夕法尼亞鐵路的副總裁，卡內基自然而然就塡補了這個空缺，成爲了匹茲堡地區的主管。戰爭期間，他們兩個人在交通運輸和通訊交流領域均爲國家做出了貢獻，他們也是將軍，在看不見硝煙的戰場上發揮著作用。

卡內基那個時候才二十八歲，可是已經儼然是一個資本家了。木橋的燒毀給鐵路運輸帶來了一場劫難，也引起了這位獨具慧眼的蘇格蘭人的思索。

「爲什麼不能建一座鐵橋呢？」他心裏暗自琢磨。於是，他毫不遲疑，立刻組建了基斯東橋樑公司，這個有頭腦的年輕人得到了支援，J．埃德加．湯普森、賓夕法尼亞鐵路公司總裁和副總裁科勒尼爾．斯科特以及其他一些鐵路界的知名人物都成爲了公司的股東。有了這樣的影響力做爲後盾，公司下了幾筆大的訂單，結果，四年後股東得到了總額爲百分之百的股息分紅。後來，他又參與了一家成功的石油公司和幾個金屬公司的投資，其中包括克洛曼—米勒—菲普斯—卡內基公司及其子公司米爾斯聯合鋼鐵公司。實際上，卡內基在商業和資本領域中投入了大量的精力和財力，到最後，他放棄了自己在鐵路公司的職位。

他去英國進行了長達九個月的訪問，將米爾斯鋼鐵留給自己的父母管理。此時，一場災難正在悄然逼近。大蕭條開始了，鋼鐵的價格日益下滑，米爾斯鋼鐵聯合公司面臨倒閉。最富有的合作者米勒不得不給工人們加工資。許多工人拿到的不是現金而是當地雜貨店的購物單。生鐵不得不當作抵押品。緊接著，事情惡化到了最嚴重的地步，煉鋼工人罷工，米勒退出。米勒以七萬

三千六百美元的價格將股權轉讓，而三十四年後，公司卻發展成爲了行業龍頭，這些股權將帶來幾百萬美元的收益。

卡內基奔走於他鐵路界的朋友們之間，希望爭取到更多的訂單。儘管他對鋼鐵行業接下去的局勢一無所知，但是，他仍然比當時的任何一名業務員拿到的訂單都要多。他和他年輕的團隊在團結合作的支持下，最終度過了難關。

關於卡內基，還有一件事情是鮮爲人知的。他曾一度做過債券經紀人。一八七二年時，公司曾委派他向歐洲投放六百萬美元的賓夕法尼亞鐵路分支路線債券，他獲利十五萬美元，並用這筆錢償還了債務。後來，他又做了一次，賺得了七萬五千元的佣金。在英格蘭時候，他目睹了貝西默酸性轉爐的整個鋼鐵生產過程，看著鐵一步一步轉化爲鋼，他的腦海裏充滿了無限遐想。從那以後，鋼鐵註定會成爲他的全部生活。他匆匆坐船回到美國，投資七十萬美元成立了卡內基—麥坎德利斯公司，建起了一個新的鋼鐵廠，他和威利・斯科特將鋼鐵廠命名爲埃德加湯普森煉鋼廠。因此，受到了這番吹捧後，這位賓夕法尼亞總裁如何能夠捨得拒絕這筆慷慨的回扣呢？

卡內基頻繁而長期地活動於整個美國和歐洲，於是，「卡內基」這個名字開始走入了千家萬戶。一方面有關稅這個有力的保護傘，另一方面有回扣的支持，鋼鐵公司的利潤像滾雪球般快速地積累起來。一八八〇年，鋼軌的價格達到了每噸八十五美元，工廠二十四小時開工，公司的年利潤超過了兩百萬美元。

第二年，公司被重組爲卡內基兄弟公司，公司的總資產爲五億美元，其中屬於卡內基的那一部分資產已超過了一半。從那時起一直到一八八八年這段時間裏，公司每年的平均利潤爲百分之四十，即兩百萬美元。卡內基的財富已積累到了一千五百萬美元。

隨著合夥人的先後去世或退出，卡內基理所當然地將他們的股權全部收購。最後，公司的元老只剩下了卡內基和亨利・菲比斯，後來，他們兩個人也發生了爭吵，菲比斯一怒之下也離開了公司。競爭對手也是一樣的結果，包括霍姆斯蒂德和杜凱森公司在內的大公司都被精明的卡內基排擠了出去，最後，卡內基毫無爭議地變成了鋼鐵大王。

在賓夕法尼亞康奈爾斯維爾地區從事焦炭行業的弗里克，於一八八二年加入卡內基兄弟公司，在接下來的幾年裏，亨利・C・弗里克始終都是卡內基最信賴的合作夥伴。兩人的合作一直持續到一八九九年，然後，兩個人平分了公司。

卡內基對公司進行了重組，重組後的卡內基鋼鐵公司完全控制在他一個人手中。至於以後他如何將凱普丁・比爾・瓊斯、施瓦布、科里、丁奇、莫里森之類的有實踐經驗的鋼鐵專家聚攏在自己身邊，對他們的成就報以豐厚的紅利和獎金；他如何宣佈要建立新工廠，甚至建立自己的鐵路，讓賓夕法尼亞復甦，從而威脅到自己的競爭對手；他如何令最富有的人也嚇了一跳；他如何將股權賣掉，從此退出鋼鐵界，這些早已是人們家喻戶曉的故事，我在這裏就不再重複了。

他的慈善行爲包括：六千萬美元建起兩千五百多座圖書館、一億兩千五百萬建起了紐約卡內基公司、爲各個大學捐助了一千七百萬美元、爲教會的孤兒捐獻了六百萬美元、兩千二百萬美元建起了華盛頓卡內基大學、一千六百萬美元建立了卡內基美國教學基金會、一千三百萬美元建起了匹茲堡卡內基大學、一千萬美金建起了卡內基技術學院、一千多萬美金建立了卡內基英雄基金會、爲國際和平捐出了一千萬美金、四百萬美金成立了鋼鐵工人退休基金、兩百萬美建立了教會和平聯盟、一百五十萬用於海牙和平宮的建立。

卡內基將以百萬財富的給予者，而不是以百萬財富的創造者被載入史冊。

6

從銀行小職員到J・P・摩根的合夥人
亨利・P・戴維森

一天，紐約一家銀行的副行長收到了這樣一條消息：「今天下午三點鐘，摩根先生要在他的圖書館見你。」

這位金融大亨到底爲什麼找他？他感到有點茫然。

和其他一些金融家一樣，他在一九〇七年的大恐慌時期曾見到過摩根先生。那個時候，幾乎所有的金融家都在想著如何能夠齊心協力度過時艱，但誰也沒見過爲首的摩根先生。到了第二年的春天，他同國會議員奧爾德里奇以及其他一些金融委員會成員，才有機會一起在摩根先生倫敦的家裏度過了一個星期天。從那時到一九〇八年秋收到這個消息前的這段時間裏，他幾乎不曾再和摩根先生有過任何聯繫。

下午三點，這位年輕的銀行家帶著疑惑，準時出現在著名的摩根圖書館門前。他摁響了門鈴，然後被領了進去，走到摩根先生房間門口時，他幾乎和摩根先生撞了個滿懷。摩根先生揮了揮手，示意讓這個滿臉疑惑的年輕人坐下。

「一月一日馬上要到了，你知道嗎？」他問道。

年輕銀行家有點丈二和尚摸不著頭腦，只好說，是的。畢竟現在已經時值十一月中旬。

「你準備好了嗎？」摩根先生又問道。

「準備好什麼？」這位詫異的來訪者問道。

「準備好什麼？」摩根先生將他的話又重複了一遍，「你是知道的，我希望你從一月一日起，加入我的公司。」

「可是摩根先生，您從來沒有談起過這件事。」

「我覺得，你應該能夠從我對你的態度中感覺出來。」摩根先生說。

一陣沉默。

「摩根先生，您是不是從十八層樓上摔下來過？」

這次該輪到摩根感到吃驚了。

「不，沒有。」他的雙眼緊緊盯著眼前這位年輕人，很認眞地回答道。

「哦，我以前從來沒想過這個問題，給我一兩分鐘時間，讓我喘口氣。」

摩根先生哈哈大笑了起來。

這就是亨利．P．戴維森，在年僅四十歲時，被美國最大的國際銀行公司選中做合作夥伴，並因此而名噪一時。

從這位年輕銀行家的奮鬥歷程中，我們不難看出，正是他身上所具有的內在品質，造就了他在銀行界穩步攀爬的立足點。

他曾是康乃狄克州布里奇波特市一家小銀行的職員，但沒過多久就成爲了一名收款員。在這期間，他在報紙上看到一則消息，紐約一家新的銀行正在籌備中。年輕的戴維森很想去紐約，他迫切希望能夠去紐約，他甚至下定了決心，必須在這家新建立的銀行裏獲得一個職位。

於是，這個年輕人登上了下午開往紐約的列車，他只帶了一封信，這封信是他的一個部門負責人寫給一位新出納員的，他們互相認識。他呈上了那封信。

這位出納員非常熱情地接待了他，儘管這位年輕人在他這裏沒能得到任何工作，但出納員誠摯的態度仍然讓他帶著微笑離開了。

年輕人從辦公室裏出來，坐上了回家的火車。他臉上的笑容消失了，事情似乎就這麼過去了。

但他絕不會就這麼輕而易舉被擊敗。第二天，銀行下班後，他又一次登上了開往紐約的火車。看到他的再次到來，出納員有些意外，但他還是很愉快地和這位年輕人進行了第二次談話。這一次，他解釋道，銀行不可能去雇用一個紐約市以外的人來做他們的付款員，他們需要的，是一個具有紐約工作經驗的人，一個在紐約有著人際網路的人。而付款員正好是戴維森要應聘的職位。面對銀行家坦率而同情的語氣，這位年輕人又一次帶著微笑離開了。

在回家的路上，笑容再一次從他臉上消失。

他要再試一次！

第二天下午，他帶著更為堅定的決心又一次踏上了去往紐約的行程。紐約，他嚮往已久的地方。

然而，這一次他只得到一句冷冰冰的回答：「出納員今天不在。」

「他住在哪里？」戴維森毫不氣餒地問道。

半小時後，戴維森就出現在出納員的家中。僕人告訴他，他的主人今天穿戴整齊後，就去參加一個晚宴了。沒關係，這位不速之客會一直等到他回來。

出納員一進門就看到了戴維森，兩個人同時發出了心照不宣的笑聲，然後很快進入了正題。他用無比熱忱的語氣說道：「我就是那個你要找的付款員，我會成為你得力的助手。我知道，這樣的話從我自己嘴裏說出來有些難為情，但是，除了我，不會有其他人會告訴你這些事。請給我這次機會，相信我，你不會看錯人的。」

這位年輕人的這份狂熱、真誠和堅持留給了這位銀行工作人員深刻的印象，他開始覺得，讓這個年輕人來工作會是個明智的選擇。

於是他問道：「你的期望薪金是多少呢？」

「我的目標薪金是一千五百美金，但是，只要你肯雇用我，你願意給多少就給多少，七百或八百美金我也可以接受，能生存就行。」

這一次，這位年輕人終於能夠以阿斯特廣場銀行付款員的身份，來向這位出納員道別了。這個消息實在是太令人激動了。爲了祝賀一下自己，他來到了戲劇院。

「喂，你知道我是誰嗎？」他立刻就向坐在他旁邊的一個陌生人發問。那個人看了他一眼，說不知道。

「我是紐約銀行的付款員！」

唉，可惜在這個陌生人看來，這並沒有什麼值得大驚小怪的，或者說，坐在他旁邊的人會覺得他是一個神經兮兮的年輕人。

然而，他還不能高興得太早。正當他剛剛辭掉原來的工作，打算在家休息幾天後去紐約擔任新職位時，他收到了那位出納員寫給他的信。信中說，他的推薦並沒有得到部門負責人的同意，所以，如果戴維森肯放棄付款員的職位，願意接受更低一些、薪金更少一些的職位的話，會減少一些麻煩。當然，他還補充道，如果戴維森堅持維護自己的權益，那麼，部門負責人也只得同意。

戴維森立刻發電報過去：「我完全願意接受更低的職位和薪水。」他不希望在尙未跨入銀行的這段時期內，他的雇主對他產生什麼看法。

這封電報也讓這位出納員順理成章地覺得，自己對這個年輕人並沒有看走眼。

爲了節省一些車費，這位雄心勃勃的銀行小職員曾一度騎著自行車上下班，每天往返於阿斯特廣場的銀行與一〇四街之間，距離爲十多英里。

亨利．波默羅伊．戴維森在很小的時候就知道了錢的來之不易，也經歷過想要上大學時，湊不夠學費的那種窘迫。他出生於一八六七年六月十三日，七歲時便失去了母親，他和其他的三個兄弟姐妹被分別寄養在阿姨和舅舅家裏。十五歲前，他在出生地——賓夕法尼亞州的小鎮特洛伊讀書，十六歲時，成了一名教員。也正是在那個時候，他才意識到知識的重要性，並且開始勤奮地學習。那時，他和外婆住在一起，有一天，外婆很感慨地說到：「也許這個孩子值得培養，得爲他做點什麼。」因此，她安排他去格雷洛克專科學校讀書。這是一所位於麻省南威廉姆斯鎮的寄宿學校，當時在這裏讀書的還有現任紐約擔保信託公司的總裁查爾斯．H．薩賓。紐約擔保信託公司是美國最大的信託公司。

薩賓先生告訴我：「亨利．戴維森不論到了哪個班級，都是優秀的學生，而且是成績最優秀的。但是他卻不是個孤僻的人，他很受歡迎，因爲他每天早晨都讓一群同學看他晚上完成的作業以及其他一些問題的答案。他很願意幫助別人解決麻煩事。」每個假期，他都會去農場工作，畢業後，他返回了特洛伊鎮。這是一個僅有一千二百人的小鎮，他的叔叔在鎮上經營著一個銀行，服務當地人。他就在這家銀行做了一名小職員，負責一些日常事務的處理。他立刻就帶著熱情投入到了這份工作中，連續兩年努力地工作著。然而，特洛伊畢竟是個小鎮，無法給他一個輝煌的未來，他深深地遺憾自己沒能夠上大學。想要上大學的念頭開始一天天地折磨著他，最後，當他終於取得上大學的資格時，他才意識到，他根本就沒有上大學所需的費用。最後，他決定放棄。

他來到紐約，走遍大街小巷想要找到一份工作，但是卻沒能如願。後來，他來到了康乃狄克州的布里奇波特，那裏有他的一個老朋友。在這裏，有兩個工作機會供他選擇，一個是銀行的收

款員，另一個商店的職員，他選擇了銀行。

他總是一大早就開始工作，儘量在中午的時候將全部工作做完，這樣，下午就可以抽出時間待在記帳員旁邊，學到一些記帳的知識了。幾個月後，他就已經能夠幫助記帳員做大部分的工作了。當記帳員升職後，這個收款員自然而然就塡補了記帳員這個空缺。記帳員戴維森立即著手開始指導新來的收款員，並開始教他如何記帳。與此同時，身爲記帳員的戴維森開始學習出納員的所有業務。當機會再次來臨，戴維森理所當然地成爲了出納員，而此時的收款員也已經經過了一定的訓練，完全可以勝任記帳員的工作了。到了新的工作崗位後，他仍然採取同樣的方法。

戴維森先生說：「從那時起，我就明白了一個道理，你不僅要提前向那些在你之上的人學習新知識，而且還要把自己的知識教給那些在你之下的人。」

至於這位年輕的布里奇波特銀行出納員是如何踏入紐約門檻的，前面已經提到過了。他在紐約阿斯特廣場銀行作了六個月的收款員之後，被提升爲銀行付款員，這正是他當初的目標職位。

命運女神總是以令人難以琢磨的方式安排著一切。一件意外的事件徹底改變了戴維森的生活軌跡。有一天，一個喪心病狂的人用一把左輪手槍指著戴維森的頭，拿出一張一千美元的支票來，說這張支票上有上帝的簽名，要求戴維森將現金支付給他。戴維森冷靜地接過支票，一邊大聲朗讀著上面的金額，引起其他人的注意，一邊爲他點出一千美元現金。其他人很快就明白了發生了什麼事，銀行的偵探在槍口仍然指著戴維森的情形下控制了歹徒。

各大報紙紛紛刊登了這次戲劇性的事件及這位出納員的臨危不懼。自由國民銀行的行長恰巧在那天開會，有人提到了這次持槍搶劫事件。「我認識那個年輕人，」行長杜蒙・克拉克說，「銀行就需要像他這樣的人。」

克拉克先生曾經見到過戴維森一兩次。那時候，戴維森去看他的未婚妻凱特·特魯比小姐，而凱特小姐的好朋友恰好是克拉克的女兒，當時，她們正在一起度假。

這樣一來，戴維森馬上被自由銀行挖去，做了助理出納員，不到一年的功夫，他就成爲了出納員。三年後，他被選爲銀行副行長，又過了一年，他當上了行長。

他在短時間內的連連升職引起了人們的普遍注意。年僅三十二歲就憑著自己的才幹，完全不靠關係被選爲一個重要的國民銀行的一行之主，這在紐約金融史上也是絕無僅有的。

戴維森儘量避免按照刻板的模式去工作，過去是這樣，現在仍是這樣，因爲刻板的做事方式往往意味著窮途末路。他剛剛去了自由銀行沒多久，就想出了一些極具創意的經營模式。據說，他列出了一個股東名單，名單上的人多數爲企業家，然後依次去拜訪他們，並對他們說了一番話。他是這樣說的：

「您現在是自由國民銀行的股東，持股數額爲***。您一定希望手中的股票市值增加。那麼，現在何不說服更多的人成爲我們的合作夥伴呢？我們會給他們應有的權益——業績與分紅成正比。」

戴維森會反復去拜訪那些比較懶散的股東，一直到幾乎所有的股東都受到了他那份樂觀和熱情的感染。到後來這種勁頭變得有點體育競賽的味道，而這種股東之間的競爭無疑會使銀行的潛在業務量最大化。

這樣充滿智慧的創新經營留給了銀行老闆深刻的印象，同時也讓這個機構以令人激動速度增長著。它很快就超過了自己位於新澤西中心——西街的總部，同時也變得更加自主、自立了。銀行的辦公地點搬到了百老匯一三九號，可是在舊的辦公地址，租賃合同還有兩年才到期，在這

段時間裏，戴維森先生寧願將這個地方用一把鎖鎖起來，因爲他擔心如果別人在舊的辦公地址開一家銀行，會近水樓臺先得月，搶走自己的老客戶。然而空著的辦公室對整座建築來說是有害處的，所以，在房東的壓力之下，戴維森先生不得不同意將辦公樓轉租出去。

然而，戴維森先生還是十分擔憂，怕銀行的老客戶一時之間找不到百老匯一三九號，這對於銀行來說是個很大的威脅。該怎麼辦呢？

突然，一個絕妙的主意從他的腦海裏一閃而過，這個主意堪稱是他一生中經營策略上的經典之作，他的聲望以及影響力註定會由此而如日中天，這個主意同時還給他帶來了巨大的財富，雖然那個時候，他的存款帳戶距離六位數還相差甚遠。

「我們要組建一個信託公司，這樣我們的資金就會很安全，我們至少要賺到百分之六的利潤。我要把自由銀行的舊辦公樓租給一個像樣的機構，有了這筆錢，我們就能負擔得起那些優秀的雇員。」這就是他制定出的計畫。

所有聽了他計畫綱要的人，包括銀行老闆在內都對這項計畫充滿了熱情，在公司正式開業前，他們將一百萬美元的總資產暫定爲每股兩百美元。有人建議戴維森作爲公司的創始人，應該比別的董事會成員持有更多的股份，然而，衆所周知，戴維森先生並沒有這樣做，他將股份很均勻地分給了每個人。此舉向人們證明了戴維森是一個非常公正的人，他的聲望更高了。戴維森一手創辦的這家金融公司取名爲「銀行家信託公司」。今天，這家信託公司已成爲美國第二大的信託公司，儲蓄總額達到了約三億美元，並在華爾街擁有自己的摩天大樓和辦公室。戴維森先生自然而然地就成爲了公司的執行委員會主席，一直至今。

信託公司辦公大樓外矗立著一塊匾，上面寫著這樣一段話：「銀行家信託公司的每個部門經理都將銘記亨利．波默羅伊．戴維森，並感謝他為組織和創建該公司所做出的一切貢獻，是他讓公司成為了一個永恆的家」這段話正是寫給這位公司創建人的。

相比之下，銀行家信託公司和「普驕委員會」成員大不相同。後者的每個成員均來自於紐約金融界的巨頭，它所追求的是一種寡頭效應，而前者則是一個年輕人的企業。在這些充滿熱情的年輕人中，最為突出的是艾伯特．H．威金、蓋茨．W．麥加拉、小班傑明．斯特朗和戴維森。他們並不是金融界久經沙場的老將，但是卻被選為執行委員會成員，他們夜以繼日地工作，用耐心、狂熱與嚴格贏得了快速的成功。他們就是在這樣的磨練中拓寬了自己的發展道路。

第一國民銀行的行長喬治．F．貝克是一位經驗豐富的金融界元老，他的影響力僅次於他的密友，也就是後來的J．P．摩根。戴維森，這位足智多謀的年輕銀行家擁有的才幹沒能逃過貝克先生的眼睛，一九〇二年時，他以第一國民銀行副行長的待遇向戴維森發出邀請，希望戴維森能夠成為他的得力助手。那一年，戴維森年僅三十五歲。

由於戴維森在一九〇七年的大恐慌時期所做的工作極為突出，所以，他第一次引起了金融界頂級人物摩根的注意。在摩根的要求之下，在一九〇七年十月和十一月那段最為黑暗的日子裏，全市上下舉行的每一場重要會議均有戴維森在場。第二年的春天，參議員奧爾德里奇任命他為國家貨幣委員會的顧問，主要負責歐洲金融系統的調查工作。

莎士比亞曾說過：「只有外面的世界才會讓年輕人有所作為。」大衛森用他獨一無二闖世界的經歷印證了這句話。首先，作為國家貨幣委員會的顧問，他訪問了歐洲，會見了英國、法國、德國以及其他一些歐洲國家的財務部長，和一些銀行界的重要人物，並同他們討論了金融、銀行、外匯方面的一些基本問題。這對於一個還不到四十歲的銀行家來講，是一種特權，只有才

幹極為突出的人才能擁有這種特權。他迅速抓住每一個機會來獲取知識，讓自己成為更加有用的人。其次，當「六國集團向中國發放貸款」的傳言鬧得沸沸揚揚時，當時負責美國財政部的塔夫脫和諾克斯要求一些美國銀行家也加入其中，以便加強美國對東亞地區經濟的影響力。這一策略在當時還具有特殊的意義，因為在必要的時候，中國需要挺直腰桿支援國務卿海所提出著名的對中國採取「開放政策」。亨利戴維森當時已經加入了摩根集團，並被選派前往歐洲，代表美方的摩根、庫恩、羅卜公司、國民城市銀行和第一國民銀行五個銀行進行談判。不僅如此，英國、法國、德國、俄國和日本的代表都選舉戴維森來做整個集團的主席。

漫長的談判過程需要這位年輕人多次前往歐洲，每一次都要在那裏停留很長一段時間。在這期間，他對歐洲的金融狀況有了更深層的瞭解，正是這種不可替代的經歷，促使他成為一名眞正的國際銀行家。

由於當時的威爾森政府對「經濟外交」持有反對態度，這場談判最終化為泡影。但從那以後的幾屆政府態度已經發生了很大的轉變，現在，政府甚至擔心這些銀行家不會再對中國提供援助。

摩根先生選擇戴維森先生做合作夥伴，其明智毋庸贅言。美國最偉大的銀行家發現了自己最為得力的助手亨利．P．戴維森，這件事的前前後後在美國金融史上已傳為佳話。

戴維森很大的一部分成就在於，他一直以來都努力用一種強大的友誼和合作精神，潛移默化地影響著整個銀行業，他所具備的開朗和坦誠也鼓勵著其他人，在與同行以及公衆往來時採取了類似的態度。他建立「銀行家信託委員會」的初衷，就是要將銀行家們以友好的方式聯合在一起。在「信用資訊交換」過程中所產生的進步，就是這一「存在並釋放活力」策略的最大成果。

上帝賜予了戴維森健美的體魄和生動的面孔，因而他深受雇員和其他銀行家的喜愛。他不懂什麼叫虛僞做作，即使在面對那些愛刨根問底的記者，面對他們連續提出的令人難堪、措手不及問題的時候，他仍然不會掩飾自己。做事情的時候，他總是直奔主題。他不僅對自己充滿信心，而且對自己所挑選的人也很有信心。他常常幫助一些機構物色重要辦公人員，而且很樂意爲自己做選擇時的判斷負起全部責任。他是一個勇敢的人，不懼怕面對任何困難，因爲他的創造力、他的足智多謀和他處理問題時的靈活性，會令大多數難題迎刃而解。

我問戴維森先生：「您在追求成功的道路中，學到了什麼？能否把所學到的東西傳授給那些正在拼搏的年輕人呢？您是否胸懷遠大的目標，並且不顧一切去達到它呢？」

「不！」他斷然回答道，「不論我做什麼，我都把它認爲是世上最好的工作，我會盡全力去做好它。我從不精心計畫未來。如果說我有自己的一套東西的話，那麼首先就是做好自己的工作，其次，教會我的下屬如何取代我，再次，學會如何登上比自己高一級的職位。」

「年輕人往往會覺得自己的工作不重要，不會有人留意自己工作的方式。其實不然，用不了多久你就會看出來，這個年輕人到底是時刻準備著讓自己的能力得到最大的發揮呢，還是就坐在那裏等著別人告訴他該幹什麼。幾個簡單的美德，比如說積極的態度、充分的準備、敏銳的觀察以及禮貌的態度能夠帶給年輕人的，要遠遠多於聰明本身。」

「在這裏我還要講給那些你迫切想要幫助的年輕人一件事，這件事就發生在我做出納員的時候，它可以說是一個教訓。我想，此刻提起這件事不會顯得不合時宜。有一天，一個客戶送給我一枝做工精良的金筆，我立刻走進辦公室，詢問了一下這個人在我們銀行是否有貸款。我解釋道，他要我接受這個禮物。銀行立刻有所行動，沒過多久，這個人果然破產了。我做了一件簡單

的事，卻保全了銀行一大筆資金。」

「做任何事情一定要遵循簡單直接的原則，因爲生活本身就是簡單的。如果有什麼事情很複雜，那是因爲我們自己讓事情變得複雜化了。」

爲了表達對戴維森先生卓越能力的敬意，最近，美國政府在威爾森總統的提議下，任命他爲紅十字戰爭委員會主席。這可是全國任務最爲艱巨的職位之一，因爲紅十字戰爭委員會擔負著巨大而複雜的福利發放任務。引用威爾森總統的話來講，就是要緩解「這場爲捍衛人道和民主的戰爭所帶來的必然痛苦和壓力」。

戴維森爐火純青的領導才能很快就得到了證實。社會各界立刻重新組織了紅十字會，並對其投入了重點的關注。全國上下都在進行著類似的活動，無數個小的紅十字組織協調地運作，極大地激發了公衆的興趣，緊接著又發起了一次以億美元爲目標的募捐活動。這是一次空前的募捐活動，然而，由於此次運動進行的非常成功，紅十字戰爭委員會成功地籌集到了一億美元。

戴維森有一個兒子，叫F・特魯比・戴維森，他具有和父親同樣的潛質，組織了大學生空軍隊伍，並訓練這支隊伍，使其成爲了海岸巡邏空軍紐約第一分隊。此外，他還是海面飛行方面的專家，然而令人扼腕痛惜的是，他在一九一七年六月的一次飛行任務中，不幸意外遇難。

小亨利・P・戴維森在美國宣戰前就已是美國救護隊的成員，在法國服役。戰爭開始後，他返回美國，加入了更具危險性的空軍部隊。他們兄弟倆均成爲了海軍儲備飛行作戰部隊活躍的人物。戴維森夫人是美國母親的表率。在整個戰爭過程中，她用自己勇敢和愛國的態度爲全美國的母親樹立了榜樣。她承擔了訓練大學生空軍的全部費用，至今她每年夏天仍在自己的家中開展一次飛行訓練營活動。

儘管戴維森先生並不是十分擅長體育運動，但他仍然抽出時間來進行鍛鍊和娛樂活動。他打網球、騎馬、駕駛遊艇，夏天時，他早晨駕著遊艇去工作，晚上又駕著它回到自己在長島美麗的家。在通常情況下，他會在家裏度過屬於自己的大部分時間，但自從美國參戰以來，他就搬到了華盛頓，並在那裏度過了全部的時光。許多年來，他一直擔任新澤西州的恩格爾伍德醫院的院長，並且做了大量的紅十字會工作。他曾經在那裏生活過。據他的朋友說，他在幫助年輕人自立方面，也做了大量的工作。他獲得了賓夕法尼亞大學的法學博士學位，這樣一來，人們就可以給他冠以「博士」的頭銜；他還是義大利皇家勳位中的騎士。

由於他在紅十字會的傑出工作，最近，他被授予了「少將」的軍銜。

成功並沒有讓戴維森變得目空一切，從民主精神的角度來講，他仍然是那個許多年前爲了節約十美分車費，每天騎自行車穿過擁擠的街道去上班的那個戴維森。

7

中國人的偶像，美國的最大木材商
羅伯特·多拉爾船長

在加拿大一個偏遠的伐木營地，一個廚房打雜的男孩「擅離職守」時，被經理逮了個正著。

「你在幹什麼？」經理質問道。

這個男孩嚇了一跳，急忙將鋪在麵粉桶頂部的一張粗紙揉成了一團。

「我已經把自己的活幹完了。」他抱歉地解釋著。

「你剛才在幹什麼？」經理追問道。

「我只要一有空，就想學點東西。」他怯懦地解釋道。

「學什麼？」

「寫寫畫畫之類的東西。」

營地經理撿起那張被他揉成一團的紙，發現上面都是些圖形和文字。

他沒有再說什麼。

當黎元洪就任中國總統時，有很多首要的事，其中一件就是給這位曾經在廚房打雜的人發去一封電報，表明自己很希望和他建立友誼。他的前任袁世凱已經將勳章授予了這位曾在伐木營地幹活的小伙子。中國的末代皇朝清政府也曾經授勳章給他。

今天，昔日的這位廚房小伙子已經成爲了中國政府最具影響力的顧問，幾乎是中國人眼中的偶像。

他的名字叫羅伯特．多拉爾，是美國最大的木材生產商和出口商。他擁有兩支汽船商隊，一支用來做海岸貿易，另一支用來做海外貿易；他以個人的力量建立起了太平洋海岸和東亞地區最大的一條貿易樞紐；在促進東西方商業和文化交流方面，他的地位和所起的作用與日俱增，並爲美國的商業奇蹟做出了不可磨滅的貢獻。他還是個慈善家。

美國在確立「拉福萊特海員法」的過程中，遭到了以多拉爾船長爲首的一些人極力反對。「拉福萊特」法案的實施導致太平洋上的美國商船在競爭中處於劣勢，還沒等美國人徹底意識到問題的嚴重性，整個亞洲與美國之間的貿易主動權，就已經徹底落在了日本人手中。

當美國國會不顧商業界和海運界權威的一致反對，最終通過這套災難性方案時，經驗豐富的多拉爾船長感慨地說：「子孫後代將會記住『拉福萊特』這個名字，是他親手埋葬了美國的商業奇蹟。」

鑒於這項法律的不切實際，最後，華盛頓方面不得不宣佈，該法案的一部分內容將不予執行——事實上，根本就無法執行。

即使如此，該法案仍然帶來了一系列打擊性後果。它破壞了原有的一切基本原則，引發了人們的種種反抗，從而導致了太平洋海岸線上船隻事故數量的急劇增加，最後，就連保險公司都拒絕接受海運投保。

法案爲美國政治家的特點又添上了濃重的一筆！

對美國商船的控制權已經無法滿足華盛頓的政界精英們的胃口了，雖然美國當時只占了世界海運噸位的百分之一，可是，他們仍然想要爲剩下的百分之九十九的噸位指手畫腳。當然，這樣一來，他們就成了衆矢之的，不得不縮回殼裏去。如果美國還不具備堅硬的外殼，最終的結果將只能是被迫撤離太平洋海面，再沒有船隻爲美國每年七十億美元的進出口貿易運送物資。威爾森總統曾拜訪過多拉爾船長，可不幸的是，美國當時正忙於第一次世界大戰，根本就沒有及時採納多拉爾的正確建議。

多拉爾船長曾反復地告誡美國政府：「我們這些船商們想要的，無非就是能夠和其他國家的船商擁有一個同等的基礎。政府爲我們制定出公平的法律，我們將用商業奇蹟予以回報，就像上個世紀那樣，美國的海外貿易占了全國貿易總量的百分之九十。而今天，我們的商船如果得不到來自國外的支持，根本就無法駛出港口。」

看，我們的海運政策已經荒謬到了什麼程度！商船不得不插上英國國旗，或者雇用英國海員。最終的結果就是長英國的威風，滅美國的士氣。

多拉爾船長告訴安德魯·弗賽思，那個專門鼓吹推崇海員法案的傢伙：「你們也許能夠逼我們離開美國，但你們決不可能阻止我們做生意。」

雖然多拉爾船長是個愛國的美國人，但是，在這種荒謬的政策的逼迫之下，他也只得打著盟國的旗號，利用盟軍的港口來經營他的海外船隊。其實，他的船隊曾經是從加利福尼亞出發，而現在，卻不得不將總部設在加拿大溫哥華和英國哥倫比亞。當然，這樣一來，每噸貨物上都要徵收一定的費用，而且，船上的貨物只有通過美國鐵路運輸線，只有經美國鐵路工人之手才能到達目的地。

羅伯特·多拉爾從一個小小的廚房打雜工開始奮鬥，最後成爲了擁有一支船隊的木材經營商。他被選爲三藩市商會和商業交易協會主席；他被任命爲對外貿易協會會長和美國一家資產爲五千萬美金的國際公司的總裁；中國政府授予他勳章，他在蘇格蘭的出生地已經成爲了自治縣。是什麼使他擁有今天的成就？他一路走來，付出了什麼樣的努力？

在所有的「美國三十三巨人」中，羅伯特·多拉爾出身最爲低微。七十三年前，他出生在蘇格蘭法爾科克的一個伐木公司辦公樓上。十二歲時，爲了賺那麼幾個先令，他被迫輟學，去了一個船運公司做辦公室雜工。一年後，他們居家移民來到了加拿大渥太華，還不到十四歲的小羅伯

特被派到兩百公里以外的一個伐木營地。即使在今天，伐木營地都不可能有一所週末學校，就更別說是六十年前了。

在所有的工作中，廚房打雜是最不體面的。當食物不合那些饑餓的伐木工人的胃口時，負責送飯的人若只是遭到了一頓咒罵，那就算是萬幸了。很顯然，多拉爾做得最爲出色，那些外表粗魯的伐木工人中，大多數人還是很心疼他的。這些大老粗們能夠利索地揮舞斧頭，卻奈何不了一隻小小的鉛筆，多拉爾就爲那些不識字的伐木工人們讀情書、寫情書。

當營地經理海勒姆．魯賓遜發現這個廚房打雜的年輕人努力學習加、減、乘、除和書寫時，他不但沒有因爲佔用了工作時間而開除他，相反，他開始爲這個愛學習的小伙子提供一些書籍，並且要確保他的這份「閒暇」時光一定要用於學習。這個小伙子不僅僅學習書本知識和烹飪知識，他還學習如何伐木，如何辨別木材的好壞，更重要的是，他學會了如何和那些粗野的伐木工人相處。羅伯特還沒有完全長成時，就已經按照男人而不是男孩的標準去做事了，當困難襲來時，他已經有足夠的能力站穩腳跟了。

有一天營地經理給了他一個任務：「給你五十個人，去一趟得梅因河下游。」這是有史以來第一條從得梅因河地區出發，經由紹迪耶爾瀑布，去往得梅因河下游運送鋸材原木的線路，從那以後，數以百萬根產於渥太華地區的原木都通過這條線路被源源不斷地運送了出去。作爲激勵，他被任命爲工長。

有兩樣東西是蘇格蘭孩子必學的，一樣是讀《聖經》，另一樣是要節儉。

雖然他剛開始每個月只有十美元的收入，可多拉爾仍把大部分伐木營地上辛苦賺來的錢都存了起來。蘇格蘭人的另一個特點就是獨立。蘇格蘭北部的人說他們是羅馬帝國唯一沒能夠征服的人民。

二十七歲時，他攢足了錢買了一個小的伐木場，滿懷希望，抱著無限樂觀的態度開始了經營。

遺憾的是，華爾街風暴顛覆了他所有的計畫，將他一下子推入了破產的深淵。這倒不是因為他有什麼「投機」的念頭，而是因為「黑色星期五」帶來的恐慌來勢兇猛，他和許多比他更有實力的企業家一起成為了這場風暴的受害者。

然而，他知道該如何承受打擊。他不費吹灰之力就被聘為一個大型木材廠的經理。他把賺來的每一分錢都最大限度地存起來，不到四年的功夫就還清了所有的債務。他對做人的「首要原則」以及它的來源（《聖經》馬太福音）深信不疑。他的雇主視他為合作者，這一次，事情進行得有成效多了。在出口英國的市場份額中，他們加工的板材占了絕大部分。「多拉爾是一個不見事實不輕易下定論的人，他只相信事實。」他的一個經理告訴我，「在他面前，任何事情都必須一清二楚，他要親眼看到事實的眞相。有時候，為了搞清楚一件事情眞實的一面，他不惜長途跋涉，去往幾千甚至上萬英里以外的地方，他是這世界上去過地方最多的人之一。他總是喜歡把事情搞得水落石出。他一貫堅持實踐出眞知，對於那些沒有被事實證明的理論，他很少認同。對商機的敏感使他總能夠捕捉到新的機會，他是全美國最足智多謀的人。」

這也恰恰解釋了他為什麼會首先遷往木材更多更好的密西根，隨後又去了太平洋海岸。他在南加利福尼亞開始砍伐紅木，卻為木材的運輸費感到頭疼。他做了一番調查，發現如果自己有運輸船隻的話，成本會減少一半。於是他買了一條載重三百噸的老爺船，紐斯博伊牌的，不到一年就賺了回來。

這件事徹底啓動了他骨子裏的蘇格蘭精神。他在想，既然一艘船就能賺這麼多，多買幾艘船又何嘗不可呢？按著這個思路，他做到了。著名的羅伯特・多拉爾汽船公司就這樣誕生了。一支船隊負責從阿拉斯加到巴拿馬運河之間的運輸，另一支船隊則經營從太平洋海岸到東亞地區的路線，並且在上海、香港、天津、漢口、日本神戶、彼得格勒、馬尼拉、溫哥華、西雅圖和紐約均設有分支機構。

任何高樓大廈都不會在一夜之間建起來，它需要有堅實的基礎，一個企業亦然。它需要遠見卓識、需要有企業家精神、需要投入精力、需要靈活機智、需要耐心、需要堅持、需要絕對的公平交易，因爲中國人最容易對有問題的做法感到憤恨。

當多拉爾船長第一次將木材運往東亞地區時，人們只要那種特別大的木料，這樣一來就剩下了那些無法裝船的小的木材。他知道，中國人並不直接使用這些大的木料，而是用手工鋸子將它鋸開。多拉爾就開始想辦法勸說他的中國客戶購買小塊木料。之後，他又去了一次中國，爲自己的邊角料尋得了一條銷路。那個時候，回程的船還沒有現成的運輸物資，由於空船沒有利潤，所以他必須將貿易建立起來。於是他出去看看有什麼可以做的生意。他去了菲律賓設法從那裏進口紅木和乾椰子仁，他去了日本，發現從日本可以進口橡木、硫磺、焦炭和煤。而中國開採的一等生鐵，保證剛運到就會被西方的鑄造廠哄搶一空。

因此多拉爾汽船隊總是滿載而來，滿載而歸。自從一戰以來，運費就高得驚人，木材的利潤已經不足以支持整個船隊，因此，向外運輸的貨物中，有很大一部分是運往海參崴的日用品和軍需物資，在返回的過程中，船隊就開往中國、日本和菲律賓裝載進口貨物。

儘管多拉爾船隊與印度、日本、菲律賓做生意，可他的主要客戶還是來自中國，在那裏，多拉爾船長所受到的尊重，是那些沒去過中國的商人所無法理解的。

每次與那些要和中國人做生意的商人談話時，多拉爾總是強調：「永遠別去欺騙中國人。」在儒家的信條中，誠實是最重要的，中國人就生活在這種嚴格的信條之下。在美國商會的一次會議上他說道：「這麼多年來，我們已經和中國做了幾百萬美元的生意，但是我們沒有虧過一分錢，也沒有一筆壞帳。我希望其他國家，包括我們自己的國家也能夠做到這一點。」

多拉爾船長總是一次次地登上開往中國的貨船，親自對待運貨物進行檢查。在他的命令下，曾經有成千上萬船裝好的貨物又被卸在碼頭之上，其原因就是：那些並不是中國商家確切訂購的專門物品。有的時候，鑄造廠送來了品質等級更高的貨物，但是，中國人只想要他們經過討價還價之後的東西，如果貨物和合同有所出入的話，他們會感到很不高興。

他的其中一個合夥人告訴我：「船長從不哄騙別人，但也休想讓別人哄騙了。我記得有一次，一個客戶提出索賠，理由是：他們收到的是劣等木材。當我們趕到現場時，貨主已將兩三百船的貨物一字排開，並且告訴我們，這就是整批貨物的樣貨，因此，他想要我們給他做一下調整。剩下的木材已經被高高地堆了起來，每一堆都將近二十五到三十英尺高。貨主指著那幾船差一點的木材聲稱：『所有的貨物都是這個樣子。』船長說：『哦，是嗎？我來看看。』貨主大叫：『天哪！木材堆得那麼高，你根本就爬不上去。』但是，除了爬上去再沒有別的辦法可以看清楚那些木材，所以，船長三兩下就爬上了木材垛的頂部，根本就看不到什麼劣質木材！他都七十多歲了，可身手仍然如猴子般敏捷。我早就說過，他是一個不看到事實不甘休的人。」

多拉爾船長組建了一流的客運及貨運船隊，多年來為拓展美國和東亞地區之間的貿易做出了巨大的貢獻，他還勇敢地建議國會採納一些更加合理的海運政策，他理應獲得美國人民對他的感

激之情。多拉爾先生在預防國內戰爭，促進美國和東亞地區之間的和平方面，比當今的任何一位政治家付出的努力都要多。當三藩市學校問題引發了潛在的美日戰爭時，多拉爾船長又成功地從美國各地的商會中選出一些商人，組成了一個赴日訪問團。他在日本的知名度和所受到的尊重絲毫不亞於中國，日本天皇親自接見了這個訪問團的代表們，兩國之間的友好互諒又重新建立了起來。從那以後兩國的軍事議程中，再沒有了沙文主義的蹤影。

兩年之後，多拉爾船長又組織了一個有影響力的考察團前往中國。皇帝、朝廷官員、城市和各種民間商業組織接見了他們，他們不拘泥於繁文縟節，某種程度上，反映了中國在此之前或在此之後對待外國來訪者的態度。後來，在朋友的強烈要求之下，多拉爾船長允許這段難以忘懷的旅行日記（多拉爾六年來一直堅持寫日記）在圈子裏傳讀。他的日記讓我更進一步瞭解了中國這個占世界人口三分之一的國家，這是任何一本我所讀過的出版物都無法比擬的。日記裏充滿著智慧與幽默。一九五一年，作爲對多拉爾中國之行的禮尚往來，在常承春的帶領之下，中國代表也訪問了美國。兩國之間的互訪不僅僅取得了商業方面的成效，促進了兩國之間貿易的發展，而且還加深了兩國之間的相互瞭解。

就像照片中看到的那樣，多拉爾船長很有元老派頭。他有一頭銀白色的頭髮，長著灰色的絡腮鬍。他工作異常勤奮，尤其是當一億美國人中的大多數還在夢鄉時，他早已開始了一天的工作。他把大量的時間和精力都花在了慈善事業和教會工作上，他尤其對在全世界推廣世界青年基督教協會運動感興趣。在蘇格蘭他出生的那個小鎮也沒有被忘記，他爲故鄉修建起了設備精良的公共游泳池。

我向多拉爾船長發問，他的一生閱歷豐富，這一切能否讓他說出，什麼是有助於人們獲得成功的素質？我還問道，要想讓美國在世界商業大國中更進一步提高自己的地位，需要做到哪些事呢？

這個縱橫於太平洋的了不起的老先生回答了我第一個問題：

「第一，要敬畏上帝，對他人公正誠實。

第二，要不斷地努力工作。

第三，要節儉，把賺到的錢存起來。

第四，不要喝酒，儘管這是一個競爭的時代，但千萬不要把生意競爭和飲酒競爭混為一談。你只能選其中的一件事來做。」

「對外貿易是對第二個問題的回答。人必有一死，這是自然法則，那麼就不要再人為地制定法則了，給我們商人自由，我們會發展對外貿易，請給我們噸位讓我們銷售自己的產品，允許我們這些船商和其他國家的船商在完全平等的條款、條件下經營，那麼，我們的貨船就會供貨，在和平時期，我們就會創造許多噸位稅；在戰爭時期，我們會為海軍提供補貼，只要不是運輸郵件，就用不著花國家一分錢。」

幾個月前，一個七十多歲的人去渥太華探望了八十多歲的海勒姆．魯賓遜。

來訪者問他：「你不記得我了吧？」

這個八旬老翁盯著他看了一會兒。

然後，抓住了他的手，大聲叫了起來：「誰說的？你是我的鮑勃．多拉爾，多年前廚房裏幹活的那個小鮑勃。」

這個百萬富翁就是當初那個廚房裏的那個雜工，他的到來給海勒姆帶來了快樂。多虧了這位年邁的老伐木工當年發現了他對讀書和寫字的渴望，從而才能夠讓他在日後通往成功的道路上少了許多的艱辛。

8

世界上「最了不起的鞋匠」威廉・L・道格拉斯

按照別人走過的路子去追求財富，往往很難取得成功。大多數商界或金融界的成功人士，要麼是開闢了一條嶄新的道路，要麼是在很大程度上把舊的道路拓寬或延伸到更遠。

約翰・D・洛克菲勒是首先想到並放開手腳去把許多小企業合併成為一個大公司的人，早期從事鋼鐵行業的E・H・加里亦然。亨利・福特、約翰・N・威利斯、威廉・C・杜蘭特，以及其他一些有遠見卓識的企業家們，早在汽車工業還處在搖籃中的時候，就早已轉入了這個行業，並把它發展成整個國家最為重要的行業之一。湯瑪斯・A・愛迪生、亞歷山大・格雷厄姆・貝爾和西奧多・N・韋爾都是發明新事物的先驅者。弗蘭克・W・伍爾沃斯開創了一種新的行銷模式，並堅持不懈地進行下去，從而獲得了巨大的財富，同樣的商人還有朱利葉斯・羅森沃爾德。

亨利・C・弗里克致力於焦炭行業，從起步階段一直把它做成一個支柱行業。喬治・伊斯門發現，攝影雖然是一件很有趣的事情，但操作起來卻十分複雜，只能服務於少數人群。於是，他想辦法簡化了攝影過程，就這樣，攝影進入了千家萬戶。約翰・H・帕特森發明了類似於收銀機之類的東西，威廉・H・尼科爾斯下定決心要成為化學物品生產商，是因為他預見到這一行將會有更多的科學家投入研究，因此能夠帶來比以往更大的利潤。五金名人B・C・西蒙斯將現有的工業朝著橫向和縱向的方向拓展。邁納・C・基斯則進入了美洲中部，通過自己的努力和勞動將酷熱的荒蕪之地改造成了熱帶種植園。弗蘭克・A・範德利普建立了國民銀行，並把它的發展推向了一個新的階段，近日來，在國際金融和財政方面，他又醞釀著一套更為先進的運作方式。

本篇特寫的主人公威廉・L・道格拉斯就用事實證明，用勤勉與敬業精神對待某個行業要比行業本身更為重要。在他之前，還沒有哪個美國人能成為製鞋行業的百萬富翁。鞋匠往往是些窮人，做著一些零零散散的手工活。

三十一歲的道格拉斯，在經歷了生活的重重磨難和風波之後，終於一鼓作氣，成爲了世界上「最了不起的鞋匠」。

對於一個除了智慧和雙手以外一無所有，還得負責妻子與三個孩子生活的年輕人來說，這樣的雄心抱負的確需要很大的勇氣。他沒有資金，沒有影響力，沒有任何商業經驗。但他卻知道如何做好鞋子，而且他有成功的欲望，就這樣，他讓可能性成爲了現實。

讓我們先來看看這位年輕鞋匠的起點，再看看他今天的地位，幾乎在世界上的任何國家，只要在信封上貼一張道格拉斯肖像，這封信就會被送到他手中。

一八七六年，一個年輕的鞋匠在麻省布拉克頓的一幢建築裏租了一間房子，他向銀行借了八百七十五美元，購置了製鞋設備，雇用了五個工人。每天，他胳膊下都夾著幾卷皮革，奔波於家裏和波士頓之間。這些皮革他要親自去挑選，他要親手把這些皮革裁剪下來，然後做成他親自設計的皮鞋。他要在晚上爲五個工人安排工作，然後管理他們的工作。皮鞋做好之後，他還得親自出去尋找客戶。

每天，他在這些工作上所花的時間，幾乎不會超過十八個小時，如果他一天工作二十小時，他就會覺得，自己比規定時間多花了兩個小時。他的產量是一天四十八雙皮鞋。儘管他很快就超過了他原來的規模，先後在一八七九年、一八八〇年和一八八一年三次換成了更大的場地，最後，他租了一個三層樓房，每天的產量爲一千八百雙皮鞋，他仍然對自己的生產速度感到不滿意。爲了達到他爲自己所設定的目標——成爲世界上最偉大的鞋匠，他必須走得更遠，否則他可能就不會勝出。

他知道自己做出來的皮鞋是好皮鞋，他知道如果更多的人知道他的皮鞋，就會有更多的人買。他知道他能改進自己的生產設備來滿足更多的需求，他也知道，要想實現這些理想，就必須讓更多的人知道他的皮鞋。

他做了一件具有革命性的事情。一八八三年，他開始系統地、堅持不懈地、高強度地對自己的產品進行廣告宣傳。然而，在那個時候，人們並不把廣告看作是件嚴肅的事情。很多的廣告都是徹頭徹尾的欺騙，更多的是誤導消費者，幾乎沒什麼廣告講的是眞話。因爲當時還沒有廣告俱樂部協會來監管商人們對產品的肆意兜售，所以，誇張被人們看作是情理之中的事。實際上，那些花錢做廣告的商家或個人往往遭到人們的質疑。是啊，如果產品品質很好的話，一定就會有銷路，何必花上幾千美元在報紙上浪費筆墨呢？

W・L・道格拉斯擁有自己值得驕傲的產品。爲了表達他的這種自豪感，他將每一雙自己工廠裏出產的皮鞋上都貼上了自己的肖像。當然，他因此而招來了一番嘲笑。這種行爲被人們指責爲過分的個人虛榮心。他受到了人們辛辣地嘲諷，說他是更急於推銷自己的形象，而不是推銷自己的鞋子。

剛開始的結果是令人喪氣的。他投入的金錢並沒有收到他要的效果。但是，W・L・道格拉斯是一個很有耐心的人，他不像大多數人那樣，巴不得種子剛播種，就長出茁壯的禾苗來。他所做的一切並不是著眼於眼前，而是出於長遠的打算，他希望有那麼一天，每一雙皮鞋上的道格拉斯肖像和名字會留給全世界穿著道格拉斯品牌的男女老少一個好印象。他能夠忍受那些看不到他的志向、缺乏遠見的人對他的嘲笑，他的信心從來沒有因此被削弱過，他的堅定也從來沒有因此而動搖過。他堅持走自己深思熟慮過的道路，每年至少要花掉二十五萬美元，來爲大膽地貼上了自己肖像的皮鞋做廣告宣傳。

結果怎樣呢？

當初那個論面積只有一千八百平方英尺，論資產還不到一千美元，論規模只有五個工人，論產量一天只有四十八雙的小皮鞋廠，如今已經創造了生產和銷售方面的奇蹟。它的資產已經從一千美元增加到了三百五十萬美元；它的生產場地已經從一間房子增加到了總面積爲三十多萬平方英尺的一系列廠房；它的產量已經從每天幾十雙增加到了每年五百多萬雙（相當於每天一萬七千雙），總價值超過了兩千萬美元。他的勞動力已經從原來的五個人變成了四千人的大軍；作爲原材料的皮革也不再被夾在他的胳膊下帶回來，因爲工廠每年的動物皮革消耗量爲一百八十六萬張。業主也用不著親自推銷生產的全部產品了，因爲每天負責運輸的火車車廂加起來有六點五英里（約十公里）那麼長。每年所需的輔助原材料包括一百萬碼（約九十一萬米）的布料和一萬五千英里（兩萬四千公里）的蔴線。如果把每年所生產的皮鞋都堆起來的話，就可以形成一座高達八十萬米的紀念碑。

W・L・道格拉斯成功地實現了自己的理想。他是全世界具備同時生產男鞋、女鞋和童鞋能力的最大的生產商。不僅如此，他還在國內外建起了上百家W・L・道格拉斯專賣店。

如今，道格拉斯肖像已經成爲了全世界最著名的商標之一，爲他所賺得的名譽與財富已經遠遠超過了當初落到他頭上的冷嘲熱諷。

那個曾經一天工作十八小時的有膽識的年輕人，在成功的道路上站穩腳跟後，決不允許自己僅僅成爲一個會做皮鞋的賺錢工具。他對商業的巨大興趣並沒有影響他承擔起一個市民應有的責任，他當選爲自己所在鎮的市長，成爲了州代表，州議員，最後，成爲了麻塞諸塞州的州長。這無疑是對他能力的最有力證明，因爲，在這個一成不變被共和黨所控制的州，能以民主黨的身份，並獲得足夠的選票當選，的確不是件容易的事。他所獲得的其他榮譽還包括塔夫茨大學的榮譽法學博士學位。

他有著極爲悲慘的童年生活。一八四五年八月二十二日，他出生在緬省普利茅斯的一個貧苦家庭，父親去世時，他才年僅五歲，生活的重擔全部壓在了母親的身上。他七歲時，由於母親實在無法負擔他的生活，被迫將小威廉路易斯寄養在一個叔叔家裏幾年。於是，在其他孩子開始讀書的年齡，他開始了工作。他的叔叔從來沒想過能爲這個孩子做點什麼，而是一味地琢磨這個孩子能給他做點什麼，這個年僅七歲的孩子被弄到一個廢舊的閣樓上，開始了他的釘鞋生涯。

他是那麼的瘦小，要想夠得著工作檯，還得踩著空箱子。他的工作還包括爲兩堆火搜集足夠的木材，好讓它們不要滅掉，對於一個七歲大的孩子來說，這種工作眞的很吃力。再加上其他的一些待遇，生活幾乎摧垮了他的精神，但是他還是勇敢的支撐著。當淡季來臨，沒有什麼鞋子可釘的時候，他得到允許可以去兩英里以外的一所小學讀書，每天幾個小時。

整整四年來，他受盡了打罵和虐待，終於有一天，他無法忍受了，跑回去尋找自己的母親。而母親此時的情況也並無太大的改觀，再加上他此時才十一歲，還沒到法定工作年齡，所以只好被母親再一次以每個月五美元的工資安排到叔叔家裏。就這樣，在這種令人絕望的環境裏，他沒日沒夜地苦幹，又受了四年的罪。叔叔根本不承認他當初的承諾，因而四年來根本沒給過他工資，他給過小威廉的錢全部加起來也就十美元，命運再一次捉弄了他。

包身工的日子終於結束了，這個年輕人在普利茅斯的一個紡紗廠找到了一份工作，每天三十三美分。可他卻不愼摔斷了腿，無法繼續工作。但是，什麼都無法摧垮他的意志和他用知識武裝自己、爲生活而拼搏的精神，他剛剛能夠拄著拐杖走路時，他就一拐一拐地去兩英里以外的

學校學習，爲了學到一些知識，他寧願每天往返四英里。

雖然他是在一種壓抑的環境之下長大，這種環境下，受教育已經成了最次要的一件事，但這個孩子仍然能感覺到，沒有文化將是一副重擔，阻礙他的前進。他剛剛能夠脫離雙拐，就去了一個農場幹活，這個農場同意他在冬天農閒時分盡可能地多去讀書。

威廉・路易斯・道格拉斯人生的前十六年就這樣過去了。和他同齡的孩子才剛剛開始爲學校功課感到頭疼時，他卻早已體會了生活的艱辛，嘗遍了人生的苦痛。他抱定了決心要脫離因沒文化而只能幹苦力的生活，這種無法征服、永不磨滅的堅定信念支持鼓勵著他，十六歲，他學到了很多在學校裏學不到的東西，他學會了自強自立、明白了知識的寶貴之處。他有日積月累起來的勇氣、他有深埋心底的志向。更重要的是，他學會了經商的基本知識。他講衛生的習慣、他節儉的生活、他做學徒的努力工作，所有這一切都塑造了他鋼鐵般的意志，使他的身體能經受得住任何非同尋常的考驗。

農場的冬天很快過去了。他又重新回到了自己的老本行。他在麻省的霍普金盾做了一段時間的廉價粗革高幫靴後，決定要去麻省的南艾賓頓，看看是否有機會在那裏學做更精細一些的靴子。在火車上，他錯把南布倫特里聽成了南艾賓頓，他以爲到站了，就下了車。他問了無數家大大小小的鞋店，但是沒有一家想要收學徒工的。天馬上要黑了，他沒有足夠的錢住店，所以決定走著去南韋茅斯，或許在那裏可以找到一份工作。他動身了，可是此時天已經黑了，他意識到，就算他去了南韋茅斯也沒有任何人可以投奔，他晚上還是沒有地方過夜。於是，他又循著原路在夜色中返回了南布倫特里。

在這裏，他總算是找到了一份釘靴子的工作，這是一份粗活。他起先是想去一個有名氣的鞋匠安森賽耶那裏做學徒。他在釘靴子的時候，賽耶在他旁邊看了一會兒，然後馬上同意他來做學徒，工資爲每週一點五美元包食宿。他一幹就是三年，學會了如何做小牛皮皮靴。

那個時候，他和其他工人們一樣，工作時間長，而且又苦又累，但是這一切都沒能阻止他參加夜校的課程，他渴望知識，渴望能夠彌補自己早年沒有上學的缺憾。

出了西城，有一個叫澤弗奈亞・邁耶斯的鞋匠，他做的鞋子名聲遠播。年輕的道格拉斯找到了他，在他的專門指導之下，道格拉斯很快就學掌握了爲新款皮鞋設計、下料的手藝。沒過多久，道格拉斯的手藝就引起了人們的注意。在這一行中，師徒兩人幾乎同樣出名。一個當時在科羅拉多金城做生意，名叫艾爾弗雷德・斯塔德利的商人找到了道格拉斯，表示願意和他合作，這個人曾經住在麻省。道格拉斯馬上意識到，他學著銷售皮鞋的機會來了。於是，還不到二十一歲，他的名字就出現在了招牌上。舊款式的皮鞋似乎不大吸引前衛的年輕人，他索性就勸說以前的合作人去做廣告。道格拉斯的第一份皮鞋廣告出現在一八八六年的一份報紙的頭版上，它爲後來的幾千份規模更大的廣告開闢了先河。

廣告原文如下：

> 印第安人！
>
> 想要遠離印第安人嗎？那就不要赤腳走路！一雙斯塔德利—道格拉斯皮靴（鞋）將幫你走出原始。款式多，品種全，做工精良。現金購買更優惠。
>
> 商店地址：科羅拉多金城第二大街，寶特維爾大廈對面

六十年代後期，機器加工的皮鞋很快變成了一種時尚，目光敏銳的道格拉斯立刻就看出來，這將爲大規模生產皮鞋開闢無限的新領域。對於手工製鞋，他對每一方面都瞭若指掌，從皮革的挑選，到設計、下料、製作，再到皮鞋的合成。他也時刻沒有忘記如何盡可能地取悅顧客。道格拉斯看到了大批生產皮鞋的可能性，也看到了只有機器加工才會讓這種可能性變爲現實。這將是一條鋪滿財富的大道。

一八七〇年，這個註定要讓布洛克頓鎮享譽全球的人來到了鎮上，隨後又去了北布里奇沃特。他沒費吹灰之力就在波特—索思沃斯公司找了一份差事，這是一家機器製鞋廠。他的能力和敬業使他很快獲得了晉升。到了第五年年底，他就成爲這個廠的部門負責人。

然後，他決定要幹自己的一番事業，後面發生的事，文章開頭簡單講述過了。

在提到有關他職業生涯和給年輕人建議這兩個問題時，道格拉斯先生說，回首往事，在他的職業生涯中遇到的最大困境就是在南布倫特里郊外的那個晚上，天那麼黑，他被困在那裏，身無分文，沒有棲身之地，也沒有工作。

俗話說，「當上了地主的長工往往比地主更壞。」這句話或許是對的，通常情況可能是這樣，比起起點高一些的管理人員來，那些以前做苦工的、做工匠的一旦當上了工長、負責人、經理或者老闆就會對手下的人要求更多，壓榨更多。通過超乎尋常的努力一步一步爬上來的人，大多會對那些和自己當年處境相同，卻沒自己當年勤奮的人沒什麼耐心。

W·L·道格拉斯卻不是這樣。實際上，他首先承認，若不是能夠激勵工人們的忠誠，他就不可能擁有今天這麼大的企業。他仍然把自己看作是一個工人，把他的工人們看作是他的工友。只有當大家都滿意了，事情才是令人滿意的。他希望他的每個工人都不要經歷他年輕時的種種磨難。

道格拉斯還是美國的《勞動仲裁法》之父，這一點鮮為人知。美國之所以能夠在麻塞諸塞州的帶領之下，最終通過了《勞動仲裁法》和《勞動糾紛調停法》，在全國範圍內得以實施，並建立了管理委員會，在很大程度上要歸功於道格拉斯所做出的努力。早在一八八六年，他還是一個州議員的時候，他就引入了一項「旨在解決雇主和雇員之間糾紛的議案」。他預感到只有通過這樣的方式，勞資雙方才能和平共處。

那個時候，雇主通常只把工人們當作是可以利用的材料，對工人這種材料的使用和對其他材料的使用沒有什麼差別。勞動仲裁法所起到的作用「保持勞資雙方和平、預防發生嚴重勞資糾紛」絕不是誇大其實。就算道格拉斯先生沒有為公衆做出這麼大的貢獻，他也照樣比其他同等地位的人更應受到人們的愛戴。

他所帶來的另外一些革新中，最重要的要算工資法的通過，這項法規迫使雇主給從事手工業勞動的工人每週發放一次工資。這條規定在今天看起來似乎有些多餘，但是二十多年前是絕對有必要的。

道格拉斯的工人們待遇都很好。若干訓練有素的護理人員和一個醫生隨時待命，為工人們提供免費醫療服務，也就是說任何一個工人，在任何時候都可以讓醫護人員上門服務，不收取任何費用。道格拉斯先生還為布洛克盾醫院資助了一支外科手術隊伍，為市裏建起了日托中心，好讓上班的媽媽們在白天工作時間把孩子留在這裏。在其他一些事情上，他同樣也做了一些大方慷慨的捐助。他非常喜歡用廣告的方式來做生意，然而他卻極其反對利用慈善事業來做廣告。

除了身兼市議員、市長、州議員、州長（一九〇五年）提高政府的口碑之外，道格拉斯先

生還爲商業界的行業規範做出了不可估量的貢獻。他所做的一切並不單單出於爲自己的企業形象考慮。這裏我並不是指他生產出了人人都想買的皮鞋，而是指他率先將價格貼在每雙皮鞋的商標上，明白標價，且價格合理。這種簡明、直接、價格一致的經營方式如今幾乎被人們普遍接受，但是我們的父輩可以清清楚楚地記得，那個時候要想在零售商手裏買到一件價格公道、品質可靠的東西是多麼的困難。那個時候買東西要費盡口舌討價還價，買東西就像押寶一樣，客戶往往不會是贏家。

道格拉斯從廠家直接到零售商的銷售系統也標誌著商業領域的一大進步。

那個從七歲就開始釘鞋子的人如今已經七十二歲了，他仍然在製鞋行業堅持不懈地努力著。今天，只有他的鞋才能夠在九千多個商店出售，也只有他的鞋才能讓美國每兩個家庭中就有一個人穿著。

毫無疑問，美國是一片在現實生活中醞釀傳奇人物的土地，在這片土地上，是金子就一定會發光的。

9

柯達的締造者
喬治・伊斯門

柯達公司的誕生與成長是一個鮮為人知的故事。

這是一個關於貧窮與勇氣、奮鬥與堅持、希望與絕望的故事，故事裏的人物命運多舛。一位寡居的母親，拖著病弱的身體，全家經濟狀況極為拮据。危急之中，年紀尚輕的兒子毅然決定挑起母親的重擔，支撐起這個家。我們彷佛可以看到一個年輕人白天在公司做職員，晚上就在一個臨時租用的小工廠裏做實驗。他整晚待在實驗室裏，只有在等待化學反應結果時才能打個盹，睡上個把小時，他有時連續好幾天都不曾上過床。

隨後而來的成功徹底結束了他職員的生活，讓他擁有了一個簡單的家。這位年輕發明家甚至因此而名聲鵲起，他的攝影感光板被人們公認為是有史以來最好的。於是，他開始專門生這種產品。

接下來，他遭遇了嚴重的、莫名其妙的、不明原因的失敗。他的公式，那條在攝影界轟動一時的化學方程式竟然存在著很大的問題！無數個不眠之夜的反復研究與實驗似乎收效甚微。災難就這樣降臨了，誰也不知道為什麼，誰也幫不了他。他和他的工人們面臨著滅頂之災。

然而故事的結局卻是：失敗並沒有讓這個年輕人氣餒，他的聰明才智最終帶給他巨大的財富。這就是喬治・伊斯門的故事，是他讓每個普通人都可以拿起相機進行拍攝，是他讓美國成為了全世界攝影材料的最大供應商。

當然，故事中自然也會講述到這個曾經受過貧窮洗禮的年輕人，在成為百萬富翁之後如何利用這些財富。人們冠以他發明家、化學家、科學家、企業家、行銷家、金融家這些稱號，但是，除此之外，我們還應該再授予他另一個稱號：公衆福利家。晚年時期的喬治・伊斯門在如何合理地應用自己的財富方面所花的精力，絲毫不亞於在創造財富方面所花的精力。

在故事結尾時，我們還可以補充一點，從這個故事的主人公身上，你可以看出來什麼是謙遜。當他連續幾周露營在叢林的帳篷裏，或者去大山裏勘探時，他總是自己動手做飯；當他去南加利福尼亞州視察自己建在那裏的大型標準農場，向農場的黑人傳授現代化農業技術時，他親自拿起工具和農具，手把手地教他們如何去做。

下面，我來將整個故事詳細地告訴大家。

一八五四年七月十二日，喬治・伊斯門出生於美國紐約的瓦特維爾，六歲時，舉家搬到了紐約羅切斯特，不到一年，他的父親去世了。他的父親是商業學校的創始人，他去世之後，所建立起來的一切在弟弟的管理之下持續了一段時間，但這一切並沒有能夠長時間支持他們的生活。

喬治是家裏唯一的男孩，他還有兩個妹妹。他十四歲時被迫輟學，去了一家保險公司上班，每週的薪水爲三美元。他的媽媽雖然身體有些殘疾，但仍然是個能力出衆的人，她精心操持著這個小家庭。

伊斯門先生一邊回想著往事一邊對我說：「從那個時候起，我就對貧窮有一種莫名的恐懼，它像一場噩夢般日日夜夜縈繞在我心頭。我花每一分錢都要十分小心，儘管我自食其力，還設法補貼家用，工作第一年的時候，我還是想辦法積蓄了三十七點五美元，然後把它們存入了銀行。」

他雖然還是個孩子，但他已經意識到，要想擺脫貧窮，過上出人頭地的日子，努力工作是唯一的途徑。他的收入很快就達到了每年六百美元，這是這個小小的保險公司所能給出的最高工資。但是他的雇主深知這個男孩的價值所在，就推薦他去儲蓄銀行做了一名記帳員，這樣一來，他每年就可以賺到一千美元了。

他頭腦靈活、雙手靈巧敏捷，還喜歡擺弄各種工具。所有這一切加起來使他在工作之餘成爲了一名業餘機械師。很快，他就有了自己的一個小實驗室，他把大多數時間都花在了這裏，許許多多由他設計發明的機械裝置就在這裏誕生了。他渴望旅行，想看看這個世界上人們發明建造起來的新鮮事物，他對知識有著難以遏制的渴望。他想要去旅行的想法引發了另一個想法：他必須弄到一架照相機，把自己所看到的一切記錄下來。

他花了五美元，請羅切斯特當地的一名攝影師詳細教會他如何攝影，以及隨後實施的濕片處理過程（將化學物質塗抹在玻璃片上，然後等待影像的形成）。整個攝影過程所採用的方式留給他的印象是彆扭、繁瑣和令人不悅。

他在攝影領域所取得的第一個成就是發明了一套可攜式攝影器材。對濕片處理過程的改進工作尚在進行之中，此時，他卻得到了銀行的提升。此次升職讓他不得不將手頭的實驗工作暫時先放一旁，因爲新的職務意味著銀行會將更爲關鍵、繁重的工作交給他去處理。

緊接著有消息從英格蘭傳來，英國人發明了明膠乾片處理技術，這個消息立刻引起了伊斯門的濃厚興趣。儘管他除了從雜誌上得來的一些消息以外，沒有任何技術方面的資訊來源，但他仍然決定要親自投入實驗。在經過了幾次失敗之後，他開始小有成效。幾乎同樣重要的是，他還感覺到這種產品適合進行批量生產。也就是說，乾片可以生產和銷售，而舊的濕片處理過程的局限性決定了人們只能銷售攝影所必需的化學材料，買家必須親自去拿這些原材料（硝酸銀、火棉膠和一塊玻璃），然後再把自己用黑帳子覆蓋起來，用火棉膠塗在玻璃上，再把它浸泡在一個盛滿硝酸銀的大盆子中。專業攝影師以外的任何人幾乎都不會僅僅爲了拍張照片而去做這樣的事情，因爲就算是做了，往往也會以失敗告終。然而，乾片則不同，它可以大批量的生產和銷售。

喬治・伊斯門感覺到了這種巨大的可能性。機會向他敞開了懷抱，他將成爲一個乾片製造商。

但是，他家庭的責任怎麼辦？現在（一八七九年），他在銀行的年薪已經是一千四百美元，而且，他是她母親的唯一支柱。新的探索充其量也不過是嘗試一下，當時，國內外有許多人都在研究乾片技術，所以他無法保證自己可以靠這個來謀生，窮日子，他過怕了。

然而，他的志向和直覺呼喚著他繼續前進，他的謹慎機敏和他對事情良好的判斷力最終使問題得到了解決。他以每個月幾美元的價格租了間小工作室，雇了一個年輕人負責白天的日常事務，到了晚上他從銀行下班後，就在實驗室裏親自去做複雜的化學實驗。通常他在銀行的工作時間不會很長，但是，到了結算利息和清帳的時候，加班是免不了的。每每到了這個時候，年輕的伊斯門整晚在實驗室裏奮戰是稀鬆平常的事，他顧不上脫掉衣物，也沒時間躺在床上，只能在化學反應發生的這段時間裏打幾個盹。星期六晚上，他回家睡覺，常常一覺就睡到了星期一早晨，星期天也就起來吃一兩頓飯。

功夫不負有心人，他發明的伊斯門乾片很快就有了名氣，市場需求量很快就超過了他和助手的生產能力。

我問伊斯門先生：「您生產的乾片性能優於其他類似產品，背後的秘密是什麼呢？」「我恰巧發現了一個很有用的化學公式，多少有些幸運的成分吧。」他謙虛地回答道，「即使是三十年後的今天，配置適當的感光乳劑也得靠經驗，也只有幾個人可以辦得到。化學家們至今仍無法完全明白影響感光性靈敏度的化學反應過程。比方說，在千分之一秒內膠片成像的原理與花上幾秒鐘在氯化銀照相紙上成像的原理有什麼不同，到現在還沒有一個徹底的科學的明確界定。所獲得感光度的大小也完全取決於個人的經驗，到目前爲止，也不過就那麼十幾個人有這種技術。那個時候，我正好抓住了機會將這幾件因素很好地融合到一起。」

當初那個教他如何照相的攝影師欣然買下了自己學生經過巨大改進後的技術，當這位攝影師在千島群島拍攝時，正好被當時最大的攝影器材經銷商和進口商注意到。他拍照時不用黑帳篷，令這位經銷商感到十分奇怪，就問他在做什麼。得知了這是一位住在羅切斯特的年輕人發明的一種拍攝效果很好的明膠乾片後，他勸說伊斯門將產品的樣品拿到紐約去。這家公司確認了伊斯門的產品是市場上最好的產品，他們以批發價購買了大量乾片，伊斯門爲這家公司保留了經營的優先權，他不會將產品以更高的價格賣給零售商。

伊斯門爲自己的產品做了廣告，從那天起，他的產品就開始變得供不應求。到年底時，伊斯門辭掉了銀行的工作，全身心投入乾片的生產中，因爲他原有的產量甚至無法達到批發商訂單的一半，因此，批發商感到很不滿意。伊斯門和客戶之間有一個很有新意的協定，他們同意每個月從伊斯門手裏購買最低數量的產品，包括冬天這個淡季在內，但是要在貨到之後立刻付款。

「那個時候，我的資金並不是十分充足，」伊斯門回憶道，「我覺得這項約定很不錯，但後來它幾乎毀了我。」

伊斯門公司擴大了規模，一八八一年一月一日，從小寄養在伊斯門母親家裏的亨利・A・斯特朗（現爲伊斯門柯達公司的副總裁）加入了伊斯門公司，成爲了第一個合夥人，公司也由原來的個人公司變成了聯合公司。每個月的產量上升到了價值四千美元的乾片。所有的這些產品都賣給了批發商，他們同意購買在冬天淡季時生產的全部產品。

然而，當春天來臨時，客戶們對伊斯門產品品質的投訴如潮水般湧來，收到的投訴與日俱

增。公司同伊斯門做了溝通，他簡直無法相信他生產的乾片會出問題，然而，情況卻變得很糟糕，他只得匆匆忙忙趕往紐約，爲存貨中喪失感光能力的乾片樣品做測試。伊斯門百思不得其解，他陷入了苦苦的思索。最後，他發現越早生產出來的乾片感光能力就越差。這些乾片在運來時，就那麼一個個疊放起來，最新運來的，就最先被賣出去。想到這裏，他立刻恍然大悟，他的產品存在一個嚴重的問題，這個問題直到今天才暴露出來，這個問題就是，時間會削弱他這種乾片的感光度。

伊斯門毫不猶豫地同意了收回全部未售出乾片。這次不幸事件幾乎讓他尚未成熟的事業毀於一旦，但是他堅信，在他伊斯門的字典裏沒有「失敗」二字。透過增加乾片的化學活性，伊斯門和他的合作夥伴們很快就收復了失地，用新產品替代了舊產品，公司再度繁榮起來。

然而就在當時，一切在一夜之間全都變了模樣！

伊斯門再也無法生產出一張高品質的乾片了。儘管他可以去努力，但他生產出的乾片再也沒有良好的感光度了。

伊斯門日日夜夜思考著、研究著、煎熬著，竭盡全力去弄清楚問題所在。但他絲毫無法改動他的化學方程式，可是，不改變的話就沒辦法繼續用下去。能想到的辦法他都嘗試過了，但都是徒勞。他似乎失去了打開成功之門的鑰匙。

他的工廠必須停工，生產這種不合格的乾片沒有任何意義。他該怎麼辦呢？關閉工廠，再重新找一份職員工作？

「在經歷了接下來的一切之後，我生活中以後的麻煩事情根本就算不了什麼。」伊斯門先生前幾天對我講起。但是，逆境永遠無法將他壓倒，逆境只能讓他思路更開闊、更有勇氣、更堅定、更堅持。

伊斯門突然之間從人們的視線中消失了。一周，兩周，三周，四周過去了，工廠裏一片沉寂。

終於有一天，伊斯門回來了，他帶著智慧，口袋裏揣著新的配方。他去了英格蘭，他去了紐卡斯爾的莫森—斯旺公司，他們生產的乾片是全英國最好的。他買下了他們的配方，並且連續兩周在那裏工作，以確保完全掌握操作過程的每一個階段和細節。

刻不容緩，工廠又重新開工了。儘管這次生產出來的乾片不像以前的那麼好，但它卻是美國市面上最好的，也可以和國外一流的產品相媲美。停工只給伊斯門公司帶來了一些暫時性的動盪，客戶的滿意度又恢復到以前的水準了，一切均未改變，唯一改變的就是伊斯門這段日子以來，因過度操勞悄然而生的白髮。

那麼，他的乾片究竟爲什麼會失去感光能力呢？伊斯門不把原因弄清楚是不會安心的。最後，他發現自己一直以來都在使用一種明膠來製作感光乳劑，而這種明膠所生成的感光乳劑在過了一段時間後會慢慢失去它的性能。可是，目前他所知道的其他明膠都無法替代原有的明膠，原因他無法解釋。其他的方法他也嘗試過了，但終究還是徒勞，其他方法對他的配方都不起作用。

從一八七九年到一八八〇年間，伊斯門的工廠開始發展。在一八八一年與斯特朗的合作確立之後，他們搬到了一座自有的建築裏，一八八二年，又增加了一座廠房。乾片製造是公認的一個高利潤行業，有無數的企業也投入了這一行，競爭導致降價，市場供大於求，到一八八四年時，前景就顯露出了一片暗淡。

伊斯門並沒有一籌莫展，他在考慮如何讓事情有所改觀。從一開始，他就是一個著迷於改

進現有一切的人，這一次，他要著手尋找玻璃替代品。與生俱來的遠見告訴他，攝影行業的前途與未來就在非專業攝影這一領域。如果他能夠使攝影成爲一件簡單的事情，那麼潛在的需求將是無可估量的。當時的威廉・H・沃克已經退出了乾片生產行業，因爲他似乎也看到了這個行業的窮途末路。於是，伊斯門在威廉・H・沃克的幫助下，開始了對攝影膠片的試驗。這樣一來，涉及到的問題不僅僅是能否生產出令人滿意的膠片，而且還必須設計出和他相配套的方便攜帶的照相機機身。在他們的共同努力之下，一款塗有感光明膠的柔韌材料終於誕生了，同時，他們也設計生產出了一種可以固定膠捲的裝置。無數個技術和化學難題需要克服，但是巨大的進步證明了一八八四年十月伊斯門乾片膠片公司所進行的改組是正確的，該公司後來購買了斯特朗、伊斯門和沃克在歐洲的專利。

一八八五年三月，第一款紙質膠捲架被製造出來，沃克先生被派到英國開設分廠。雖然紙捲固定架早在伊斯門出生那一年就已經獲得了專利，但是，帶有負片（底片）的膠捲固定架卻是一件眞正具有商業價值的產品。

然而，這樣的進步並沒有讓伊斯門感到滿足。與其出售裝入照相機的膠捲固定架和膠捲，爲何不發明一種帶有膠捲的照相機呢？這樣一來，初學者不就也能照相了嗎？伊斯門著名的口號「你只需按下快門，剩下的由我們來做！」就這樣順勢而生了。

這款照相機被叫作「柯達」，它誕生於一八八八年六月。

我問伊斯門先生：「您爲什麼給它取這麼個名字呢，它有什麼特殊含義嗎？」

他回答道：「它沒有任何特殊含義，我們就是希望能讓它有一個好聽的、給人印象深刻的名字，一個不容易拼寫錯誤或發音錯誤的詞足矣。最重要的是，一個能夠用作註冊商標並在這方面經得起任何攻擊的名字。在此之前，我們曾因爲自己的產品有侵權或名字相類似而遭遇過很大的麻煩。」

我們銷售的第一款柯達產品是一台裝有一百張密封底片的相機，價格爲二十五美元。當這一百張底片用完之後，照相機可以退還到羅切斯特，或者交給當地的代理商，再由他們送到總公司。膠捲必須在暗室裏被取出。

柯達相機爲全世界打開了一扇攝影之門！

當然，一八八八年生產的柯達相機並不是今天的柯達相機。要想看到拍攝效果，一百張底片必須全部拍完並且沖洗出來。紙質膠捲必須由專家來處理，而且，其他方面也有不盡如人意的地方。

伊斯門先生絞盡腦汁尋找紙質膠捲的替代品。他向一名年輕的有才華的化學家簡短地講述了自己的想法，這位年輕人在經過反復試驗後，研製出了一種蜂蜜狀的物質——這種物質是火棉膠與甲醇發生化學反應後的產物。這並不是他們想要的結果，但是，伊斯門先生立刻注意到，這種物質可能可以用來替代紙，使膠片成爲透明膠片，這是他的一個長遠目標。一次次的實驗表明，要想得到厚度統一的透明膠片，最好的方法就是將這些膠體均勻地塗抹在一塊玻璃板上。他們立刻就造了一個一百英尺長的檯子，專門用來加工透明膠片。然後，這些膠片帶可以切割成任何想要的長度。

從愛迪生實驗室裏立刻就傳來了諮詢，要確認伊斯門公司是否已經發明了透明膠片，如果確有其事的話，愛迪生先生希望能夠立刻得到一些。

這種膠片使得電影的產生成爲了可能。事實上，愛迪生在維持他早年發明的電影機專利時，

法官表明這種機器最重要的部分要歸功於膠片的發明。愛因斯坦先生後來也承認，電影的誕生最主要還是要靠透明膠片的發明。

頃刻之間，訂單就多到了讓伊斯門公司無暇應接的地步。許許多多的攝影業餘愛好者，只要擁有自己的暗室，就可以自己沖洗照片。於是，帶有不同膠捲的各種規格的柯達相機被生產出來，工廠又雇用了幾百名追加勞動力，從那以後，享譽全球的柯達工業園正式開放。

接下來需要解決的一個問題是：如何能夠不進暗室就能完成膠捲的重裝和沖洗工作。伊斯門先生設計出了幾種特殊相機，這些相機所使用的膠捲兩端均附有黑色的紙，這樣一來，就可以在光照條件下重裝膠捲。但是，另外一個發明家塞繆爾・N・特納卻使用了一種今天每個人都很熟悉的方法，這種方法需要在照相機的背後開一個視窗，將整捲膠捲的背面都覆蓋上一層黑色的紙，紙上寫有每張照片的代碼。伊斯門用四萬美元購買了這項小發明，這在當時的一八九四年可是不少的一筆錢。

一九〇二年，膠片沖洗機的發明是技術進步道路上的另外一個里程碑。這是一個名叫亞瑟・W・麥柯迪的年輕人的勞動成果，當時，他是亞歷山大・格雷厄姆・貝爾的私人秘書。他埋頭苦幹了幾個月，可仍然不見成效。絕望之中，他幾乎就要放棄了。這時，他把自己設計的東西拿給伊斯門先生看，伊斯門爲他指出了這個設計的問題所在。他的思路是對的，但是實際操作起來卻有一個致命的缺點。伊斯門先生向他解釋了其中的原理，建議他繼續努力，成功後再來。麥柯迪直接就走進柯達公司的實驗室，還沒過二十四小時，他就將自己的成功之作交給了伊斯門。從那天起至今，他就再不用親自動手去做什麼事情了，因爲他已成功地獲取了柯達公司全體員工的忠誠，現在，他已在不列顛哥倫比亞省的溫哥華退休在家。

一九〇四年，直板膠片的完善似乎意味著柯達公司在攝影器材領域的發展暫時告一段落。一九一四年，柯達公司又推出了一款全自動照相機。在此之前的十年裏，一直沒有什麼重大的進一步發展。當全自動照相機的發明者亨利・J・蓋斯曼第一次找到伊斯門先生時，他的想法並不切實際，但是，在他的缺點被指出來之後，他重新進行了設計，但卻又一次被拒絕了，他一次又一次返回來，總是帶著不減的熱情。最後，他終於帶著三十萬元的支票離開了，而且，不再另收專利的使用稅。

伊斯門柯達公司的成長是全球的商業奇蹟之一。從僅有一名助手開始，伊斯門員工大軍已擴展到了一萬三千人，另外還有一萬多人專門經營柯達產品，以此謀生或增加收入。位於羅切斯特的柯達工業園裏一共有九十座大樓，樓層總面積爲五十五英畝，其中有一座長七百四十英尺的大樓。另外四個工廠也坐落於羅切斯特，工廠共有八千五百名工人。根據美國人口調查局的分類，這些工人代表了二十二個行業，二百二十九個不同的職業！

就在伊斯門開始在他的小工廠裏和衣而臥之前，美國全部的攝影材料均由國外進口。接下來的四十年，尤其是後二十年當中，伊斯門柯達公司讓世界各地的財富湧入美國；給幾萬名工人發著工資；讓柯達公司的股東得到了豐厚的投資回報。柯達統治著整個攝影界，在這裏，美國發明天才、科學天才、化學天才的才智得到了充分的施展，更爲重要的是，它是喬治・伊斯門智慧的證明。

伊斯門與生俱來的謙虛使他的成就沒有得到更爲普遍的承認。上一輩偉大的科學家洛德・凱爾文認爲伊斯門是一位地位獨特的化學家和科學發明家，並長久來以公司顧問的身份和他合作。伊斯門之所以能夠克服重重困難不斷前進，人們對其產品的需求量之所以不斷擴大，那些帶有伊

斯門商標的產品之所以能夠享譽全球，所有這一切都歸功於他難能可貴的精神——他集智慧勤奮於一身，不惜一切代價提供最佳服務的精神。他不僅在提高產品品質的實驗上花費了幾百萬美元，而且還花錢請專家對出廠的每一件商品進行嚴格的品質檢驗。「精益求精」始終是他的座右銘。

就像其他一些獲得了巨大成功的美國企業家們一樣，伊斯門最終成爲了那些心胸狹隘的政客們的攻擊目標，「反托拉斯」的那種瘋狂令他們一個個興奮不已，把企業做大做強就是犯罪。對美國人來說，生產出品質最好的產品，建立起在全世界擁有分公司的大企業被看作是一種犯罪。當美國政府宣佈要拿伊斯門柯達開刀時，公司盡可能地主動在司法部感到不滿意的方面做出調整，但是再怎麼調整也擋不住政界的長時間爭論。儘管國內外發生的一些事件已經對這種「反托拉斯」情緒起了遏制作用，也表明了建立大企業聯合會的必要性，但這場爭論一直持續至今。

當然，全體的伊斯門人也盡可能地使公司在不引起爭端的情況下成爲行業佼佼者。就像石油行業的約翰・D・洛克菲勒、煙草行業的詹姆斯・B・杜克、電訊行業的西奧多・N・韋爾以及其他一些行業巨人一樣，伊斯門和對手競爭也是使盡渾身解數的，同時，也採取了一些與眼下盛行的《謝爾曼法》格格不入的方法，但是，這些方法在當時是很常見的、普遍被人們接受的，而且也是絕對合法的，甚至被後來的司法部長所接受。

喬治・伊斯門把金錢看得很淡，除非是用這些錢去實現有價值的目標。他的生活很簡樸，他沒有孩子，終生未婚，在某種程度上，羅切斯特就像是他的孩子。他送給羅切斯特的禮物有：給羅切斯特大學和綜合醫院大筆的捐贈、給哈尼曼醫院、順勢療法醫院、慈善之家、兒童醫院、基督教青年協會和城市公園的捐款。他爲孩子們提供的牙科診所大概是全美國最好的，他在市政建設上也投入大量的金錢和精力，其中一項計畫就是建立市政研究局。他出資蓋起了羅切斯特商會大樓，帶頭組織了羅切斯特藝術交流委員會，親自參加城市公共環境、公園、建築的美化工作。他熱愛藝術和高雅音樂，一直以來積極參與，建起了羅切斯特超級交響樂隊是他在這方面做出的貢獻。

他還常常爲羅切斯特以外的城市慷慨捐贈，但通常是匿名捐贈。他是美國作家布克・華盛頓的熱情支持者之一，他在加利福尼亞北部建起了農場，該農場成爲了塔斯基吉實行黑人訓練計畫的補充地點。

他自己的雇員一直都是他特別關照的對象。柯達工業園區充分說明了大的工廠也可以擁有一個優美的環境。而且，他還推出了雇員擁有股票計畫，讓幾百名老雇員持有柯達股票，以增加其在公司裏的資歷。而他每年要給各個階層的雇員開出的工資數目龐大，最近發的一次工資總額在九十萬美元左右。

我和伊斯門先生共同度過了幾個小時，但是，我仍然無法使他親自說出自己的種種公益行爲。他只承認一件事：「我覺得自己只不過是在人生旅途中做了一些小事情，我不贊成一個人到死也沒有把自己的錢用在對別人有幫助的地方。」

很巧合的是，伊斯門先生還是自由貸款最大的個人贊助者。

伊斯門先生堪稱是「締造美國的巨人」中的傑出典範。

10

發明天才，企業巨人
湯瑪斯・A・愛迪生

在我們看來，發明名家是天才，是能夠將一瞬間的奇思妙想最終轉變爲現實的東西，並且因此而獲得了專利的人。在人們的印象裏，他們都是些古怪的人，大部分時間都坐在那裏等待著靈感的降臨。

愛迪生卻不屬於這種人，他痛恨被別人稱爲「天才、奇人或魔術師」。他聲明：「天才是百分之一的靈感加百分之九十九的努力。要想取得任何有價值的成就，三個基本要素必不可少。第一，要努力；第二，要堅持；第三，要有良好的判斷力。」

愛迪生被譽爲全世界最偉大的發明家，他在成功地成爲一名發明家和製造家之後，於一八七六年放棄了其他所有的一切，把發明做爲一種終身的職業，全身心地投入其中。在這之後，他唯一的選擇就是製造更好的商品，否則就會成爲別人的笑柄——哦，那是愛迪生製造的商品。

他也是世界上最偉大的試驗家。在一件事情上，他會嘗試幾千、幾萬種方法，有時候多達五萬次。他從不放棄，就算要花上十年的時間，他要嘛就最終成功，要嘛就徹底證明這件事行不通。

愛迪生是歷史上工作最爲勤奮，睡眠時間最短的偉人。他在完善留聲機的那段日子裏，有一次連續工作五天五夜都沒闔眼。他做的實驗比人類歷史上任何一個人都多，曾創下了一年拿到一百多項專利的記錄，它獲取的專利總數已經達到了一千多項，這在國內外都是空前的。

他體會過最痛苦的失敗，一次次變得身無分文。他花了整整五年時間，耗資兩百萬計畫並修建了一個工廠，想要通過磁力來萃取岩石粉末中的各種礦石，結果，大量豐富的美沙芭礦石的發現導致了他的整個研究毫無利潤可言，這個計畫只好被迫終止，愛迪生因此而負債累累，但是，

他的精神是不會被打垮的。還有一次，在他多年來苦心研究蓄電池，並進入了大量生產之後，他發現產品中有少量一部分存在著缺陷。儘管當時商家紛紛搶購他的蓄電池，但是他拒絕再售出任何一塊，又歷經了五年的反復研究實驗之後，他終於達到了自己理想的目標。

那些令常人陷入絕望的困難只能燃起愛迪生的鬥志，堅定他獲得成功的決心。如果一件事情一種辦法行不通，他就會想其他的辦法，必要的話，他會想出五千種，一萬種，甚至兩萬種辦法。他把植物學家、礦物學家、化學家、地質學家和其他一些人派到那些地球上遙遠的未開化的角落，去尋找適當的纖維和其他稀有的化學材料，這位不知疲倦的試驗家認爲這些材料可能正是他試驗中不可或缺的一個環節。比如說，一名專家走遍全球就爲了尋找一種竹子，當時正在研究白熾燈的愛迪生認爲，這種竹子的纖維或許就是適合用來做白熾燈燈絲的材料，與此同時，另外一些專家對南非這個重要的地方進行了一番密集搜尋，希望能夠找到更好的材料。

是愛迪生，將發明定義爲：以明確的方式成功實驗，最終取得成果。他最偉大的成就並不在於他孕育了多少新的構想，而在於他實現了別人想到卻無法做到的事情。愛迪生是實踐家，不是空想家。當然，愛迪生也有過夢想，但是他是因其所爲而出名，而不是因其所想而出名。

電報和電話並非愛迪生第一個想出來，他也並不是電燈的發明者，電器鐵路也不是他首先想到的，其他人也做過類似於電影的玩意兒，把人類的聲音記錄下來再重新播放出來也不是出自他的腦海，他也不是第一個想到要把電能儲蓄在電池裏的人。

但是，沒有愛迪生，我們今天的生活就不會享受到這些額外的進步帶給我們的好處。在實現這些目標的整個過程中，他的思想是銳利的，他的雙手是強有力的。在這一點上，其他人失敗了，而他卻成功了，其他人只提出了想法，而他卻將想法變成了事實。在他之前和與他同時代的人們沿著一條錯誤的道路前行時，愛迪生卻通過自己無止境的勤奮、無可比擬的內省和洞察力以及他無人能及的知識，尋得了一條正確的道路，並且沿著這條道路不懈地、義無反顧地前行，年復一年，如果有必要，他會每天工作二十小時，每週工作七天，爲自己的事業不惜犧牲掉自己所有的金錢。他的知識有一部分是來自本身就熟悉的領域，但大多數都來自於他明確的調查、試驗和經驗。對於愛迪生來講，在實現一個目標的過程中，時間並不是問題，十天、十個月、或者十年又有什麼關係呢？最後的結果才是最重要的。

對於失敗，他有自己的哲理，這套哲理適用於每個人。在嘗試了幾千次，花了幾十萬美元，很明顯地浪費了幾年寶貴時間之後，如果唯一的回報卻是失敗，他並不抱怨，也不沮喪。當他的助手們認爲他或他們所付出的辛勞是徒勞而感到難過時，愛迪生就會很嚴肅地告訴他們：「我們的工作並不是徒勞無益的。在試驗中，我們學會了很多東西，我們爲人類現有的知識又增添了新的內容，我們親自證明了這件事行不通。這難道不是有價值的事情嗎？現在，我們開始做下一件事。」

這就是愛迪生。現在和未來有那麼多大大小小的事情大聲召喚著我們，等著我們去完成，所以，不浪費時間和精力感傷過去。要向前看，不要向後看。

不久前，一位部長問了幾位成功的人：「戰勝誘惑最好的武器是什麼？」愛迪生回答道：「在這些事情上，我沒有任何經驗，我甚至抽不出五分鐘時間去想任何有違於人倫道德或法律的事情。如果非得讓我勉強去猜測一下怎樣才可以使年輕人擺脫各種不良誘惑，那我的答案就是找點事做，努力去做，這樣的話，各種誘惑就沒有了容身之地。」

愛迪生簡直就是在夜以繼日地工作。每當他的事業到了最關鍵的時刻，每當一種裝置的發

明、生產和安裝需要他付出全部的精力，需要他投入全部的時間，他會持續幾周不在床上睡覺，要是實在太睏，他就在地板上躺一會兒，拿一本書當枕頭，或者蜷縮在他的推拉式寫字檯上，或者躺在一大堆實驗材料上。

有人見他不停地工作，就曾經勸他不要把全部精力都放在工作上，也抽點時間放鬆一下，娛樂一下。就在前不久，愛迪生給出了回答：

「我已經做好了計畫安排。從現在起到七十五歲，我打算用工作充實自己，但是，我不會再像以前那麼拼命了。我打算在七十五歲時穿起帶有時髦鈕扣的花稍馬甲，再穿上高筒靴；八十歲時，我打算學著打橋牌，對著女士們說些傻話。八十五歲時，我打算每天晚上都穿好一整套禮服進入正餐，九十歲時……哦，我從來沒有為三十年後的事情做過計畫。」

發明家多以古怪而著稱，愛迪生也不例外。他有二十五年的時間從沒進過裁縫鋪，也沒有訂做過一套衣服。在一九〇〇年之前的一段時間裏，他一度被一個裁縫說動，就去那裏量體裁衣，於是接下來的每一套衣服都由那個他稱之為「巧舌如簧的裁縫」來負責。

他有可能會在隆冬時節穿著夏天的淺色西裝進入實驗室，但是，他絕不會凍死，因為愛迪生先生很聰明，他會想辦法在西裝裏面再穿上三四層內衣！據說，愛迪生還接受了一個外國封號，代表遠渡重洋來為愛迪生送上這份巨大的榮譽，而愛迪生此時的形象卻是一片狼藉——他幾乎是赤膊上陣，手上臉上全是污垢和油脂。對於他的同事來講，要想勸說愛迪生親自去接見來訪者需要頂著非同小可的壓力，需要費一番腦筋才能說動他，在重大的實驗中，愛迪生實在是太投入了。

去年，一個大學授予愛迪生法學榮譽博士學位，可這項活動不得不通過電話進行，愛迪生忙於試驗，實在是無法抽身親自去接受這份榮耀。英國一所著名的大學宣佈要授予愛迪生學位，但是，他不肯犧牲太多的工作時間，飄洋過海前往英國參加慶典活動，最後，該提議不得不被撤銷。還有一次，作爲大獎的獲得者，他在紐約領取了一塊金牌，可是，在返回他澤西的家的渡船上，他卻不知道把這塊金牌放在哪裏了。他對自己這樣評價道：「我一個人幹著兩個人的活，更多時候，我應該在家裏。」

在法國一八八九年舉行的巴黎百年世博會上，他成爲了榮譽軍團的成員。在這個值得紀念的慶典儀式上，愛迪生沒有接受榮譽肩帶的佩戴儀式，並主動拒絕了任何類似的東西。他同意將這枚令人眼紅的小小徽章別在外套的領子上，但每次見到美國人時，他總要把領子翻下來，這樣他們就不會看到這枚徽章了。他的解釋是：「我不想讓美國人認爲，我是在炫耀自己。」

愛迪生常常抱怨，覺得自己很顯然在接待各國來訪的領導人和來自各界的名人方面浪費了太多時間。他是一個普通老百姓，他的心也和老百姓更爲貼近。或許他收到的最令他感到滿意的稱頌，是在一九一六年紐約舉行的全民備戰遊行活動期間。當時，老發明家愛迪生走在遊行隊伍最前端，這隊伍由他在美國海軍顧問委員會的同事組成，人們不停地高呼：「愛迪生！愛迪生！愛迪生！」當時，他正打算辭去一些行政職務，儘管群衆的熱情高漲，但是，愛迪生還是決定不再繼續出任。對於那些設法要勸說愛迪生停下來稍作休息的人們，他最後只說了一句：「人們似乎很喜歡我，但我喜歡這樣的生活方式。」他的同城老鄉爲他歡呼鼓掌，熱情歡迎的人群自發地排起了幾英里的隊伍，這一切都以最直接的方式震撼著他的心。這種來自普通市民眞摯的掌聲要比世上任何文憑、學歷證明以及獎牌的分量都要重。

愛迪生與他的好朋友亨利·福特一樣，一直都在追求那些能夠造福大衆的東西。這世上還有

誰比他爲世人帶來更多的舒適和便利，更加豐富了人們的生活？

愛迪生伸出雙手，捕捉到了人類轉瞬即逝的聲音，並讓它們永不消失。

愛迪生發明了電影，過去，人們只能眼睜睜地看著生活中一切隨時間而消逝，現在，我們可以用電影將它保留、重現、留給後人看也可以給人以啓迪和娛樂。

讓人類的聲音跨過大陸，越過大洋的電話機也只不過是一個小小的工具，它借助了愛迪生早年在電話技術方面的一些成果。

人類能夠在黑暗中照亮這個世界，光明僅次於太陽，這是愛迪生送給人類的另外一個禮物。

愛迪生一直、永遠都是爲普通人謀求福利的人。他所做的事並不僅僅是些微不足道的小事，比如說讓人們享受到了以前未曾有過的娛樂，或者把音樂帶給了千家萬戶，他盡其所能努力的方向，是要發明各種簡單廉價的、用來處理家務活和體力活的裝置，從而減輕美國每個家庭主婦肩上過於繁重的負擔。如果他還有足夠多的時間——他的家族有長壽史，他承諾，他將在這個領域做出和其他領域同樣重要的貢獻。

俄亥俄州的米蘭，因那裏是愛迪生的出生地而聞名。一八四七年二月十一日，愛迪生在這裏翻開了生命中的第一頁。他的父母是荷蘭人的後裔，但是，這支系的荷蘭人已經在美國生活了好幾代了。他們的家庭成員因長壽而聞名。湯瑪斯．阿爾瓦七歲時，出於經濟原因，一家人來到了密西根州的格拉蒂奧堡。在這裏，愛迪生父親從事農業、木材生意和穀物貿易。由於小愛迪生頭部形狀長得很與衆不同，醫生便預言他的大腦有問題！學校裏，小愛迪生因成績差而被老師宣佈爲「無法清晰思考」。到了第三個月，愛迪生因「太笨了，接受不了老師講授的內容」而退學。這就是愛迪生所接受到的全部的正規學校教育。從此後，愛迪生的老師就由她聰明的媽媽來擔任。

他做過許多稀奇古怪的事情。六歲時，有一次家裏人到處都找不到他，最後發現他坐在幾隻鵝蛋上，打算把它們孵化出來。他曾在穀倉裏點起一堆火，然後看著它熊熊燃燒起來，因此，他在村裏的廣場上，公開挨了一頓皮鞭，以警示其他男孩。他有一根手指斷掉了一半，還有一次幾乎被淹死，十歲時突然對化學發生了興趣，他讓另外一個男孩吃下大量沸騰散（一種輕度瀉藥），因為他覺得腹部產生出來的氣體會讓這個男孩飛起來！所有這一切，連同他嘗試去孵化鵝蛋，可以算作是他人生最初的實驗。還沒到十一歲，他就把自己家的地下室當成了實驗室，收集了各種危險的和精彩的化學物品。為了確保別人不碰這些東西，他在兩百個瓶子上都標上了「有毒」。

接下來，他開始和另外一個男孩耕種自己父親的十英畝農場，有一年出產的農產品賣了六百美元。他在往返於休倫港和底特律之間的列車上賣報紙，他還在休倫港開了兩個小商店，由另外幾個年輕人負責看管，但不是很成功。然後他又想辦法安排報童在其他列車上兜售他印刷的報紙，以增加銷量。正如戴爾和馬丁在《湯瑪斯·A·愛迪生的生活》中所描述的那樣，只有他的勤奮才可以和他的雄心相比肩。這是一部很優秀的作品，愛迪生早年的一些故事均來自於此。

他利用列車上一節不通風的車廂建起了一個實驗室。這節車廂是專門為吸煙的旅客預留的，可是，乘客永遠也不會去使用它。接著，他又在列車上安裝了一台印刷機。實際上，《先鋒週報》從搜集資料、撰寫再到排版和印刷等一系列工作都是在列車上進行的，每週的銷量能夠達到四百份。倫敦《時代週刊》的一篇著名特寫曾這樣描述：「這是有史以來第一份在完全運動著的列車上印刷的報紙。」他的創造力在許多方面都得以顯現。內戰期間，他買通鐵路電報員為每一

站發送情報，宣佈當天最爲敏感的事件，這樣一來，沿途每到一站，都會有一大群人在那裏等候「消息人物」愛迪生帶著他的報紙出現。偶然的那麼幾次，他的報紙還能賣出個高價來。他的實驗室進行得也很順利，直到有一天，車廂突然嚴重傾斜，一條三價磷掉在地上，著火了。怒火中燒的列車員把愛迪生和他的全部家當在下一站扔出了車廂，並且狠狠地搧了愛迪生一個耳光，正是這一記耳光導致了愛迪生從此終生失聰。

一個印刷所的學徒勸說愛迪生把他的出版物改名爲《保羅普萊》，裏面增加了一些遭人指點的閒談非議，結果導致一個受害者將這位涉世未深的年輕編輯扔到了河裏。《保羅普萊》沒過多久也就銷聲匿跡了。愛迪生在底特律度過了一段爲時不短的時光，在這期間，他利用早晨和晚上不在車上的時間，如饑似渴地閱讀底特律圖書館的書籍，這對他的文字撰寫能力起了很大的幫助作用。他的方法是不加區別地依次閱讀每一排書架上的每一本書。

他的化學實驗帶領著他開始向電訊方面著手。他和他的一個好友在他們兩家之間架起了一條電線，兩個人可以自由地徹夜長談。後來，一頭走失的母牛扯斷了這條電線。愛迪生還勇敢地將一名兒童從鐵軌上拖走，從呼嘯而來的火車車輪下救了他一命。孩子的父親是當地車站的站長，爲了感謝愛迪生，這位父親主動提出以少量的收費教愛迪生電報技術。連續六個月來，他每天工作十八小時，終於能夠熟練地將電線從火車站架設到一英里外的村莊裏，因此他被任命爲休倫港的電報操作員。由於他常常忙於做實驗而導致一些消息沒有發送出去，他的許多服務工作沒有做到位。

愛迪生在一八六三年的那次工作變動具有重大的意義。他在加拿大附近的大幹線鐵路斯特拉福特樞紐站找到了一份鐵路電報員的工作。但是在這裏同樣是他的那些試驗給他帶來了麻煩。值夜班的電報員每隔一小時就必須向主管發出一個「six」的信號，來證明他們沒有睡著。愛迪生馬上就發明了一種裝置，讓它每隔一小時就按要求敲擊出一個信號，這樣，他就可以在值夜班時候舒舒服服地打盹了。一天晚上，一列火車被允許通過，而此時另一列火車正沿著同一條鐵道從相對的方向開過來。儘管愛迪生發瘋般地想盡一切辦法給火車司機發信號讓火車停下來，然而一切都是徒勞，頃刻之間，兩列火車相撞出軌。接下來的五年裏，他成了一名四處流浪的電報員。

有時，愛迪生幾乎處於饑餓狀態。然而，他的發明天賦總能夠不時地爲他救救急。有一個辦公室裏鼠患成災，愛迪生就弄了一台小裝置，讓老鼠成批觸電而亡。然而，報紙上刊登了一則用類似方法電蟑螂的消息，愛迪生便立刻遭到了解雇。但是，一項更了不起的發明就在這段時間裏孕育成型了，它能使點和線段以低於發送的速度記錄在紙條上。一年後，愛迪生發明了電報機。

他一度在波士頓漂泊，在那裏，他買下了法拉第的全部成果，並將自己投入到艱辛的試驗中。愛迪生於一八六九年七月一日獲得了第一項專利。那是一種能夠讓國會在一瞬間統計並獲得投票結果的方法，這種方法是讓每個投票的人按下裝在自己桌子上的按鍵。這個自豪的發明者滿心歡喜去了華盛頓，本想著能受到熱情的接待，哪想到卻帶著失望離開了。他被斷然告知，這種投票時間短暫的方法應該用於阻礙對方會議的進程，給對手造成威脅的場合。這段最初的遭遇讓愛迪生決定，從今以後所花的精力應該只限定在那些需求廣泛、受人喜愛的方面。

在波士頓期間，愛迪生製造了一個股票行情自動收錄機，開了一家小小的股票行情報價公司。也在公司之間採用了電報技術，這種技術非常簡單，每個人都能理解和操作。

愛迪生一八六九年第一次去紐約的淒慘情形，和後來一九一六年去紐約參加全民備戰遊行所受到英雄般的待遇，是多麼的天差地別啊！

剛離開波士頓那陣子，他的生活非常艱難，他不得不將他的書籍、實驗器具等物品租出去才免於陷入債務。他坐船剛來到紐約時，沒有買食物的錢，只好挨餓。看到有人分發一種試嘗的茶點，他討了一些來，這就是他來到紐約的第一頓早餐。

三天後，愛迪生正在黃金和股票電報公司的大廳裏，觀察黃金行情自動收錄機的工作情況——那個時候，黃金正被人們炒得火熱。突然，幾個年輕人衝了進來，情緒緊張地說，他們老闆辦公室裏的黃金行情收錄機壞了，公司的領導勞斯博士也氣喘吁吁地進來了。整套設備都壞了。愛迪生冷靜地告訴勞斯博士，他或許能修好。一切處理完畢後，勞斯博士既感激又吃驚地看著這個從沒見過的小伙子，問他叫什麼名字。第二天，派人調查了他的情況後，愛迪生被安排負責管理整個公司，月薪為三百美元。當這個饑餓的、身無分文的、失業的電報員突然聽到自己能賺這麼多錢時，幾乎暈了過去。

在這個新的環境下，愛迪生尋找機會發揮自己的聰明才智，他改進了行情自動收錄機，研究出了許多新的專利產品。同時，他還組建了一個公司，名叫「波普愛迪生公司，電子工程師和通用電報社」，並且開始為西部聯合電報公司做著重要的工作。當西部聯合的老總打算要購買愛迪生的一項專利時，問他多少錢的出價才算合理？愛迪生鼓足了勇氣想要五千美金，但是，他又覺得這筆數目太大了，沒勇氣說出口。

「四萬美金怎麼樣，能成交嗎？」他問愛迪生。

愛迪生本來就耳背，這下子更沒法相信自己的耳朵了。他拿到了一張四萬美元的支票，但卻不知道該怎麼辦。最後，他拿著這張支票來到了支票的開戶行，把這張未經背書的支票往櫃檯上一放，看到底會發生什麼。他甚至懷疑西部聯盟的行政部門是不是在耍什麼花招，拿四萬美元的支票和他開玩笑。當然，銀行出納員不會將這張支票給他兌現，他不認識愛迪生。他又一次去了西部聯盟辦公室，這次，一個辦公職員和他一起返回銀行為他證明。與此同時，銀行的出納員也提前得到了消息，用小面值的現金支付給他四萬美元，愛迪生把這些錢打了一個大大的包裹，扛著它，好不容易回到了家中，他沒有保險箱，為接下來可能發生的不測而提心吊膽。然而第二天，他們還是對愛迪生表示了一點同情心，告訴他如何在銀行開設帳戶。

有了這筆資金後，他在紐華克開了一家自己的工廠，他聲稱，自己不是那種把錢鎖在保險櫃裏的人。他很快雇用了五十名工人生產自動收報機和其他一些儀器。他生意興隆，工廠的工人兩班制。愛迪生擔當著這兩班工人的工長，不分白天黑夜地工作，有時只能在店裏不起眼的角落裏睡上半小時。從這裏他正式踏上了發明的漫漫征程，開始了自己的發明生涯。在他早期的專利中，以自動電報機最為出名，這種機器能夠在一分鐘內接受和發送三千個字，並用羅馬字的形式將它們記錄下來。他還發明了打字的機器，並且把它發展成為現在人們普遍使用的雷明頓打字機。一八七三年，他去英國推廣自己的自動電報機和四路多工電報設備，他在這套設備上投入的時間和試驗比預期的更多。油印機是他在七十年代的另外一項成果。在愛迪生的工廠裏，同一時期內進行著四十五項發明的研究，到了這個時候，他已經開了五個商店。

他早期的帳務系統至少是新穎的，但是同他的創造能力比較起來，似乎還欠缺了些。所有的帳單無一例外地被放到同一個帳目裏，一直到最後期限才把它們結算清理。每當催帳命令到來時，愛迪生就會連同稅款一起付清，然後，把這筆帳再轉入另外一個欄目。對待稅務徵收，他也是採取同樣的方法。但是在一次偶然的機會裏，他得知有一項稅款必須在規定的日期償付，否則會額外徵收稅額的百分之十二，這筆數目還不小呢。於是，在規定日期的最後一天，愛迪生排到

了長隊的尾端，等待繳稅。但是，當他走到收款員的面前時，他的腦子裏淨是些其他事情，他情急之下竟然忘了自己的名字。由於在短時間內實在是無法記起自己的名字，愛迪生只好又一次來到了隊伍的末端，還沒等他排到收款員面前，人家下班了，結果，他只好再付額外徵收的稅款。

西部聯盟公司花了十萬美元的鉅款買下了愛迪生著名的碳粉電話送話器，從此，他便開始同貝爾公司長期共事。愛迪生很清楚自己不善理財的弱點，於是就同貝爾公司約定，這筆錢以每年六千美元的形式分十七年付清。愛迪生的這個安排足以讓西部聯盟公司的人興奮得跳起來，因為每年支付的錢實際上僅僅是這一大筆錢的利息而已。又過了一段時間，當西部聯盟出價十萬美元購買他的另一項專利自動複記電報機時，他又重蹈覆轍，再一次上演了他安排事情方面糟糕的一幕。這樣一來，西部聯盟電報公司同愛迪生做生意時，幾乎沒有付出任何代價，因為愛迪生公司徹底地將這些發明賣給了貝爾集團，其中包括了一些專利技術數額巨大的重複使用稅。英國一個集團通過電匯的方式購買他的一部分儀器，出價為「三萬」。愛迪生欣然答應，對這個價格感到很滿意。然而，當這筆錢到來後，他收到的並不是預期的三萬美元，而是三萬英鎊，相當於十五萬美元！

留聲機是他早期從事並投入使用的最著名的發明之一。他於一八七七年生產的這部留聲機，現為英國倫敦南肯辛頓博物館裏珍貴的展品之一。當愛迪生的工人們聽說這麼個手搖的小圓筒能夠重現人類的聲音時，他們表示出絕對的懷疑。愛迪生喜歡開玩笑，所以他們肯定，這一次一定又是他在耍什麼花樣，聲音一定是別人模仿出來的。一直到他們將這個小小的機器仔仔細細地檢查了一遍，確信並沒有任何電線將它和其他裝置連接在一起，確定附近並沒有藏著口技師時，他們才最終接受了這個令人欣喜若狂的事實——他們的頭兒剛出手就射中了靶心，拿下了歷史最高分。

然而，愛迪生在正式將它投入商業使用前，又花了十年的功夫去改進它，這也正是愛迪生的做事方式。在整個過程最後的幾天裏，愛迪生整整五天五夜沒有睡覺。

愛迪生最艱難但或許也是最有成就的一個階段開始於七十年代後期，現在，他在這個領域的勞動成果已經發展到了雇用幾十萬名工人，擁有幾億美元的資產。當然，我是指他的一整套完整的對電力的生產、管理、度量、配送系統，這套系統爲照明、加熱和動力提供了來源。在研發白熾燈的過程中，愛迪生爲了找到適合的材料，將這個世界翻了個底朝天，爲了找到燈泡內部理想的燈絲材料，他測試了從世界各地找來的六千多種植物。剛開始，他使用的是一段經過碳化的棉線，後來，某種竹子的纖維效果更好，但是到最後，所有的含碳的纖維都被金屬絲所取代。

愛迪生於一八八二年九月首次在紐約珍珠街發動建設第一個電力照明廠是一項艱巨的任務。它不僅涉及到要建造以前從未有過的新型機械和設備，而且還包括電纜的架設、尋求能夠穩壓和分流的方法和設備、說服人們同意安裝這種未經測試的發明、解決以前從未碰到過的上千種問題。在我看來，電燈在經過了二十多年的使用後，人們已經對它非常熟悉，因此，一切與電燈有關的事情在今天看來都是情理之中的事，然而在當時，這項任務的艱巨性是今天我們每個人所無法理解的。截止一八八二年年底，紐約僅僅有二百二十五座建築架設了電線，其中就包括J．P．摩根的辦公樓，摩根是愛迪生的崇拜者和支持者之一。對於那些敢於讓自己的家受到這種「神秘的、隨時有可能著火或爆炸的電線」的威脅的人，三個月的免費供電是送給他們的獎勵。

有關多項電弧系統、能夠節約百分之六十銅消耗量的三項三線制的研究過程、不顧所有人的

反對和無視引入中心定位系統、電錶的發明用來測量電流的消耗量，所有這些將人類一步一步帶入新時代的故事都是引人入勝的，由於篇幅有限，在這裏就不再講述了。在這裏我們只需要說：湯瑪斯·A·愛迪生在這個領域的成就，使他成爲這個時代最偉大的發明家。

接下來，對電氣化鐵路的試驗吸引了愛迪生大部分的注意力。他將鐵軌用作電路的一部分，因而產生了神奇的結果。他分別於一八八〇年和一八八二年在新澤西的門洛派克鋪設了電氣化鐵軌，後來，門洛派克成爲了他的總部。它吸引了來自全世界的鐵路修築人員和工程師，但是某種程度上，他們並沒有像愛迪生那樣很快感覺到了這個領域迅速發展的可能性。

愛迪生所遭受的最慘痛的一次經濟損失，是他在新澤西州開設的中途放棄的磁力選礦廠。他的合夥人對此是這樣評價的：「這是我所見過的愛迪生投入的最大一次實驗。」這次試驗的終止主要是由於美沙芭地區發現了大量的稀有礦藏資源，愛迪生失去了全部的財富，而且還背負著一大筆債務。他的一些合夥人悲痛欲絕，但愛迪生卻沒有被打倒。「就我個人而言，」他說了一番富有哲理的話，「我可以在任何時候去當一名月薪爲七十五美元的電報員，這些錢可以滿足我的一切個人需求。」這番話表明了他簡單的生活模式，讓人深有感觸。

緊接著是愛迪生具有劃時代意義的對水泥生產的投資。到了後來，凡是美國出產的矽酸鹽水泥，有一半都是出自愛迪生的工廠。一天當中，幾乎是二十四小時愛迪生都在親自爲自己的第一個水泥廠做詳盡計畫，這些計畫加起來總共有半英里那麼長，一個專家這樣評論他的工作業績：這是人類的大腦在一天內所做出的最令人歎爲觀止的工作。從生產水泥再到水泥廠大量生產是一個必然的階段，但是，愛迪生卻認爲它仍然處在發展的初期。

在他後來幾年中，蓄電池、無線電設備、愛迪生—西姆斯魚雷以及其他一些潛水艇設備的發明，對留聲機、電話記錄儀的改進，有聲電影的發明，各種家用電器的發明，都花費了愛迪生這位發明大師的時間和天賦。在最近的兩年中，海軍問題一直是他重點關注的問題。眼下，愛迪生傳遞給我的資訊是：「我正在日日夜夜爲我的薩米大叔而工作。」

威爾森總統在他送給愛迪生七十大壽的生日祝辭中這樣寫道：「在自然面前，他似乎一直都充滿自信。」如果眞是這樣的話，那也是因爲他比其他人工作更努力更勤奮，才能夠探求到大自然的更多秘密。他的成功從來都是來之不易的。

儘管愛迪生給予這個世界的，要比他這一代人中的任何一個都要多，但是，愛迪生卻不是最富有的。他並不是億萬富翁，他也從來沒想過要成爲億萬富翁。他吃的和睡的同樣少，用他的話說，能夠讓他一年年下來一直保持相同的體重（約一百七十五磅）就可以了。他著裝簡單，從不考究，他吸煙，並且咀嚼煙草，但這是他唯一的嗜好。一直到最近他都沒有沉浸在任何休閒娛樂活動中，唯一的娛樂形式就是巴奇戲遊戲。但是，他現在開始學開車，通常由他的妻子或一個孩子陪伴。

有時，我們聽到有人這樣評價：「愛迪生不是基督徒，他是無神論者。」關於這件事，還是讓愛迪生自己來說吧：「我這麼多年來一直都按照大自然的發展過程辦事，因此我不再懷疑一種智慧的存在，這種智慧以更強大的力量支配著這個世界，我所做的一切根本無法與之相比。」

儘管愛迪生在生命的旅程中已經走過了七十年，但是，他的頭腦仍然充滿睿智，他的右手仍舊是那麼敏捷。他的職業生涯還沒到畫上句號的時候。

有人問他：「有這麼多事情還尚未完成，你不覺得遺憾嗎？」

他回答道：「遺憾又有何用？人的一生是有限的，我正在努力完善我所建立起來的事業。」

這些事業給了他的同胞相當大的就業機會和生活來源，給每一個文明的市民帶來舒適、便利、娛樂、教育，豐富了我們每一個人的生活。

11

從普通工人到美國鋼鐵公司總裁
詹姆斯・A・法雷爾

他是全球最大、最著名的鋼鐵公司的總裁，而他的出身只是一名普通的勞動工人。今天，他是全美國支柱行業中的最高管理人員之一。

在我認識的所有人中，美國鋼鐵公司總裁詹姆斯．A．法雷爾是對自己的行業最精通的人，無論是從實踐方面、理論方面還是從細節方面、總體方面，他大腦裏儲存的各種與鋼鐵有關的知識要比這個世界上任何人都多。

他不僅知道如何煉鋼，他不僅在生產鋼鐵產品的每一個步驟中都得到過實際訓練，他還是有史以來爲美國產品出口做出過最大貢獻的人。早在其他人尙未開始討論美國對外出口產品的重要性之前，詹姆斯．A．法雷爾就早已日夜兼程地穿梭於七大洋之間，爲美國的出口貿易開闢了先河，那個時候發展起來的市場爲今天全美國的婦女和企業創造年均幾百萬美元的財富。他也因此以「美國鋼鐵出口貿易之父」而聞名於世。

法雷爾先生保持著爲美國產品賺取外貿訂單數量之最的記錄。他是美國歷史上最偉大的國際貿易商人。

他是那麼的謙遜和低調，很少談起自己和自己的成就，直到七年前，報紙上刊登了他被任命爲美國鋼鐵公司總裁的消息，並將他的名字向全世界公佈時，他才進入公衆的視線。「法雷爾是誰？」公衆和報紙紛紛發問。各種報紙封存的檔案被人們都尋遍了，但是仍然一無所獲。《美國名人錄》和其他一些收錄知名人士職業生涯的出版物裏也沒有任何記錄。

即使是在今天，詹姆斯．A．法雷爾除了被鋼鐵行業的人熟知外，並非是人盡皆知。關於他，下面有幾件實事，這些均爲事實：

他在很小的時候就開始訓練自己的記憶能力，而且一生中都在嚴格遵循這個方法，因此，他

無可厚非地成爲了美國商業界記憶力最好的人。

作爲一名工人，儘管他每天要在線材工廠工作十二小時，但他仍然堅持每晚進行系統地學習。十四個月之後，他成爲了一名機械師，並被提升爲負責三百人的工長，那時，他還未滿十八歲。

他還在上小學的時候，就跟著自己作海員的父親一起去遠航過幾次，從那時起，他就對異域的土地發生了濃厚的興趣。現在，他對國外很多地方簡直就像對匹茲堡或紐約一樣瞭解，他被人們戲稱爲「世界地名活字典」。

他在航行、輪船的航線和航道、如何能夠以最佳的方式將貨物從一個地方海運到另一個地方等方面的知識無人能及，因此，他的綽號就叫「美國勞埃德船級社」。在和平時期，他能夠說出每天往來於海面上來自全世界幾百艘船隻的用途和種類。

法雷爾先生比一般美國人早二十年意識到將美國產品銷往國外的重要性，他勇敢地面對著足以令常人崩潰的障礙，單槍匹馬地開展了爲美國鋼鐵開闢海外市場的運動，並在戰前建立起了每年近一億美元的出口業務，這是一項無人能夠打破的記錄。從那以後，每年的貿易額總量成倍增長。

作爲美國的第一任對外貿易部部長，法雷爾先生在幫助美國製造商掃清障礙，進入海外市場方面做出了無可估量的貢獻。

在美國政府對美國鋼鐵公司提起訴訟，長達九天的審查過程中，法雷爾先生沒有借助任何參考材料，回答了成千上萬個常人所無法想像的問題，他令在場的每一個人都吃驚得目瞪口呆。在許多情況下，他的回答涉及到了一些帶小數點的數字，比如說平均值、最大值、最小值等，然而，這位證人輕而易舉地把它們從記憶力找出來，就好像眼前有一本書一樣準確無誤。

當他來到公司的工廠和礦井時，他能叫得出幾百名工人的名字，偶然間甚至還能碰到一兩個在他也是一名工人或技師時，曾在礦渣堆旁和他坐在一起，但從那以後再沒見過的工人。

據他的同僚們說，他同時可以做多件事情，這可眞是一種不可思議的本領，比如說，他一邊接電話，並且在完全接受對方的資訊的情況下，一邊還可以閱讀呈遞給他的信件或報告，進行思考和決策。

他已經閱讀了每一本已出版的有關鋼鐵行業的書籍，而且還閱讀了許多關於其他國家歷史和現狀的有價値的文集。他在這一方面的藏書不亞於任何其他人。當電力日漸成爲鋼鐵加工生產和運輸的可能因素時，他花了一千五百美元籌建了一個完全是電學方面的圖書館。

儘管他知識淵博，在鋼鐵行業中佔有獨一無二的地位，擔任著一個擁有二十八萬工人的公司總裁，但是，詹姆斯・A・法雷爾仍然是當年那個吉姆・法雷爾，仍然像第一次在線材工廠裏吹著口哨時那麼民主，仍然像一個工人那樣勤奮工作。

六年之前，在那些艱難的日子裏，人們的工作環境往往充滿了緊張、壓力和冷漠。然而，在紐約市中心的摩天大樓裏卻上演了一幕與這種常見的情形完全不協調的場景。

幾百名工作人員，有男有女，將他們的一個同事團團圍住，獻上了對他的一片熱愛。他已經接到了升職命令，同事們紛紛前來向他表示祝賀，祝他一切順利。他們都感到很開心，一直到他發表上任演說的那一刻，人們才知道，道別的時刻來臨了，這位昔日的好同事馬上就要離開這裏了。

先是一個負責速記和接電話的女孩開始嗚咽起來，接著，在兩分鐘的時間內，在場的所有人

幾乎都落淚了，這些眼淚充分證實了人們對他眞摯的感情。

這些員工就是美國鋼鐵產品公司的雇員，而這位先生就是他們的負責人詹姆斯・A・法雷爾。他已經獲得升職，從紐約分公司總裁變成了擁有幾十億資產的總公司總裁。

在美國政府對鋼鐵公司進行調查的那段日子裏，法雷爾先生一次次地站在證人席上，各大報紙的記者把他描述成爲一台機器而不是一個人，在他肩上扛著的不是一顆人頭，而是潘朵拉的盒子，裏面裝滿了各種超越正常範圍的數位和知識，他永遠像斯芬克斯一樣的面無表情，說話的時候幾乎看不到明顯的嘴唇運動，他簡直就是一尊雕塑而不是一個活生生的人。「一個只有理性沒有感性的人」是外界對他的寫照。

然而實際上，法雷爾先生卻有著一顆熱忱的心，只不過他不會那麼明顯就表現出來，他沒有前任總裁查爾斯・施瓦布那樣具有征服力的笑容，在會見或歡迎任何人時候，他都不會有太過熱情的寒暄，這個社會流行表面的客套，可他一點都不受影響。

一項經過了認眞調查研究的分析表明，詹姆斯・A・法雷爾是一個極具同情心的人。他的一個法國好友說他的同情心已經超過了正常的限度。他對人性的瞭解和對鋼鐵的瞭解一樣透徹，儘管一直以來，他在發展美國的鋼鐵工業方面的興趣要大於其他任何人，但是，他卻更加關注如何提高和改善那些在高爐前揮汗如雨的工人們的生活狀況。他長期爲美國鋼鐵尋求國外市場，並沒有影響到他爲改善美國工人的生活狀況而努力。實際上，自從他作爲一名年輕工人進入線材廠以來，美國鋼鐵廠的情況就開始發生了革命性的變化，這一切在很大程度上都是法雷爾先生一直以來努力的結果。

或許，他與生俱來的愛爾蘭式幽默使他能夠在國內外成功地迎接挑戰、面對對手。身爲一個每年產值幾十億的鋼鐵公司的總裁，肩上巨大的責任並沒有改變他對幽默的追求，也沒有影響到來自法雷爾內心深處的那份童眞。休假時候，尤其是當他去海邊游泳、去騎馬或者自己駕船出海時，他喜歡與家人和朋友開玩笑。

讓我們從頭來回顧一下法雷爾先生的職業生涯吧。

詹姆斯・A・法雷爾一八六三年二月十六日出生於美國康乃狄克州的紐黑文。在當地的學校讀書時，他對地理學產生了濃厚的興趣，他學著按照記憶畫地圖，並且能夠正確地標出重要的城市、港口和河流。他努力地記住自己學過的每一樣東西，這使他本來就很好的記憶力更加優秀。法雷爾家族幾代人都是遠航出海的船員，當詹姆斯還是個孩子時候，父親就帶他航海旅行過幾次。異域的風光更加激起了他對地理的熱愛。

有一天，老法雷爾的船（他既是船長也是船主）從紐約港出發後就再無音訊。

他的大學夢就這樣隨著船的消失而破滅了。最終，他沒有進入大學，而是進入了一家線材廠當了一名工人。儘管他只有十四歲半，然而他結實的身板和良好的健康狀況，令他能夠承當起一個成年男子的工作，他從來沒有被體力活難倒過。每天十二小時的體力勞動，也沒有減弱他對學習的熱情，在工廠裏度過整整十二小時後，他回到家裏就立刻投入到書本知識的學習中。他雖然年紀小，但是他卻很喜歡拿東西做交換，也喜歡參與其他一些少年的交易事務中來。他現在的理想是做一名銷售人員。

他一邊做著一名普通工人的工作，一邊尋找機會做一名銷售人員，十四個月後，他得到了一次升職機會，成爲了一名技師。在這個崗位上，他學會了拉製各種規格的鋼絲，從頭髮絲那麼細再到纖繩那麼粗。不到二十歲，他離開了紐黑文線材廠，以拉絲專家的身份去了匹茲堡奧利弗線

材公司，在他有權投出第一張選票（具有公民權）之前，他已經是廠裏領導著三百名工人的工長了。

然而這次，他卻日日夜夜努力要成為一名銷售人員。他除了掌握拉絲工藝中的每一個技巧之外，還刻苦學習鋼鐵工業中其他分支行業的知識，而且還通過系統的學習提高了自己的總體文化水準。二十三歲時，他達到了自己設定的目標，他的公司任命他為負責整個美國業務的國內銷售人員。

他理所當然地獲得了成功。實際上他非常成功，三年以後，賓夕法尼亞布拉多克最大的匹茲堡線材公司就任命他為銷售經理。他的辦公室設在紐約的總部大樓，這一切讓他有機會碰到鋼鐵行業其他一些有影響力的人物，同時也增加了他的見識，開闊了他的眼界。

在這裏，他又一次做出了非凡的成績，年僅三十歲時，他就成為整個公司的總經理。

「他能夠成為一名成功的銷售人員背後的原因就是」一個瞭解他的人說了這樣一番讓我印象深刻的話，「他對從鐵礦算起的整個行業有一個徹底的瞭解，所以，他不僅僅能夠詳實地介紹自己的產品，而且還能根據客戶的目的和用途提出良好的建議，告訴客戶哪一種產品最適合他們。他並不採取當時頗為時尚的方式和客戶建立業務關係，他既不會帶客戶去沙龍，也不會帶他們去酒吧，然後透過飯局簽訂合同。他是個滴酒不沾的人。他甚至不是一個很好的交際家。他不是透過能言善辯，而是以更實實在在的東西來贏得客戶。他是一個能帶給你驚喜的陪同者，他的愛爾蘭智慧總是源源不斷，那些思想正統的人發現他是一個非常好的談話對象，因為他閱讀廣泛，知識淵博。他是一個名副其實的超級推銷員，他對產品的瞭解程度要多於百分之九十的生意對象對產品的瞭解。他還因自己的直率而出名。吉姆・法雷爾的話是靠得住的」。

法雷爾先生並不像許多美國人那樣，把目光局限在美國境內。從孩提時代起，那個光著腳丫在父親的船的甲板上蹦蹦跳跳的小傢伙就已經知道，在大西洋的彼岸，還有著很廣闊的一片世界，他也知道太平洋海岸和南里奧格蘭德。他被選爲匹茲堡線材公司總裁那一年，正好是一八九三年大恐慌那一年，鋼鐵行業正處於疲軟時期，所以，他上任的頭一年險些就成爲了一個糟糕的總經理。誰也不會買太多的東西，該怎麼辦呢？多數商人在這種情形之顯得下毫無辦法，只能找藉口聽天由命，「我們只好等這場危機過去，一切恢復正常再說」。

法雷爾不會以這種方式等著訂單自己找上門來，他會去主動出擊尋找訂單。這個時候，他已有的知識發揮了作用。此前，他對國外許多國家已經進行過認眞的研究，掌握了和這些國家有關的大量內部資訊，比如說，支柱產業有些什麼、對鋼鐵的需求量有多大、關稅是多少。

他立刻開始對國外市場展開了強有力的進攻，截至十二月三十一日，他已經將一半的產品銷往了國外市場。這一業績已經在鋼鐵貿易行業被人們傳爲佳話。

連續三年來，法雷爾就住在布拉多克距工廠幾步之遙的地方，許多時候，他都會在半夜時分被人們叫起來，去處理工廠裏的一些突發事件。他對待工廠就像母親對待孩子一樣細心呵護，工廠自然而然就會茁壯成長。他在任的六年間，公司雖然沒有注入任何追加資本，但是其資產卻擴大了三倍。

一八九九年，公司的股權被約翰・W・蓋茨和其他幾個人購買後，重新成立了美國鋼鐵線材新澤西公司。新公司海外銷售代理的職位自然就落在了法雷爾先生的頭上。一九〇一年，美國鋼鐵公司成立後，美國鋼鐵線材公司變成了他的一個重要的分公司。法雷爾先生又一次以全票通過的結果被選中，爲這個巨大的鋼鐵企業發展海外市場。公司選擇法雷爾先生來負責這項艱巨的任

務是必然的，他做爲對外貿易的大師，已經徹底地將其他人遠遠地用在了後面。

爲了將子公司的一切海外市場活動協調化，一九〇三年，美國鋼鐵製品公司也被合併，由法雷爾先生來出任總經理。他在這裏取得的卓著成績，爲美國的對外貿易史寫下了嶄新的一頁。

頭一年，也就是一九〇四年美國鋼鐵公司及其子公司的海外銷售總額爲三千一百萬美元，到了一九一二年，這一數字已經超過了九千萬美元，一九一六年時，銷售額已創下了超過兩億美元的記錄。法雷爾先生接手時，每年海外銷售的成本占到了百分之七到百分之十一之間，而現在降到了不到百分之一，他希望最終能夠保持在千分之五。他在六十多個國家建立起了二百六十個代理機構，這些代理機構幾乎遍佈了全球。法雷爾先生很快就發現，擴大的業務引起了船隻不足，於是他建議公司自備船隊，額外包租船隻。現在，公司自有貨船或長期包租的貨船約爲三十到四十艘之間。每年的出口總量爲兩百五十萬噸，平均每兩天就裝載三艘汽船。美國鋼鐵公司的貨船遠赴其他船隻從未到過的地區，把其他船商，包括競爭對手的貨物也帶到了這些地方。

經營的產品囊括了一切鋼鐵製品，從銷往中國的特製鐵釘，到運往冰島的鐵橋；從運往巴勒斯坦的線材再到賣給南美洲的三角天帆，無所不有。

只有那些曾經嘗試過開闢新市場的人才能夠理解，建立起這樣的一個公司需要付出多少辛勤勞動、需要具備什麼樣的技巧、需要擁有多麼大的耐心。如果法雷爾先生不具有非凡的國際運輸知識，他今天就不可能開闢出這麼多新的貿易管道。思維活躍的丘納德・萊恩曾經把法雷爾先生描述成爲「一個不小心入錯行的好船東」。如果他在前幾年沒有經歷過這方面的鍛鍊，也不會獲得這樣好的結果。綜合全面的研究，加之他令人稱奇的記憶力，使得他能夠對一些複雜的事情進行計算，比如說，每個國家的關稅、不同國家的鐵路和海運設施及費用，以及可能會遭遇到的競爭程度。所有這一切都沒有現成的資料可查閱，也不可能不停地往國外發電報去詢問。

據法雷爾先生當時的同事，繼他之後的鋼鐵製品公司的總經理P．E．湯瑪斯稱：「法雷爾先生一個人幹四個人活，他好像什麼都知道，什麼都能記住。他的工作能力強得驚人，在辦公室工作一整天後，他會將一大堆公司材料帶回家，然後就像他說的那樣，在晚上將它們『清理』完畢。他常常一天工作十四小時。每天我們都會收到幾百封電報和信件，在這一大堆資料當中，他會設法選擇出最重要的一部分將它們全部處理消化掉，並且親自回復很大一部分。他的這種工作方式令人爲之震撼。」

「當然，我們每個人也很努力爲他工作，因爲沒有誰能夠比他更有人格魅力。每個雇員都把他看作一個如父親般能夠依靠和信賴的人，無論是家庭事務還是其他問題，他都能夠給你指導，表示出同情。」

當鋼鐵公司總裁職位空缺之後，對於誰將是最理想的人選，人們有稍稍不同的意見，但是，詹姆斯．A．法雷爾的支持率要高出別人許多倍。他對鐵礦的開採、運輸、以及如何將它轉變爲鐵和鋼的每一個細節都瞭若指掌；他熟知生產各種鋼鐵產品的每一個過程；他不僅知道如何在國內銷售產品，更重要的是，他知道如何能讓美國的鋼鐵產品走向世界。當然，這也是這個最大的鋼鐵公司中靠人力所能達到的史無前例的目標。

「吉姆．法雷爾還有另外一個能力。他知道如何激勵工人，獲得他們的忠誠。比如說，有一次，他去視察一個鐵礦，主管提醒他，千萬不要進入礦井的某一部分，因爲頂部的石板有可能會掉下來，很危險。「不是有人在那兒工作嗎？」法雷爾先生問道。主管回答：「是的。」法雷爾先生答覆道：「很好，如果有人能夠在那裏工作，那麼我也一定能夠進去。」說著，他進了礦

井。這件事情傳遍了整個礦區，一名記者就此還寫了一則報導。當報紙被大量印刷，並引起人們的廣泛評論後，法雷爾先生竟然覺得很吃驚，因為他根本就沒覺得自己做了什麼特別的事情。但是，他從此留給礦工、鋼鐵工人和其他雇員們的印象卻是：成功並沒有改變法雷爾先生的特質，他仍然把自己看作是工人中的一員。

在他剛剛被選為鋼鐵公司總裁之後，一位朋友邀請他去加入一個戲劇聚會。當他們到達戲劇院後，法雷爾先生說什麼也不肯坐在廂內的貴賓席上。他的照片已經被刊登在全國發行的報紙上，所以他擔心被部分觀眾認出來，或被人們盯著看，更別說是和人們侃侃而談，被簇擁著來到鎂光燈下了！

當他偶爾休假時候，他最喜愛的娛樂活動就是駕駛他自己的船，和他的家人，有時也和幾個朋友一起出海。他的大多數慈善活動是為無家可歸的兒童提供住所和醫院，在這方面，他不是很出名。

當我問到法雷爾先生，他從生活中領悟到了什麼，他能夠給無數想要獲得成功的年輕人傳達一些什麼經驗時，他引用了下面一些內容作為必要條件。當然，他還補充了其他一些理所當然的品質，比如誠實、正直。他說：

「要勤於做事。一件工作無論看起來多麼不重要，也一定要把它做好。」

「要集中鑽研一個行業裏的特定領域。」

「要培養自己的記憶能力和實踐中的想像能力，培養分析情況的能力，以便能夠推出新的計畫及方法。這也是一種創造力。」

法雷爾先生有一次在接受採訪時重點回答了如何才能有強大的記憶能力。這段採訪被刊登在了《美國雜誌》上，下面是一部分。

「要想開發記憶能力，首先要付出努力，很大的努力。時間長了，良好的記憶力就成了一件自然而然的事情。要有意識地培養將事情記在腦子裏的習慣。」

「柯南多伊爾在他的文章中提出了一個很好的觀點：必須集中注意力。你的大腦裏絕不能有其他沒有用的精神垃圾，你必須把注意力全部集中在你感興趣的事情上，把你不感興趣的事情全部從記憶中刪除。這種記憶清理不僅需要季節性清理，而且每天都要清理，也就是說，為有用的資訊騰出更多的記憶空間。」

「詹姆斯・J・希爾可能是美國記憶力最好的人之一，他曾經說過，人們對感興趣的事情總是記得很快。任何想要在自己行業或者是想在某個專業中獲得全面知識的人，一定不能在自己的意識中詳盡儲存其他的一些事情。比如說，對於鋼鐵行業，我一直在盡自己所能記住與其相關的所有資訊，就像鐵礦開採、加工、銷售、運輸等分支領域。但是，為了在我的大腦中更多地儲存業務資訊，我絕不會在自己的腦海裏保留任何關於政治和壘球方面的詳細資料。」

「要吸收對你重要的東西。這些東西也就是一切和你所在領域有關的事情。要消除一切無關緊要的、枝節性的東西。這世上沒有一個人的大腦會有足夠的腦細胞，能夠記得住世界上所有學科的詳細內容。不要讓自己的腦細胞因負擔過重而運動緩慢，我們只能把它們用在一些關鍵的資料上。增加和提高有用的資訊的儲存量，會讓你在自己的活動領域中發揮更大的用處。」

我問道：「一個年輕人要想提高自己的記憶能力，要從哪方面做起呢？」

「最能夠為良好記憶打下基礎的，就是培養一個人的工作能力。好的習慣也能起到作用。粗心大意的習慣往往讓人精力不集中，這樣一來，記憶也會隨之減弱。清醒的頭腦對於記憶是必要

的。」

「一個人的思維能力是隨著輸入大腦的資訊而增加的，這是一個基本的事實。年輕時期是一個人思維和記憶最敏感、最持久、可塑性最強的時候，因此，早期對思維進行正確的訓練尤爲重要。將記憶中沒有用處的、成爲負累的資訊清理出去，其難度不亞於獲取新的、更好的知識。事情一旦從一開始沒有做好，就全完了，通常我們要爲此付出很大的代價。就像這個世界上其他一些值得去做的事情一樣，一個好的記憶需要爲此付出努力，任何人只要他想要訓練自己的記憶力，就必須做好準備爲之付出代價。他必須準備好放棄沒完沒了的娛樂時光，雖然說娛樂並沒有什麼壞處。在成長的歲月裏，他不能總想著讓自己帶著炫目的光彩，頻頻活躍在社會或社交圈子裏。別人玩耍時，他必須學習。他的閱讀內容很大程度上必須限定在對他有所幫助的書籍、雜誌和報紙之內，這些內容會幫助他更好地瞭解或理解自己決定要掌握的業務或學科。他必須最大限度地利用業餘時間，決不能白白將它們浪費。」

美國政府對美國鋼鐵公司提起訴訟時期，他曾作爲證人接受審訊。法官向他發問：「你能否記得在一九一〇年和一九一二年，美國鋼鐵公司每一個子公司的對外貿易額分別占其貿易總額的百分之幾？」

下面是他給出的回答，這份回答並沒有參考任何筆記或數字。

「是的。卡內基公司在一九一〇年占百分之二十一，一九一二年占百分之二十四；國民管材公司在一九一〇年占百分之十，一九一二年占百分之十二；美國板材和鍍錫板公司在一九一〇年占百分之十一，一九一二年占百分之二十；美國鋼鐵和線材公司在一九一〇年占百分之十七，一九一二年占百分之二十；洛蘭鋼鐵公司兩年都占百分之三十；美國橋樑公司在一九一〇年占百分之六，一九一二年占百分之八點五；伊利諾斯鋼鐵公司在一九一〇年占百分之一點二，一九一二年占百分之二點四。」

一個律師這樣評價道：「那個人的大腦簡直就是自動點鈔機和計算器的組合。」

法雷爾先生的聰明才智、詳盡的知識和解決出口貿易問題上的必要計算，都是通過解決實際問題日積月累起來的，比如說，他能夠想辦法以極低的成本，將貨物從紐約運到英國哥倫比亞、溫哥華，他的成本低到了能夠和當地生產商競爭的地步。

歐洲可以以每噸五到六美元的價格發貨，而匹茲堡發貨的成本為每噸十八美元。於是，法雷爾先生開闢了一條新航道，從紐約港出發，途經麥哲倫海峽，在南美西海岸和墨西哥各大港口停靠，最後到達溫哥華。

律師問道：「這些汽船又是怎樣返回紐約的呢？」

法雷爾先生做了如下回答：

「通過其他的商業活動，我們可以划算地讓商船周遊全世界，從而將美國的鋼鐵運往英國哥倫比亞。汽船在普吉特海灣裝載著煤炭和木材運往加利福尼亞海灣，即運往瓜伊馬斯或馬薩特蘭。然後繼續前行到達一個叫聖羅薩里亞的地方，在那裏，從一個羅斯柴爾德家族開的伯萊奧礦產公司裝載銅錠，從那裏再到法國敦克爾克或英格蘭的斯旺西把這些銅礦賣掉。在那裏，他們裝好貨物後，又一次出發穿越大西洋返回這裏，準備下一次的三角形之旅。返航時，他們通常裝有白堊，或其他一些物品。就在剛才，我們從斯旺西運回來一船錫板。」

問題：這些船每出航一次往返大約需要多長時間？

法雷爾先生：七個半月到八個月之間。

戰後的國際經濟情況必然會出現好轉，一想到美國最大的鋼鐵公司能擁有像詹姆斯・A・法雷爾這樣的領導，我們就深感欣慰。他是我們民族的瑰寶。

12

締造汽車王國的國王
亨利・福特

在過去的五年當中，亨利．福特在整個美國和歐洲的知名度排名中上升最快，對他的負面評價也最多。關於他的個人生活，人們褒貶不一，給予的詆毀和稱讚也超過了其他任何人。

他被人們稱爲最愚蠢也是最聰明的人。

他被人們稱爲理想主義者和詭計多端只顧自己的利己主義者。

他被人們稱爲人道主義者和苛刻的工頭。

他親自導演了足以載入史冊的「福特和平號船」行動，前往歐洲執行「在耶誕節前解救歐洲於戰爭的水火之中」的任務。這次行動被人們譽爲歐洲戰爭中最崇高的事件，同時也被人們指責爲從這個「愛譁衆取寵的人」腦子裏冒出來的最幼稚可笑的想法。

他的「工人每天人均五美元計畫」大受歡迎，該計畫被看作是工業時代一個嶄新的更好的開端。同時，它也因其對參與者帶來不利的一面以及對各種經濟理念的相悖性而受到了人們的嘲諷。

他的大型工廠已經被人們描述爲一個統一化的模式，他用人們從未想到過的最有創意的發明實現了將人類的勞動機械化。每個工人都被迫在巨大的壓力下做著如鐘錶般準時、快速、而又單調乏味的工作。

在有些人看來，他取得的這些輝煌業績也不過就是用來標榜個人的高明手段而已；而另外一些人則認爲，他做的一切是有益的，是單純從利他爲出發點所做出的努力。

有人針對他給出了這樣的批評：「他裝出一副鄙視金錢的樣子，卻在過去的幾年中爲自己聚斂了幾百萬美元，大概除了洛克菲勒，誰也沒他賺得多。」然而他的崇拜者卻堅信，福特比任何一個現代億萬富翁更不在乎金錢，如何將自己的錢花在有用的地方，他在這方面考慮最多也最爲

迫切。

許多人認爲福特是一個簡單樸素的人，而且是最可愛的人；而也有一些人認爲他已經徹底昏了頭，鬼迷心竅地認爲自己就算不是全世界，也是全美國最偉大的人，能夠實現一切不可能的事。

他的一些朋友稱：「就算有這麼多錢，他的生活也照樣是那麼簡單樸素，就好像他仍然還是一個機械師一樣。」但另外一些人卻反對這種說法，他們認爲，他現在很喜歡與美國總統、愛迪生、與其他一些知名人物在鎂光燈下親切交談，樂此不疲。他現在已經不滿足於在密西根不惜動用百萬鉅資，買下一幢五千英畝的別墅，他必定會在陽光充足的南部最時尚的富人區購置一處豪宅。

福特是一個先知，是一個超人。他比全美國任何其他經商的人都更能夠讀懂人性，瞭解人類現有的狀況，熟悉他的人說，他自詡這輩子也沒讀過一本歷史書，他就喜歡這種絕妙的無知狀態，並且自吹自擂說他不需要任何來自過去的經驗做指導就能解決人類現在和未來的一切問題。

「最忠誠最可愛的朋友」和「任何有自尊心的人都無法和他相處」是對他的截然相反的兩種評價。

福特汽車比現代世界上任何東西或任何人更多地成爲了人們笑柄，但是，在所有靠人類的大腦設計出的汽車中，人們購買最多的也是福特汽車。

亨利・福特到底是怎樣一個人呢？他到底是一個惡棍還是聖人、愚人還是智者、利己主義者還是利他主義者呢？他是這世上眞正的偉人之一呢，還是一個普通的機械師，只不過是運氣好，偶然想起了一個好主意，又恰巧能找到幾個願意幫他一起開發研究的好朋友？

根據我對他的分析，亨利．福特是一個工作努力、有理想有抱負的機械師。在追求自己理想的道路上，他克服重重困難和阻力，最終獲得了與自己的頭腦與人格相應的成功。他有幸和幾個有實力的企業家交了朋友，他們幫助福特尙未成熟的事業能夠在正確的方向上發展前進。福特不僅對於生產性能良好的機械感興趣，而且還對培養態度正確的工人感興趣。遺憾的是，他陶醉於自己的成功中，一葉障目地認爲，他的能力和金錢能夠使他獲得這世上的一切有才華的人，哪怕是超人。

然而，他的動機一直以來都是無懈可擊的，也是光明正大的，在他的思想裏一刻也不曾有過自我標榜或自我榮耀的自私想法。他是一個徹頭徹尾的人道主義者，是一個理想主義者，他本著爲勞動階級的利益著想的原則而推崇工業改革。他鼓吹說不需要過去人類歷史的經驗，他對經濟規律的無知，以及他後期的傲慢直接導致他做了一些本不應當做的事情。他的雙手和意圖值得人們欽佩，但是他的一些所作所爲卻無法成就他的聖賢之夢，雖然他一直都很渴望。

亨利．福特，就在被他那連神仙也不免爲之動心的財富蒙了雙眼，失去判斷與遠見能力前，是最謙虛可愛的人。他思想單純，所有的想法都是以人爲本，決意要爲廣大的勞動人民創造更好的生活。那個時候，他是那麼的眞誠，他的動機總是出於人道主義，他從來都不曾想過爲了賺錢而賺錢，他頻頻出現在聚光燈下也並非出於對名聲的渴慕及任何的私心。然而，不幸的是，他似乎承受不了突然之間降臨到他身上的成功和國際名譽，這一切所帶給他的壓力幾乎和在此之前的逆境帶給他的壓力同樣大。

可話又說回來，他要是沒有缺點就不是人了。他已經做了這麼多好事情，他已經爲其他的企業家樹立起了人道主義的典範，他的成就是如此的值得誇讚，他的動機是如此的無可指責，所以

一味地對他進行毫不偏袒的批評似乎顯得有點不大光彩。

亨利．福特的早期職業生涯對於美國的年輕人來講是一個激勵。亨利．福特，一八六三年七月三十日出生在密西根州底特律附近的格林菲爾德。他的父親在那裏擁有一個三百英畝農場，小福特就出生在父親的農場裏。除了比其他孩子更喜歡擺弄機械玩具以外，福特從小與附近一帶的男孩並沒有什麼區別。據人們說，他還是個孩子的時候，一個星期天沒有去教堂，而是去給一個有一塊新手錶的小夥伴展示他的本領，他能夠將手錶的每一個齒輪和螺絲拆開，然後又能完好無損地重新裝上。據說，他還在學校裏讀書時，就利用一些零星的部件做了一台發動機。他爲自己的發明感到驕傲，但是卻因對它沒有太多熱情而懊惱。

在他未滿十六歲的一天裏，他沒有按照課程安排去學校上課，而是跳上了開往底特律的火車。他冒失地走進了一家名叫詹姆斯弗勞爾蒸汽機公司的生產工廠，接受了一個每週二點五美元的工作。他成功地找到了一個老婦人，願意以每週三點五美元爲他提供食宿。爲了平衡開支，他得出去再找另外一份工作。他說服了一個珠寶商，以每週兩美元的工資每晚爲他工作四個小時。他從早晨七點到晚上六點，再從晚上七點再到十一點，每天工作十五小時，只剩餘六個小時的睡眠時間。

年輕的福特很快就證明了自己在機械方面的能力，實際上，他已經能夠爲目前工廠所採用的效率低下、耗費勞動力的方法找出不足之處。他十分肯定，他能夠自己將事情做得更好。到了第九個月末，他的工資漲到了每週三美元。但是兩周後，他辭掉了這裏的工作，去了德賴多克引擎工廠，在那裏，他可以學到新的知識——航海機械的生產。他自己估計了一下，這種擴大知識面、增加閱歷的機會值得用每週少賺五十美分的代價去換取——他的新工作工資爲每週二點五美元。但是，這個數字沒有保持太久，沒過幾天，他的工資就翻倍了。

這樣一來，他就可以放棄自己的夜間工作，因爲他並沒有什麼額外的開銷。「多餘的錢對我來說並沒有什麼用，我從來不知道該拿多餘的錢來做什麼，因爲要想揮霍掉這些錢，我還得拼命想一想要怎麼去做。錢是世界上最沒用的東西。」這是他的格言，以前是，現在還是。

根據羅斯・懷爾德・萊恩的傳記小說《福特》中的記載，就在他生命中這個階段的歲月裏，他成爲了德賴多克工廠裏其他男孩子中的一員，和他們一起嬉戲玩耍。然而，他很快就變成了這些男孩中的一部分人的領導者，因爲他總是用自己遠大的志向激勵著他們。福特其他一些早年的故事均取材於這部傳記。

福特計畫建一個手錶工廠，同時還做了令其他人滿意的論述，手錶廠每天可以用每塊三十七美元的成本生產出兩千塊手錶，這些手錶可以賣到每塊五十美元。他們先大量購買原材料，然後在他夢想的工廠裏，從設備的一端開始，然後，在很短的時間內，在設備的另一端，一塊完整的成品手錶就生產出來了。這其實正是福特現在所做的事情，只不過現在出來的是汽車而不是手錶；每天的產量不是兩千，而是三千；成品的銷售價不是五十美元而是幾百美元。

「那麼資金問題怎樣解決？」其中一個滿懷期待的合作者，同時也住在這個空中樓閣中的小伙子問道。

還沒等福特想出辦法來解決這個小小的問題，他就被家裏人叫回去照顧農場，因爲父親受傷了，哥哥生病了。唉，就這樣，他給這群年輕人的百萬美元承諾泡湯了，這個世界也與五十美元的福特牌手錶失之交臂了。

在農場上又度過了兩三年時光後，一八八八年，他同鄰近一個農場主的女兒克拉拉・J・布

萊恩特結婚了。他們在四十英畝的福特農場上有了一個舒適的家。

現在，福特有時間在晚上繼續研究他的機械方面的東西了。有一次，他在閱讀一本機械方面的雜誌時，偶然看到一篇文章，介紹了法國的一位農民發明的一種不用馬拉車就可以自動行走的馬車。這個創意點燃了他想像的火焰，他動身去底特律購買材料，決心要做出一個發動機性能更好的自動馬車來。底特律最近採用了火力蒸汽機機車，當福特到達底特律車站時，碰巧看到這種機車以每小時十五英里的速度呼嘯而過。這種發動機攜帶著一個巨大的蒸汽鍋爐，而蒸汽鍋爐體積龐大、笨重、安裝不得體，自身就消耗了整個驅動系統的很大一部分能量。福特立刻就看出了這種多餘的體積和重量所帶來的浪費，決定要想出一個辦法改進一下。

經過反復思考之後，他終於決定，用汽油來做驅動燃料。然而，要想將他的想法付諸實踐，他還必須掌握全部電學方面的知識。可他只有一本書是和這些神秘電流有關的。

他不顧鄰居的議論、家人的傷心和妻子的哀求，毅然決定要去底特律找工作。格林菲爾德的父老鄉親一致認爲，可憐的福特一定是瘋掉了。

就在福特和他妻子租到房子的同時，福特在愛迪生電力照明公司找到了一份工作。命運女神似乎格外青睞於他。愛迪生照明公司變電所的一台發動機壞了，負責這項工作的工程師卻怎麼也修不好它，福特能讓這台頑抗的發動機聽話嗎？他覺得自己可以試試看。就這樣，幾乎在一眨眼的功夫，那台發動機伴隨著有節奏的轟鳴聲，又重新開始了順暢的工作。於是福特留在了那裏，以每月四十五美元的工資成爲這個變電所的夜班工程師。半年後，他被調到了總部，以每月一百五十美元的薪水當上了機械部的部門經理。

福特發現，這個公司多年來存在的問題主要是由於工人們每天工作十二小時，卻仍然效率低下所導致的。他率先引進了工人的八小時工作制，當然，除了他自己，他每天至少要工作十二小時。他這樣的做法極具特色。

不斷積累的財富讓他能夠有實力擁有一個自己的家。這位機械師在妻子的陪伴下每晚挑燈夜戰、辛勤工作，終於有了一個簡單的家和寬敞的工作室。然後他定下心來鑽研他的「汽油驅動馬車」。

就在那間簡陋的工作室中，這位名不見經傳的機械師正在創造著歷史。他承受著發明家和先驅者都經歷過的痛苦，每天晚上工作到深夜，拒絕了一切社交和娛樂活動。他滿腦子想的都是這個耗費腦細胞的問題：如何才能研究出一種能給運輸業帶來一場革命的發動機。他的鄰居們看到每天晚上從這座破舊的房子裏透出的燈光徹夜不滅，開始覺得他是個古怪的人。在他下班回家的路上，鄰居看到他都面面相覷，然後拍拍自己的前額，用這個表示遺憾的動作，他們似乎在說，這個人並不令人討厭，只可惜瘋了。

時光荏苒，轉眼間幾個月過去了。有一天晚上，午夜已過了很久，外面正下著傾盆大雨，福特先生冒著雨，將剛剛裝好的老爺車「嘎嚓、嘎嚓」地開出了自己的工作室，開到了愛迪生大街上，福特太太在人行道上跟著他。他就這樣沿著街道讓車子爬行了幾個街區，突然意識到，自己還沒辦法讓它掉頭回家。他停下來，從車裏出來，費勁九牛二虎之力又是拖又是拉，好不容易才讓它轉了過來，然後帶著勝利回到了工作棚。福特汽車是一件眞實的東西，儘管它只是在馬車框架上裝了一台「呼哧呼哧」的單缸引擎，然後又在下面安了四個改良過的自行車輪胎而已。

當地的報紙報導了這條新聞，然而，由此帶來的小小衝擊很快就平息了。因爲這個東西很不精良，極其簡陋。福特意識到，他在能夠放棄愛迪生公司的工作，全力投入生產他的自動馬車

前，他必須花費很大的精力來對它進行改良設計。這個時候，福特太太家裏有事，得回去和自己的媽媽待上一段時間，所以，福特先生不得不自己做家務。通常在晚上，他在自己的發動機上工作了數小時後，他就會跳上自己的車，開著他來到「咖啡吉姆」這裏，要一個三明治喝上一杯咖啡。吉姆的咖啡店是通宵營業的，兩個人在往來中就成了好朋友。

在長達八年的時間裏，亨利福特每天工作十二小時來養活妻子和兒子，而且還經常花上大半夜的時間來改進他的汽車。到了這個時候，汽車已經是一件很時髦的東西了，它們是昂貴的奢侈品，只有富人才會去考慮。福特的想法是要生產一種便宜的、讓每個普通收入的人都能買得起的汽車。最後，他設計了一種雙缸發動機，這種發動機性能良好，然後做了一輛成品汽車，把它開到底特律大街上做廣告宣傳，希望能夠籌集到足夠的資金，然後做一名眞正的汽車製造商。但是，沒有一個資本家敢冒風險資助他的企業。

福特並沒有失去勇氣。從那時起，他就有了這樣一條座右銘：「任何信念，只要出發點是爲大多數人謀福利，最終都會贏得勝利。」他知道自己會贏。

最後還是咖啡吉姆解救了他。他資助了福特，使他能夠放棄愛迪生工廠裏的工作，製造一輛跑車來參加在格羅斯波因特舉行的汽車大賽。福特趕在賽前完成了他的雙缸賽車，但是，當他將自己的車拖出去，與威風凜凜、戰績彪炳的亞歷山大・溫頓同場競技時，觀衆席上傳來一片哄堂大笑。福特，這位默默無聞的車手是參賽者中唯一的一個敢於挑戰這位著名冠軍的人。

但是，嘲笑聲很快就變成了歡呼聲，這輛小小的跑車以飛快的速度在跑道上跑了一圈又一圈，他獲勝了。

僅僅一輪比賽就讓福特成爲了美國最著名的汽車大賽選手。人們紛紛湧上前來想要知道是誰製造出了這麼一台奇蹟般的汽車。福特謙虛地承認，自己就是這輛車的製造者。

各大媒體的注意力立刻就集中在福特和他的車，以及他的工作室上。現在，終於有人肯出資贊助了，但條件是：生產什麼，要受出資人的控制。他們想要生產價格爲幾千美元的豪華車型，而福特的夢想是建起一個流水線作業的汽車生產廠，就像他在兒時的手錶廠白日夢中想的那樣。所以，那個時候，福特汽車仍然沒能夠誕生。

然而，畢竟還有幾個不是十分貪心的人對福特和他的計畫感興趣。他們籌集了足夠的錢財讓福特製造一輛汽車，好在下一次的比賽中讓這個世界大吃一驚。這次，福特製造了一輛四衝程、八十馬力的怪物，由巴尼·奧德菲爾德來駕駛，在三英里項目中，他以領先半英里的優勢獲得了冠軍！這一消息傳遍了全球，並帶來了建立一個公司所需的資本。福特成爲了公司的副總裁、總經理，還兼其他一些頭銜，薪水爲每個月一百五十美元。福特終於看到了讓自己夢想成眞的希望。但是，由於類似的原因，他註定要再一次失望了。他的新贊助者希望生產豪華的大型車，並且以百分之二百到三百之間的利潤出售。然而福特始終不肯偏離他的計畫，他要製造的是適合大衆消費的，人人買得起的汽車。這次衝突讓年過三十、還要養活老婆孩子的福特陷入了一沒資金二沒工作的境地。

詹姆斯·卡曾斯和另外一兩個人堅持福特的觀點，他們艱難地湊夠了錢，租了一個大一點的廠房，雇了兩名工人，購置了材料，開始少量生產廉價汽車。公司名義上有十萬元的資金，但實際上只有一萬五千美元到位。福特簡直是沒日沒夜地在工作。他的兩個機械師也跟著他心甘情願地加班。客戶主動地來到他的廠房，預先支付車款來購買汽車。沒過多久，福特的工人就增加到了四十人，原物料的採購量也變大了。他得到了足夠長的信用期，能夠讓他將原料轉變爲成品

汽車後再付原料款。他把能夠存下來的每一分錢都投入了公司的發展，他的工資也不是很高。然而，公司時常還是處在勉強維持開支的境地。很快，他的銷量成爲了每年一千輛，每輛車九百美元。

冬天的來臨很有可能就會意味著訂單的減少。那個時候，福特醞釀著一項計畫，要用他的全新四衝程車打造一台打破世界記錄的跑車。在一片冰封辛克萊的湖上，福特親自以每英里三百九十一點五秒的速度駕駛著他新的跑車，以令人震驚的成績將世界記錄降低了七秒鐘。這會爲明年帶來大量的訂單。

故事還沒講完。當福特從他技驚四座的表演中返回工廠時，他卻被告知，公司已經沒有能爲工人們發工資的現金了！更爲糟糕的是，馬上就要到耶誕節前夜了。當他的工人們結隊來到他的辦公室前討工資時，福特把實情徹底告訴了工人們。如果他們支持他，那麼一切將會順利繼續，但是，如果得不到他們的支持，那麼一切就全完了。工人們用自己的忠誠支持了他，在接下來的日子裏，福特汽車的生產方式都足以讓每個人都有所啓發。

這一次是福特事業生涯的一個轉捩點，成功很快不請自來。

一九一四年的一月，福特宣佈要給自己工廠最沒有技術的工人每天五美元的最低工資，並且要將工作時間從十小時縮短到八小時。整個世界都爲福特的計畫而大吃了一驚。這個消息引發了人們大量湧向底特律，員警根本無法控制幾千名情緒激動的求職者，最後，消防部門不得不動用武力，使用功率最大的高壓水龍頭來對付這群烏合之衆。這眞可謂是空前絕後的一次混亂和騷動，最後公司宣佈，在底特律未居住滿六個月的人不予考慮。

實施「工人每天五美元」的前提是要實現某些有待導出的計畫，或者迫使工人們按照福特所提倡的模式去生活，這項計畫的實施對象，其中還包括工廠裏，來自五十五個國家，大字不識幾個的文盲。這種非暴力的強制性手段，在一些工人中引起了一定程度的積怨，事態很快就到了需要想辦法緩和的地步。經由建立英語培訓學校、創建全面的福利部門、提供醫院、健身房或類似場所，以及鼓勵工人們合理分配自己的收入，福特和他的工人們最後取得的成效令人大吃一驚。

因此，到了一九一四年的二月份，在新計畫的框架下，不到一萬六千人，在每天工作八小時的情況下生產兩萬六千輛車。而在此之前，一萬六千人每天工作十小時，生產一萬六千輛車。產量增加了一萬輛，這個計畫徹底奏效了，每人每天五美元的工資一點都不虧！

在我們稱之爲「利益共享計畫」實施的五個月後，效果就顯現出來了。受益者的銀行帳戶幾乎翻了三番，他們所擁有的住房價值也增加了百分之九十，通過合同購買的商品增加了百分之一百三十五。帶有不滿情緒的工人比率從百分之二十三降到了百分之一點五。現在，「利益共享計畫」的合作者包括了幾百名先前極力反對的人，他們曾把它看作是罪孽。福特從他們身上也獲得了很大的利益。正如亨利所說：「修補一個糟糕世界的辦法就是創造一個更好的世界，創造一個美好世界的辦法就是給予人們足夠的物質財富，讓他們能夠安居樂業，從而才會有更大的信心去建設這個世界。」這句話也適用於戰爭、革命以及類似的情況。

安撫完他的工人之後，福特接下來又宣佈，如果產量能達到某個設定的目標，他將拿出一千萬美元回饋自己的客戶。當然，這一目標最終達到了，而且，實際回饋給客戶的大約爲一千五百萬美元。

福特的座右銘之一是：「品質是財富的源泉。」下面是福特汽車公司一九一六年七月三十一日做出的年度財務報表的一部分：

年利潤	59,994,118美元
總業務量	206,867,347
汽車總產量	508,000
所有工廠的工人總數	49,870
日收入五美元或以上的人數	36,870
可支配現金	52,550,771美元

根據計算，一九一六年福特自己手中的股份收益爲三千五百萬美元。難怪福特會說：「我不必爲銀行的事情擔憂，倒是銀行要爲我的事發愁，每年光是要付給我的利息就足夠讓他們捉襟見肘。」

現在，他的汽車年產量已突破一百萬輛大關，每天超過三千輛，而且，工廠星期天還休息。

現在，福特設在底特律的工廠和他的三萬五千名工人，以及他阿拉丁神燈般的流水生產線已經被人們看作是現代工業中最大的奇蹟。每天前來的參觀者人數多達五千人。

現在，福特在加拿大和英格蘭已經有了分廠，愛爾蘭分廠正在建設中。他還計畫在芝加哥、堪薩斯城和新澤西建造工廠。

他從自己的礦井中開採礦石，再把它們熔化在自己的熔爐中，在自己的模具中鑄造出來，再通過自己的工人將它們鍛造出來，總而言之，他盡可能地在原材料方面實現自給自足。

他沒能夠實現的最大的理想是要爲農民提供廉價的拖拉機。子承父業，這個任務交給了福特的獨生子埃茲爾・福特來完成。

福特聲稱：「我希望能夠爲農民創造一種條件，使他們能夠打破農業長久以來的壟斷局面，讓勞動者能夠自由發展。我希望幫助農民從債務中解脫出來，我們能做到。過去，人們對有關農場的各方面沒有足夠的瞭解，但是現在不同了，我們有了電話、照相機、電影和汽車。所以，我們可以在任何時候離開大城市，農民也可以住在鄉下就瞭解到整個世界。昂貴的衣物、用具和交通運輸阻礙著農民的發展，信託機構欺騙農民，銀行對農民的血汗錢敲竹槓，我希望能夠消除這些現象。」

儘管福特一直都稱自己「不信奉國家與國家之間的疆土之別，國家的概念與國旗是愚蠢的東西」，可不久前，福特先生告訴威爾森總統，他能夠安排每天生產一千艘單人潛艇，讓這些小小的航行器潛伏在敵軍船隻下面，然後在敵船的關鍵部位安放一枚體積小威力大的炸彈，在炸彈爆炸前潛入水下，這樣就可以擊沉敵船。然而這種工作似乎和他不大會有瓜葛，就好像在他的新奇農場上爲幾千隻鳥築巢、餵食一樣不太可能。所以，單人潛水艇還沒有出現在任何海域中。

下面兩段著名的話是福特最近說的：

「錢並不能給我帶來任何好處，我不能把錢都花在自己身上。畢竟，紙幣沒有任何價值，它無非就是一種流通媒介，就像電流一樣。爲了我所關注的每個人的利益，我必須讓貨幣以最快的速度流通，一個人絕不能損人利己，因爲損人利己的人最終會以同樣的方式自食其果。」

「我會繼續讓美國國旗飄揚在我的工廠上空，直到戰爭結束。然後，我會把它們扯下來，這樣做有好處。我會在原來的地方升起每個國家的國旗，這些國旗正在我的辦公室設計中。」

現在就給福特來一個蓋棺定論還爲時過早。

13

不做富有的旁觀者，願做勤奮的實踐家

威廉・A・加斯頓

美國有相當多的一部分人靠自己的努力而功成名就，在他們身上都有一種自強不息的精神，他們每人都有一個自己的故事，講述在剛開始時有多麼貧窮，工作有多麼努力，今天，幾乎是白手起家的他們卻獲得了非常大的成功。但有一個人卻是例外。

一個家境富裕的人正禮貌地聽著別人的講話，然後，他脫口而出說了這樣一句：「你們這些人工作是因爲你們不得不工作，你們不工作就得挨餓。除非我自己願意幹活，否則我不需要幹一點點活。正如你們都知道的那樣，我家裏很有錢，但是我卻和你們一樣地努力工作，不是出於必要，而是出於自願。你們別無選擇，而我有選擇餘地。」

說這些話的人並不是紐約東部最大的金融機構的一把手，威廉・A・加斯頓，但他完全有條件可以說這些話。他並沒有選擇一條安樂之道，而是選擇了接受挑戰，並由此獲得了名譽。他不滿足於做一個旁觀者，他決定成爲一名實踐家。

他成功了，加斯頓上校贏得了人們的認可和高度的評價。他不僅在一個方面，而是在三個方面都獲得了成功，當然，他日後可能還會有其他方面的成功。首先他是一個優秀的律師，然後也是一個商人並且管理公司行政，最後是一個銀行家和金融家。他還爲民衆和政界做出了很大的貢獻，瞭解他的人都說，他註定要成爲一個傑出的政治家。

在「拳王」加斯頓的身上絲毫沒有波士頓人的那種很明顯的傲慢。他不僅在政治上主張民主，而且他本人也是個極爲民主的人。他和約翰・L・沙利文、西奧多・羅斯福一樣，都是人們眞正的朋友。約翰・L・沙利文在哈佛大學的拳擊賽中獲得了第二名，而那個時候年輕的加斯頓在一場經典的比賽中則獲得了大學拳擊賽的中量級冠軍。他上大學的那個時候，拳擊比賽就意味著殘酷的搏鬥。

幾乎所有的成功商人都具備善於搏鬥的素質。康芒多·範德比爾特是一名搏擊手，哈里曼、希爾和摩根他們都是搏擊手。一個有志成大事的人必須要有膽量、勇氣和自信，他們必須準備好承擔風險，當他人膽怯退縮之時，他們必須表現出自己的膽識。

離開大學後，加斯頓的勇敢依然伴隨著他的商業生活。新英格蘭有理由對他所做的一切表示感謝。一九〇七年大恐慌時期，工業基地一下子變成了危險區域，最有實力的企業也開始顯得惴惴不安起來，而此時的威廉·A·加斯頓卻一腳踏入了這個雷區，和這場突然發生的災難鬥爭。回顧那個時候，全國上下幾百家銀行開始瘋狂搶購黃金，商人們都被催促著償還銀行貸款。一些有影響力的城市金融機構做出了一些恐慌性舉措，他們像守財奴一樣囤積貨幣，不惜任何代價催借款人立刻還款。

當這一切發生之時，加斯頓涉足金融業還不到幾個月的功夫。但是他在大學裏以及後來在律師界和商業界中展現出來的勇氣，又一次令他的行爲與衆不同。他並沒有像大多數人那樣驚慌失措，而是採取了英格蘭銀行所提倡的、富有歷史意義的策略，在那段處於嚴重危機的日子裏，他充分利用自己的應變能力，鼓勵其他人用自信來戰勝恐慌。當時新英格蘭的許多金融機構都在觀望新英格蘭最大的銀行肖馬特國民銀行的動靜，看看有什麼信號，接下來的路該怎麼走。一些銀行的董事提出，自保是金融規則和生存規則中最重要的一條，金融機構是頭一號應當保持謹慎的機構。然而對於銀行和他應該負起的責任，加斯頓總裁有更長遠、更大膽的想法。十一月十五日，當人們的信心降到了最低點的時候，他給美國每一個和肖馬特銀行有關係的銀行發了一封信件，向大家提出了要鎮靜，要有勇氣和金融膽量的建議。全文如下：

「各位同仁：眼下，我們的貨幣市場正處在銀根緊缺的階段，因此當務之急的事情是，銀行必須在自己最大的許可權內對已有貸款准予延期返還，對於那些貸款期限將盡的商人、生產商和其他合格貸款人要延長還款期限。

「在許多情況下，對於那些完全有償還能力的企業來講，繼續貸款或收回自己的應得款項（通常能收回）再或者是賣掉自己的店鋪都有一定的困難，這時候，如果銀行非常不必要地強迫這些企業還款，那麼緊接著就會出現破產或進入破產接管。」

「爲了將商業事物恢復到正常階段，必須要有一次公司債務總清算。我們相信，每一個商家都會盡最大努力做到這一點，但是，作爲銀行和信託機構，我們必須盡一點力，對貸款歸還期限做出部分或全部延展。原本有能力還清貸款、卻在艱難時期迫於銀行的壓力而破產的企業數量越少，那麼無支付能力的企業就越少，因此，我們的貨幣市場就能更早一天恢復信心，回到正常狀況。」

「所以在這裏我們提議要盡最大的努力，來幫助緩解這場商業危機。」

我強調這件事是因爲在那段黑暗的日子裏，這樣的做法實屬罕見。我提起這件事，是因爲這件事情可以讓加斯頓的品性表露無遺。我詳細講述這件事情，是因爲他那時對新英格蘭在工業和金融方面的貢獻無法用金錢來衡量。而在如今的日子裏，我們卻正學著如何欣賞個人的勇敢行爲。

有人說，血統決定一切。如果眞是這樣的話，加斯頓的道德和身體上的力量足以證明這一點。他的父母都是出身良好的人，從他母親那裏，他繼承了比徹家族的優良傳統，比徹家族的人連續一百年來，在宗教、高度道德原則、慈善方面爲共和黨做出了貢獻。加斯頓上校的母親是著名的牧師亨利．沃德．比徹的表妹。他的父親則是休格諾特家族的嫡傳，這個家族的人因爲宗教

問題而離開了法國，來到了蘇格蘭，然後又到了愛爾蘭。他的曾祖父出生在愛爾蘭，後來移民到了美國康乃狄克州的啓陵里，他的父親就在那裏出生。加斯頓所受到的家庭影響是最好的，他的父親曾是洛克斯波里的市長，在一八七二年波士頓大火期間任波士頓市長，還做過州代表、州議員，最後於一八七五年成爲了麻塞諸塞州的州長，也就是內戰後麻省的第一任民主黨州長。加斯頓州長直至一九八四年去世時，一直都是對麻省各種事物都有影響力的人物。他的言論沒有絲毫種族或宗教的偏執，他對新來到這個國家的人的那份友好，對他們的幫助和指導，他作爲政治家和律師的一言一行使他成爲上一代人中最了不起的人之一。

講述加斯頓上校父輩的故事僅僅是爲了說明他的成長背景，讓大家知道他從小所受到的教育是傳統的原則、榮耀的生活、規矩的行爲，和爲公衆服務意識。一八五九年五月一日他出生於洛克斯波里，分別在洛克斯波里公立學校、洛克斯波里拉丁語學校和哈佛大學讀書，一八八〇年他畢業於哈佛大學，並獲得了文科學士學位。他雖然沒得過獎學金，但是他卻在道德、身心健康方面受到過嘉獎，他對體育方面的興趣要遠遠大於對學術榮譽方面的興趣。他在哈佛讀書時的班級後來成爲了名人班級，從這個班裏出來的名人包括西奥多·羅斯福、羅伯特·培根、羅伯特·溫莎、喬賽亞·昆西和理查德·L·索頓斯托爾。羅伯特·培根後來成爲了J·P·摩根公司的合夥人和駐法國大使；羅伯特·溫莎成爲了皮博迪公司基德爾銀行的行長；喬賽亞·昆西和理查德·L·索頓斯托爾後來成爲了加斯頓的合夥人。這些人在大學的時候就經常聚在一起，一直到今天仍是這樣。

加斯頓進入了哈佛法學院，二十四歲時進入了律師界。在歐洲考察學習了一段時間後，他爲自己的教育畫上了圓滿的句號。回來後，他在父親的事務所從事法律工作，第一年賺了四百美元，這成爲了他當年的生活來源。

他首先開始在陪審團面前顯示了自己的價值，但是他對商業問題透徹的理解令他名聲鵲起，因此許多大公司的案件都交給他來處理。一八九三年那場嚴重的大蕭條令許多企業陷入了困境，連續幾年來法庭都有很多官司打。年輕的加斯頓有很強的商業感，一眼就能夠看出紛繁複雜的經濟案件中關鍵問題所在，他有能力幫助重建和恢復受損企業。J．奧格登．阿木爾最近對我說，如今做生意一定要有律師和化學家，對大多數企業來說，律師是非常必要的助手。

九十年代後期，波士頓道路運輸行業生意十分不景氣，當時西區的城市鐵道公司由幾個分散的公司組成，公司決定把這幾個小公司合併成一個大公司，因爲這是唯一可行的避免破產的方法。然而這一提議卻有違某些法律，事情變得毫無希望，一團糟。有一天晚上，威廉．A．加斯頓上校已經睡下了，卻被西區城市鐵路委員會的一名股東叫了出來，他請求他，作爲一名有公衆意識的公民，暫時犧牲一下他手中收入豐厚的案子，在整個日益逼近的悲劇發生之前，想辦法改變這一切。

剛開始他有些遲疑，但後來可能是因爲這個提議中光明正大的一面吸引了他，在所有的重要事務中，他擔負起了當地的運輸公司執行經理和重新組織者的責任，把它們重新組合成爲一個大公司，就是現在人人都知道的波士頓高架公路公司。之後，他又對這個公司繼續管理了五年，在這段時間裏，他修建了道路，提高了服務品質，只需多花幾毛錢，就能爲波士頓人提供當時比美國其他社區裏更長的路程。同時，合理有效的經營方法也夯實了公司的財務狀況，最後，公司成爲了一個有吸引力的投資目標。員工的工資提高到了當時美國的最高級別，公司引進了最先進的工人補償方式，比美國政府正式通過這項法規要早十年。企業的健康發展令公司增加了許多福利

項目，他們構建了保險系統，成功地安排了一些旨在提高市民服務品質的活動。

一八九六年，隨著麥金利總統的當選，美國很快就進入了托拉斯時代。在加斯頓先生重新整合波士頓街道和高架公路系統時期，托拉斯正處於鼎盛時期。這項任務涉及到了幾百萬美元的花費，大量合同的簽訂，以及大量設備的購置。在九十年代後期和二十世紀初期當時的情形之下，公司的董事或領導完全可以組建一些小公司，這些小公司可以和大公司做生意從而賺到豐厚的利潤，而控制這些大公司的人往往正是那些小公司的擁有者。

加斯頓直截了當地拒絕了這種欺詐行爲，所有的合同都被廣而宣之，回報也是公開的。他不僅自己拒絕這種非法偷竊波士頓高架公路公司利潤的行爲，而且還要確保其他任何人都不得私自利用職權。在那個時候，採取這樣的立場得不到任何讚譽，但是在十五年前他堅持採用這個方法需要有很好的獨立性和維護自己權利的能力。他在這項工作中整整忙碌了五年（從一八九七年到一九〇一年）之後，他把這個公司的管理轉交給了別人。

美國最偉大的一名時事評論員說過，如果在前二十年，所有的鐵路行政管理人員都能像「拳王」加斯頓那樣對待自己的職責，那麼我們的鐵路就不會出現十五年前的問題。

加斯頓先生從孩提時代就有一種自然而然的渴望，他希望能繼父親之後，也成爲麻塞諸塞州的州長。一九〇一年，民主黨在投票和影響力方面條件放寬了許多，他接受了州長候選提名。他將當初建立波士頓高架公路公司，以及讓其他企業起死回生的魄力和方法用在了民主黨的改革上，並且在一九〇二年和一九〇三年連續兩年發起了讓共和黨坐立不安的競選活動。然而，當時他在政治上似乎不那麼順風順水。但這次重組爲麻塞諸塞州的民主黨提供了一個有效的競爭基礎，因而成功地選出了三位民主黨州長，儘管加斯頓先生的選票數是其他人的兩倍，無需再次爭奪就可以當選，但是，在他發起第二輪競選活動過後，卻拒絕再次成爲候選人。

民主黨曾多次授予他各種榮譽，例如：拉塞爾州長參謀部上校，這成爲了他最有名的一個頭銜、民主黨全國代表大會的總代表、民主黨全國委員會委員。他在任麻塞諸塞州總統選舉團主席時，推選出了伍德羅・威爾森總統，他是自一八二〇年後出自麻省並當選的第一個民主黨總統。

我們也許能回想起來，在一九〇七年春天時，金融界就已經發出了一些不妙的信號。股票的市值在悄悄縮水，這是一個警示，許多有遠見的金融家看到了這個信號後撤離了。由於銀行信用機制發生了作用，工商業一直以來都在持續增長，然而，這種情況卻有它醜陋的另一面。一九〇四年，加斯頓重返律師行業，他的公司也成爲了新英格蘭最好的公司之一。但是，還有更重要的擔子正等著他去挑呢。肖馬特國民銀行的董事們並非對這股危險的金融暗流視而不見，他們急切地想要找出一位具有一流能力的人來負責這個機構的工作。

一九〇七年五月，加斯頓上校被任命爲肖馬特國民銀行的行長。還沒等他的工作完全上手，這場風暴就爆發了。全國幾百家銀行和信託公司，其中也包括新英格蘭的一些銀行都在爭著搶著囤積黃金，加斯頓先生意識到，嚴峻的時刻到來了。如果商人們被堅決勒令歸還銀行貸款；具有影響力的金融機構帶頭製造恐慌氣氛，像守財奴一樣拼命囤積貨幣，催促借款人立刻還款，那麼，最後就會出現一八九三年大恐慌時所導致的災難性後果。因此，加斯頓先生採取了一種特徵鮮明的態度。他召開了董事大會，給他們列舉了一個又一個的實例，讓他們明白，銀行和信託公司不但沒有幫助企業共度難關，而且還拼命囤積貨幣的做法，最後只能導致一些有償還能力的公司破產。到後來，這封信的內容不斷被人們複製。後來人們承認，這一舉措對緩解新英格蘭的金融危機，產生了至關重要的作用。他的勇敢與無私甚至對整個美國都產生了影響。下面的例子將

說明這一點。

可以說明加斯頓先生遠見卓識的另外一件事，發生在他擔任行長不久以後，他資助了波士頓商業高中畢業生的南美之旅。他這樣做主要的目的是要把這些人盡可能地介紹給南美洲，但他還有一個特別的目的，就是讓這些人帶給新英格蘭一個資訊，他未來的業務要朝這個方向發展。作爲肖馬特國民銀行的行長，他一直以來都在默默地爲拓展銀行業務而努力，他堅持把銀行業務向南美國家延伸的理念。如今，肖馬特銀行是南美最有實力的幾家金融機構的代理人，同時，它們也是美國方面的代理人。

一九一二年，加斯頓先生任財經委員會的主席，負責爲威爾森的選舉活動籌款。當時，威廉・G・麥卡杜被任命爲財政部部長，激怒了一些金融集團，再加上一開始他們就反對新貨幣法案的通過，所以波士頓許多銀行家的態度是：情況越糟糕，民主黨採取的方法就越好，事情將不攻自破。而加斯頓先生的看法則不然。

在《聯邦儲備法》這項金融法規討論並確立的過程中，他多次代表銀行和參議院前往華盛頓和委員會成員進行討論，並且和格拉斯代表、歐文議員，當然還有財政部部長這些領導們進行研商。或許他的觀點比新英格蘭任何一個人都有利於這項法案的通過，這項法案對於許多注重實際的金融集團來說，是一個巨大的成功。隨著這件事情的深入，主要由波士頓各大國民銀行所組成的清算協會任命了一個清算委員會，並舉行了一次初步會議，會議建議召開一個清算銀行大會來通過一項決議，譴責國會懸而未決的立法。在這件事情上，加斯頓先生持有的態度是：如果這樣的會議召開了，他不僅會去參加，而且還要持不同意見，盡最大努力去對其他金融機構發起的類似行動，實施他的影響力。所提議的會議到後來還是被廢棄了。

大約也就在那個時候，美國銀行家協會要在波士頓舉行年會，有人企圖組織一次運動，好讓貨幣法案在國會面前名譽掃地，他們原本打算在這次會議上提出那項譴責國會的決議，然而加斯頓先生和他的同事們採取了果斷的行動，阻止這場可能會發生在會議上的爭鬥。

這種對政府的幫助行為完全是出於非個人的、愛國主義的動機。

還有一次，歐洲戰爭開始後，黃金一直處於緊缺狀態，情況十分緊急，有必要建立一個黃金基金。然而有人卻強力反對這一提議，理由是這裏比英格蘭更需要黃金。新英格蘭的肖馬特國民銀行對於這個黃金基金的建立做出了巨大的貢獻，因為該基金為兩國之間的匯率提供了一個適當的基準點。如今，當初反對這一提議的那些人，終於看到並且承認加斯頓當初的態度是多麼的充滿勇氣和智慧。

同樣，（第一次）世界大戰開戰後，棉花基金的建立是另外一個例子，它可以證明加斯頓先生有足夠的勇氣和智慧反對周圍的人，毫不在乎別人認為他是在妨害他們眼前的利益。英格蘭對棉花出口的態度導致了棉花價格的崩盤一觸即發，令南方的棉花種植商、棉花收購商和棉花經營商籠罩在破產與毀滅的陰影下。在這場危機中，政府要求北方和東部的銀行集團提供資金，這樣的話，聯邦儲備委員會就能夠買下大量的棉花，令其價格保持在合理的範圍內。

波士頓銀行清算委員會奉命接待來自新英格蘭的棉花加工商代表，他們的態度是：由於連年來，他們不得不用過高的價格收購棉花，所以加工棉產品的利潤就變得非常低，甚至沒有利潤。現在既然棉花價格下來了，波士頓銀行就無權使用什麼棉花基金之類的人為辦法抬高棉花的價格，尤其是投入這個基金的錢，竟然還是來自於那些對廉價棉花感興趣的機構。當時，肖馬特銀行的董事會中就有六到八個人擔任紡紗廠的財務主管，另外還有一些董事對棉花加工行業抱有濃

厚的興趣。在加斯頓先生的帶領下，雖然董事會成員裏還有個別人士持反對態度，但肖馬特銀行投出了贊成票，核准成立這個本來不可能的棉花基金。

儘管當時波士頓有很多銀行拒絕加入棉花基金，但是當初那些持有最強烈反對意見的人也已經認識到，這是一件意義重大的具有愛國主義性質的事情，加斯頓先生的堅持贏得了他們的愛戴。從此他們不再懷疑他的觀點，以往的經驗讓他們明白，他的判斷沒有任何偏執、沒有任何自私的想法。

加斯頓上校的這種力挽狂瀾的能力，總是不停地把他推到公衆面前，但通常從他內心來講，他不是十分願意頻頻出現在聚光燈下。當青年基督教協會需五十萬美元來建一座會館時，加斯頓上校禁不住勸誘，成爲了籌款活動的帶頭人，並且獲得了成功。

接下來，他又組織了一次三十萬美元的籌款活動，在麻塞諸塞的查爾斯頓爲入伍的海軍建了一座青年基督教會館。

當青年基督教協會秘書長約翰．L．莫特需要有人幫他籌一筆錢，用來維護關押戰犯的新英格蘭集中營時，他向加斯頓上校求助。

當自由貸款委員會處於極度危險的情況時，他們請求加斯頓上校出面。他在一個小時內發出緊急通知，聚集了外匯交易俱樂部兩百名新英格蘭最大的金融家。從那時起，人們從就不再懷疑還有什麼事是新英格蘭做不到的。

作爲紅十字委員會的執行官員之一，在籌集一億美元的任務中，他所做的要遠遠多於自己分內的事。在每一件以愛國主義爲目的的事情上，人們都能發現他總是在默默地激勵著身邊的每一個人，最重的擔子留給自己親自來挑。

加斯頓上校的領導才能甚至在自己的鄉村生活中都能充分顯現出來。大約十年前，他在麻塞諸塞的巴雷買了一個農場，他對這個農場投入了大量的精力。他喜愛動物，把這個農場當作了一個餵養各種珍貴家畜的地方，他自己對農村社區的各種事物也十分感興趣，被選舉為美國歷史最為悠久的農業協會之一，巴雷農業協會的會長。

四十六歲時，他的母校授予了他一項令人羨慕的榮譽，他被推選為哈佛大學理事會成員。

他和妻子以及四個孩子過著幸福的家庭生活。他的長子繼承了他的家族名字威廉，同時也繼承了這個名字所代表的美德。現在，他是一名受訓空軍，等到這本書面世之時，他可能會去法國服兵役。

新英格蘭需要像威廉·A·加斯頓這樣的人。自美國革命後的一百年來，新英格蘭在工業和農業方面一直都處在領先與主導地位。內戰過後，美國政府加強了對金融業的控制，而且這種控制在逐年增加，由此對新英格蘭產生了深遠的影響。更為嚴重的後果是，一直到幾年前，新英格蘭控制著商業和金融的保守派們都不願面對和接受一些事實。

新英格蘭用自己的資金建起並發展了西部的農場、礦場和鐵路，這些投資的回報是令人滿意的，這種由擁有所造成的強盛感，促成了新英格蘭的地方性驕傲，因此他們對貨幣市場的財政控制權已轉交給了美國政府這件事閉口不談，或者從沒公開承認過。美國政府不僅控制了西部地區，而且還控制了新英格蘭的鐵路，他們甚至有權限制和拒絕為新英格蘭提供更好的運輸系統。

新英格蘭連續每一年都生產出比上一年更多的鞋、棉花和羊毛製品，這已經成為了人們公認的進步的證明。

僅僅在十年前，新英格蘭才開始逐漸意識到，相對而言，他們已經落後了。儘管在生產標準

大宗產品上他們仍然占主導地位，但是，密蘇里州在製鞋方面取得的進步，以及卡羅來納的棉花纖維產品，所有這一切讓新麻塞諸塞州很難保持其原有的領先地位。

人們一直以來都相信，即使沒有競爭，新英格蘭也註定能夠在工業方面保持在各個州當中的領先地位，這種想法不僅導致了一種虛假的安全感，而且大多數麻塞諸塞人都很自然地、甚至是很自鳴得意地接受了這種觀念。人們還相信，這個州一直以來都能夠爲全州人民制定合理工作時間，保護女工和童工，並因此而感到驕傲，因此，它是檢驗各種半成品社會主義理論的天然實驗室。西部幾個省照頒了早在二十五年前麻塞諸塞州就確立的鐵路和銀行法規，這成爲幾個激進主義嚴重的、處在邊緣地區的州用來證明自己的最佳理由。然而事實卻是，麻塞諸塞州在經過了長時間強制執行這些法規後，竟然已經忘記了這些法規的初衷。

孤立的運輸系統和社會主義法規的決定地位導致的結果是：生產商不願意將工廠建立在這樣一個稅率過高的州，在這種制度下做生意，困難程度甚至超過了那些競爭更激烈的州，在這些州裏，各種優惠政策對企業極具有吸引力，而且企業還可以享受到補貼。誠然，麻塞諸塞州擁有技能高超的工人、擁有稱職的雇主，但這些還遠遠不夠。

麻塞諸塞州的銀行家們一直以來都很滿意自己的業務量，因爲它們正在逐年遞增。然而，最近他們才意識到一個事實，他們這種增長速度僅僅是全國增長速度的一半而已。也只有最近，麻塞諸塞的生產商才意識到，他們的運輸系統是多麼的褊狹，這種褊狹不僅讓當地產品在國內競爭中處於不利地位，而且還導致了新英格蘭主要資產發展滯後，因爲商船根本就不可能從新英格蘭港口出口貨物。

也只有在最近幾年裏，新英格蘭的生產商和人們才逐漸意識到一個事實，僅僅美國國內對新英格蘭產品的需求量，已經遠遠無法維持工廠全天候開工。新英格蘭擁有便利的水電設施、燃料、原材料，以及更好的運輸設備，要是在別的州，在加工生產方面毫無疑問在國內市場上占領先地位。戰後，能夠保持就業率穩定的唯一希望，就是對外貿易的發展，但是運輸系統的不健全又一次成爲棘手問題擺在新英格蘭面前。

新英格蘭現在需要的是有才能的人。幸運的是，這方面的需求正在得到滿足。在這個人才濟濟的團體中，最有機會、最有優先權帶領新英格蘭爲未來而鬥爭的人——就是威廉・A・加斯頓。

14

美國最大礦業企業的哲人
丹尼爾・古根海姆

邁耶·古根海姆曾有一次傾其所有幫助過一個朋友，這個朋友在科羅拉多經營一個礦山，當時，礦山正處於破產的邊緣，他正在和厄運做著殊死搏鬥。

四十多年前的這一善行，正是古根海姆家族能在冶金採礦行業取得巨大成就的基礎。從位於科羅拉多一個偏遠小鎮（普韋布落）的一個小小的冶煉廠開始，著名的古根海姆家族透過勤勞、頑強和犧牲精神建起了世界上最大的採礦冶金企業。

如今，古根海姆家族每年經營和控制著十億磅，也就是五十萬噸的紫銅，這一數字幾乎相當於全世界年均銅產量（二十二億五千萬磅）的一半。他們還控制著全世界最大的三個銅礦，即智利銅礦、猶他州銅礦和肯尼科特銅礦。

僅僅是古根海姆的兩個公司——美國冶煉精煉公司和美國冶煉證券公司，每年就有超過三億美元的業務，這還不包括他們的採礦業務在內。古根海姆家族對全世界的銀礦，也有著舉足輕重的影響，而且在黃金、鉛和鋅等各種附帶產品領域中也是佼佼者。他們是全世界擁有工人數量最多的企業之一，也是到目前為止，我所聽說過的第一個肯付給雇員連同薪水和業績獎金，共幾十萬美元的企業，人們傳言，最高的工資達到了每年一百萬美元。

這個為古根海姆公司輝煌的成功，立下汗馬功勞的人就是丹尼爾·古根海姆。他的判斷力、他對未來的信心、他激勵人的能力、他吃苦耐勞的精神、他敢於在艱難的情況下，第一個前往遙遠的、未開化的礦區，以及後來敢於涉足金融領域的勇氣，讓他成了為美國的發展做出巨大貢獻的人之一。

他的許多方面公衆多少還是知道一些的，比如說他的慈善活動、他給雇員的各種福利待遇、他對美國畫家經濟上的支援、他對音樂文化的促進推動作用、他對文學的熱愛、他對純種馬的興

趣、他對花卉的喜愛、他對不同種族和國家詳盡的瞭解，和他幾乎遍佈全球的行跡。

但是，在所有這一切中，我想要加上一條，古根海姆先生絕不是個哲學家。

再怎麼說我也是個採訪經驗豐富的人，可是，這次我卻費盡心機，使出了渾身解數才瞭解到他的個性。我對他說，人們認爲像他這樣的人並不是靠超出常人努力而取得榮譽和財富的，他只不過是幸運罷了。古根海姆先生的緘默讓我不得不出此下策。

「是的。」古根海姆先生說道，「有時候人們來到我辦公室，環視一周，然後對我說：『我羨慕你的豪華辦公室和你享受生活的機會。』我告訴他們：『我花了四十年的時間才賺到這間又有精美的畫、又有鮮豔的花，還有一套眞皮坐墊沙發的辦公室。年復一年，我忍受著極爲艱苦的日子，我去往墨西哥、去往國外其他地方、去往美國偏僻的山區。』

「『你們更喜歡城市那種奢華和高檔的生活，有汽車、有裝修一新的房子。你們不太在意用必要的犧牲換取成功後的富貴。』」

我問道：「那些所謂的『獲得成功必要的東西』是什麼呢？」

「犧牲、犧牲、再犧牲。」古根海姆先生用非常熱誠的語氣重複著這幾個字，他的思緒彷彿還停留在他過去所經歷的一切中。

他繼續說道：「那麼，你首先必須是一個頑強的人，頑強是一個人最偉大的品質。沒有了它，任何人都不可能成功。不管是在大學裏，還是在職場上，或是在生意場上，如果一個人不能一直咬牙堅持到掌握某件事爲止，他獲得成功的概率幾乎爲零。」

「一次失敗可能會導致一敗塗地，一次成功也可能會讓人一鼓作氣。所以，在成功前千萬不要輕言放棄，再開始另一件事。」

「如果讓我在兩個人之間做出選擇，其中一個聰明有能力卻沒有毅力，另外一個能力一般卻十分的執著，那麼我任何時候都會選擇那個堅持不懈的人。」

「辦事方法也很重要。我寧願雇一個能力不是特別出衆，但辦事卻十分得體的人，我不會去雇一個經綸滿腹，聰明絕頂卻不會辦事的人。」

「判斷力、創造力和精力，這些都是最令人滿意和最有價值的品質，但是最重要的還是要頑強和得體。」

古根海姆先生突然問道：「你是怎麼最終採訪到我的？你第一次失敗了，第二次也沒成功，但是你卻表現出了堅持和得體。你一直在堅持，一直到你發現了一條可能會達到目的的管道。是你的堅持能夠讓你在這裏，是你適當的方式誘使我這樣一個不喜歡和公衆多說的人和你談話。」

古根海姆先生最喜愛的一句格言是：「自己怎麼做是自己的事，與其他人無關。」因此他一定要確保管理好和自己公司業務有關的一切事務。

我問與古根海姆先生關係最爲密切的一位同事，他的過人之處在哪裏？是什麼讓他能夠成爲冶金和礦產行業的領袖，他又是如何在競爭中勝出的。認眞思索了一番後，他回答道：

「首先是因爲他有傑出的判斷能力，他能夠對情形做出正確的估計。其次是因爲他從未泯滅的樂觀精神，他相信未來，相信自己的國家，相信金屬行業和冶金科學將得到發展和進步。第三，他有優秀的管理才能，他能夠影響到每一個人，讓他們和自己一樣，看待問題能夠從大的方面著眼，他能夠激起周圍每一個人的勇氣和決心。第四，因爲他對待自己的人都是慷慨的，經過反復思考的。我這裏所說的包括工人、行政管理人員、工程師以及其他高管人員。比如說，最近美國冶煉公司爲所有的員工，不論是拿年薪的，還是拿日薪的都上了人壽保險，這筆錢全部

是由公司支付的。第五，因爲他不怕冒風險，他敢用一百萬美元去換取一個能賺一千萬美元或一千五百萬美元的機會。就比如說智利銅礦，在那個全世界最難以到達的地方，他竟然敢於在沒有快速收益的情形下對它進行大量投資。」

一八四七年，一艘小船離開了歐洲海岸，在和大西洋上的風暴苦苦鬥爭了四個月之後，終於來到了這片土地。西蒙・古根海姆是古根海姆家族中第一個從瑞士來到美國的人。他還帶來了一個小傢伙，他叫邁耶・古根海姆，是西蒙的兒子、古根海姆家族企業的創建人，也是現任家族領導人丹尼爾的父親。邁耶逐漸建立起一個具有相當規模和業務範圍加工企業。他的妻子是瑞士姑娘芭芭拉・邁爾斯，他們一共生育了七個孩子。他們的長子進入了瑞士蕾絲行業，而且發展得很好。然而，對於這些日益成熟強大的男孩子們來說，這個行業的發展前景十分有限。

因爲他曾經幫助過一個朋友管理採礦公司，所以邁耶・古根海姆的注意力被引到了這個領域，而且他還發現，這個領域才是能讓他的兒子們施展拳腳的行業。

他把孩子們都集中在自己費城的家裏，給出生在這裏的七個兒子好好上了一課。他給孩子們講了《伊索寓言》裏七根筷子的故事，當七根筷子分開來時很容易被折斷，可一旦綁在一起，就很難輕易將它們折斷了。他告訴他們這些的目的就是要讓他們明白，如果他們能夠齊心協力，共同努力，就能獲得比他們單獨行動大得多的成就。他要讓他們時刻牢記「團結就是力量」。

然後，他又向他們描述了冶金採礦行業的潛在前景，並願意爲他們提供一個基礎起始點，而且還徵求了他們每個人的妻子的意見。

還沒有誰家兒子們能夠像這樣尊敬父親，也沒有哪個父親能得到這麼多兒子的尊敬，邁耶・古根海姆是一個頂天立地的男人。他們意識到了父親的提議是多麼的明智，立刻就投入了行動。

他還對孩子們強調，儘管他在開始時會在經濟上或者策略上有所幫助，但是，「你們必須要堅持做自己的事，建立起自己的企業來」。

正如前面講過的，他們的第一項投資是科羅拉多的一個冶煉廠，但是很快他們就有了其他的廠。他們是七個人，而且個個都是那麼積極、那麼有雄心壯志、那麼樂觀，個個都準備好過艱苦的生活、準備好去任何地方、做任何事情、受任何罪，去爲他們新的事業獲得成功而貢獻力量。沒有哪個登山運動員或礦藏勘探人員，曾經體會過古根海姆兄弟自願經歷的艱難，爲了達到理想的目標，那些深山老林、那些人跡罕至的山谷、那些荒蕪的不毛之地，都沒能讓年輕的古根海姆兄弟望而卻步。

他們很快就發現，造物主總是把礦藏財富存放在遠離人類文明的地帶，而且四周還環繞著只有先驅者和勇敢的人才能夠跨越的障礙。要想得到大自然的寶藏，就要爲她付出代價。

丹尼爾・古根海姆和他的兄弟們一起毫無怨言地付著應付的代價。遙遠對他或他們來說已經變得毫無意義，不管哪裏有機會能獲得些什麼，不論路途有多險惡，他都毅然前往。他有一半的夜晚是在荒野中的帳篷裏，或馬車裏度過的，他的食物恐怕連黑奴都會不屑一顧。

他的行業決定了他要前往那些剛看到人類文明曙光的地方，但他從來沒有因害怕苦難而退縮過。

然而，丹尼爾・古根海姆和他的兄弟們願意吃苦，並不是他們取得成功的唯一原因。他們有足夠的勇氣和智慧，聘請到當時身價最高的工程師和礦業人才，不僅僅是因爲他們願意支付當時最高的薪水，還因爲他們肯將成果和那些共同奮鬥的人分享。丹尼爾・古根海姆剛剛成爲雇主之時，他就採納了現在很平常，但當時卻具有革命性的一套經營方式，透過這種方式，古根海姆企

業能夠挑選到當時世界上礦業、工程和冶金方面的一流人才。

這還不是全部。他們想盡辦法盡可能為工人們營造一個舒適的環境，可能古根海姆家族為雇員建起的學校、醫院、教堂和娛樂中心的數量是最多的。兼職演出的演員們不去那些交通不方便的地方，那麼古根海姆企業就自己組織自娛自樂的文藝隊伍，和其他一些消遣活動。

古根海姆家族給冶金行業帶來了一場革命。在他們之前，冶金行業的雇用合同一成不變，總是一年。如果簽連續幾年的年合同，冶金企業業主可能就得給雇員漲工資或增加其他方面的開銷，他們不願冒這個險。丹尼爾·古根海姆開始採用五年合同、十年合同甚至二十五年合同，合同上的工資在當時看起來簡直是在自尋死路。但他是一個通曉歷史、科學、工程、化學、運輸和經濟發展的人，淵博的知識讓他有足夠的信心，他確信生產過程的改良能夠有效地降低冶煉和採礦的成本，從而在將來能夠產生出利潤。

「如果我們在合同到期之前找不到降低成本的科學方法，我們理應失去這個企業。」這是一個同事對這套即將採用的合同的可行性提出質疑時，他給出的回答。

一九〇五年，當古根海姆公司著手猶他州銅礦時，誰都不相信這個企業的投資能收回來，因為礦的等級非常低。然而丹尼爾·古根海姆卻提出了建一個六百萬美元的冶煉廠和一個兩百萬美元的紫銅精煉工廠，去謀劃那些以前從來都沒有賺過錢的東西。現在，開採、冶煉、精煉、運輸、銷售等等一系列成本，僅僅折合二十到三十磅的銅，他這次大膽的八百萬美元的投資，已經成為了古根海姆企業有史以來最有利潤的一次投資，這座銅礦今天已經列入了世界上第二大的銅礦，每年都會給股東豐厚的分紅。

接下來再看一下古根海姆家族在智利的作為。智利銅礦公司位於海拔九千五百英尺，荒無人煙的一個山脊上。這一區域從來沒下過雨，也沒有任何植物，礦區的用水必須從四十英里以外運到山上，電力必須要靠八十五英里以外的一個電力公司輸送，那裏也沒有路。總而言之，那裏沒有一點吸引力，壓根就不適合人生存。古根海姆企業踏入了這一禁區，決定花上幾百萬美元讓這個地方成爲人類能夠居住的地方。他們立刻就將一系列複雜的機械設備運上了山。現在，智利銅礦公司是世界上最大的銅礦企業。

我聽他的同行們說，古根海姆先生冒著所有人的懷疑和反對，堅持要在阿拉斯加投資幾百萬美元。現在屬於肯尼科特銅礦公司的博納德銅礦是一個巨大的天然銅塊，受到冰川侵蝕後，剩餘的部分藏在高聳的峭壁之上。儘管它的含銅量高達百分之六十五到八十五，但是，從它一九〇一年被發現，到一九一一年的十年間，卻沒有一磅銅被開採出來，因爲任何交通都無法到達那裏。古根海姆先生買下了這座銅礦的一半，並同意修路，在兩年之內讓這座礦出銅。

當有人問到他時，古根海姆先生說道：「如果我們認定這是一樁好買賣，不管它是在阿拉斯加、智利、墨西哥還是在南美洲、非洲或亞洲，我們都會前往。如果在北極發現了一座礦，我們照樣會去。我們知道，在我們這一行裏，沒有距離也沒有國界。」四十歲之前，古根海姆先生就已經越過大西洋七十次了。

「烤乳鴿是不會自動來到你嘴邊的。」古根海姆先生繼續解釋道：「你必須去尋找鴿子，並且想辦法將它射下來，然後把它清理乾淨，烤熟後才能吃。做生意也是一樣的道理。」

「上帝將礦藏放到遠離人們的地方，這也正是爲什麼從事採礦行業的人這麼少。普通紐約人都願意待在紐約，置身於奢華中。他們不願意去國外或人煙稀少的地方，忍受著各種不便利去發現寶藏、開發寶藏。在十年、二十年、三十年甚至四十年的艱苦生活面前，他們膽怯了。」

「在紐約你是不會找到銅礦、鉛礦、銀礦和金礦的，你得去那些交通不便的、有時候是荒無人煙的地方，這些地方的一切都是原始的、粗獷的，讓你感到不適和不滿。唯一能讓你感到愉快的事情，就是發展自己的事業的那種愉快。你聽不到音樂，坐不到有靠墊的椅子，欣賞不到精美的畫作。你整天必須要像奴隸一般工作，到了晚上，才可能會在油燈下稍微讀點什麼。」

「如果一個人打算做出必要的犧牲，那麼，今天的機會和過去是同樣多的。如果不做出犧牲的話，不管他是做什麼的，都不會獲得眞正的成功。無論在哪裏，不付出永遠不會有收穫。毫不費力得來的東西不會讓人覺得愉快，只有那些通過努力、辛勞和犧牲得來的東西，才會眞正讓人覺得愉快。你付出的越多，這種愉快就越強烈。工作、勞動、學習、犧牲是一個人取得令人滿意成功的四大要素。」

「當我們剛開始進入冶金行業時，我記得很清楚，父親曾告訴過我們：『孩子們，你們要自己想辦法努力工作，不怕犧牲來達到自己的目的。但我要告訴你們，要達到目的，付出再多的努力也不爲多，如果你願意動腦筋，願意做出犧牲，並一直堅持到達目標，你會得到豐厚的回報。』」

「因此，當你要求我爲年輕人提一點建議時，我會重複父親給過我們的建議，我還會再加上一句我前面已經講過的『烤乳鴿不會自動來到你嘴邊。』」

二十多年來，古根海姆七兄弟——艾薩克、丹尼爾、默里、所羅門、西蒙、班傑明和威廉帶著熱情和士氣並肩作戰，他們在這個領域的分支機構已經蠶食了所有的對手，在丹尼爾的帶領下，他們兼併了一家又一家廠礦，接管了美國冶金精煉公司。他父親的那句至理名言「團結就是力量」在他們身上得到了充分的體現。

當美國政府由於戰爭的原因第一次需要大量的銅時，丹尼爾・古根海姆帶頭以低於市場價一半的價格，迅速為政府提供了充足的來源。

儘管丹尼爾・古根海姆現在仍然是美國冶金精煉公司和美國冶金證券公司的老總，但他不再像以往那樣拼命了，現在，有一些比賺錢更為重要的事情吸引著他。在礦山的管理上，他的兒子亨利・F・古根海姆也能夠幫他挑起一些擔子。亨利・F・古根海姆畢業於英國劍橋大學，是一個優秀的學者和運動員，在他身上繼承了這個家族的勤奮和犧牲精神，在他正式進入這個巨大的礦產公司的管理行列之前，在墨西哥的採礦冶煉公司做了幾年最基本的工作。

雖然古根海姆先生信奉努力工作的原則，但他也不失為一個度假宣導者。他告訴我：「我認為，一個全年工作十二個月的人，他的工作效率並不會比工作六個月的人高，工作十到十一個月之間，休息一兩個月，做點其他事的人工作得最好。所以我主張每一個雇員和年輕人都要休年假。」

「我們的另外一個原則是，整個公司中，年輕人必須受到和其他人同樣的重視。如果一個有一定工作經驗的年輕人來到這裏，我們絕不能讓他等在那裏，因為時間對年輕人來講就像礦藏對我來講一樣的珍貴。」

除了洛克菲勒家族，古根海姆家族可能是全美國最富有的家庭，但古根海姆夫婦倆卻是一對著名的慈善家，他們的捐助對象不限種族、教義和宗教。在創業初期，古根海姆太太毫不猶豫地和丈夫一道分擔著第一線上的種種艱難。

春播秋收，生活的歷程也是如此。現在正是古根海姆先生的金秋時節，他將收穫纍纍碩果……

15

金銀帝國的創建人
約翰・海斯・哈蒙

美國可以稱他是想盡辦法從地球母親那裏，得到她珍藏已久的金屬數量最多的人。歷史上從來沒有人爲人類提供過這麼多的黃金和白銀。在他的努力之下，美國、非洲、墨西哥、南美、中美和俄羅斯的礦井爲人類增添了幾億美元的財富。

近年來，他除了在地球內部尋求寶藏以外，還大規模對地球表面進行灌溉，目的就是要種出更多的糧食來，養活地球上的人口。他是在南非和墨西哥建起有軌電車的先驅者，也是在世界上不同的地方率先建起水力發電站的人。

天將降大任於斯人也，必先苦其心志勞其筋骨。世界著名礦藏工程師約翰·海斯·哈蒙在經歷了空前絕後的歷險、危險和艱辛之後，終於獲得這樣的成就。他曾經被半野蠻人圍攻射擊；他經歷過驚心動魄的食人族之旅；他曾迷失在遠離人類文明的荒野裏，三天沒有吃一點東西；他曾被關入牢獄並被宣判死刑，絞刑架已經準備就緒，馬上就要執行了。這些都是構成他生命歷程的眞實片段。

我問哈蒙先生：「被宣判了死刑是什麼感覺呢？」（我曾經在非洲生活過，所以很熟悉著名的詹姆森·雷德的所作所爲，當時是德蘭士瓦共和國的總統保羅·克魯格逮捕了他，並對他進行了審訊。）

「我只是感到憤怒，但我並不害怕。」哈蒙先生點起了火，回答道。我們一直在回憶那些過去的日子。「你是知道的，當時我們已經達成協定，只承認某項叛國罪，並在此罪名下被投入監獄，但是我們卻被那個布爾檢察官（詹姆森）給耍了，他給我們定了另一條要判死刑的罪名，將我們關押起來。我感覺到瘋狂、屈辱和憤慨。」

「我經歷過比在非洲的那段日子更爲刺激危險的事情，只是這些事少了些戲劇性罷了。」當

我問他時，他又補充了一句。約翰·海斯·哈蒙幾乎是在剛會走路時，就對事物發生了濃厚的興趣，他總想鑽研進去，刨根問底。他的父親畢業於西點軍校，在墨西哥戰爭中是一名炮兵軍官。父親鼓勵他的好奇心和探索精神。她的母親是著名的德克薩斯別動隊成員，後來三藩市首位司法長官約翰·科菲·海斯的妹妹，他的母親也很贊同他對戶外活動的喜愛。他在很小的時候就學會了騎馬、射擊、游泳、森林探險、露營、捕獵等活動。一八五五年三月三十一日，他出生於三藩市，在三藩市公立學校讀小學，後來他又去了紐黑文文法學校，為進入耶魯大學的謝菲爾德理科學院做準備。他註定會成爲一個工程師，更確切一點是礦藏工程師，因爲早在那個時候，他就能夠將埋在地下的東西挖掘出來，其中就可能包括金子。暑假時，他在加利福尼亞礦區度過，曾見過很多金子。他的父親雖然是一個思想保守的人，但還是能夠爲他提供除必修的理科科目外的全部文科課程費用。他希望自己的孩子既懂拉丁語和希臘語，又懂礦物和化學物質。一八七六年，他畢業於耶魯大學，並獲得了物理學學士學位。緊接著又在薩克森弗賴貝格皇家礦產學院讀研究生，一直到一八七九年畢業。

這個年輕人對大西洋彼岸的世界充滿了好奇和渴望。約翰·海斯是哈蒙四兄弟中年齡最大的一個，他們幾個因爲去加利福尼亞探險和旅行而出名。實際上，他們常常互相比賽，看誰去過的國家多。

有一次，年僅十五歲的約翰·海斯在一個阿姨臨時照看期間，和他的一個弟弟跑去約塞米蒂山谷探險，他們深深地沉醉在自己的探索中，不由得繼續走啊走，在一個礦裏待了一兩個晚上，又在勘探者的簡陋小屋裏待了一宿，然後又露天過了一晚，有時他們騎著馬一天要走十五英里，一直走到了五百英里以外的內華達州，而此時，村子裏的人已經整整找了他們三周了！

哈蒙先生一邊回顧一邊說：「那次旅行教會了我們依靠自己。我們必須學會如何照料我們的馬，照顧自己，如何和各種各樣的人交往，如何讓自己習慣於將繁星點綴的蒼穹當成自己臥室的天花板。」

年輕的哈蒙從弗賴貝格回到美國後，拒絕了一個鐵路公司提供的職位。威廉・倫道夫・赫斯特的父親，赫斯特議員是當時西部最大的礦產業主，他找到了他，希望能有一份工作。議員是個固執的人，他很注重實際，不喜歡那種衣冠楚楚，滿腦子理論的礦藏工程師。

「我拒絕你唯一的理由就是，你從弗賴貝格畢業，這個地方讓你滿腦子都是那些愚蠢可笑的理論。我不想要那種沒有魄力工程師。」這位粗暴的議員告訴他。

「如果你保證不告訴我爸爸，我就告訴你一些事情。」哈蒙繼續說。

「我在德國什麼也沒學到！」

議員同意了。

「那你來吧，明天就來上班。」議員最後終於做出了決定。

年輕的哈蒙第二天七點來上班，每天要工作十二小時。那個時候，赫斯特議員正處在幾個礦的購買談判中，哈蒙負責對礦藏進行測試，測試的結果關係到他雇主幾百萬美元的投資。

一年後，另一扇更寬的大門向他敞開了。哈蒙以金礦檢測員的身份加入了美國地質部。他一直都很留心地觀察著不同礦物的不同構成，帶著極大的熱情研究著地質學，漸漸形成了對礦藏靈敏的嗅覺。第二年，也就是一八八一年，他參加了當一名礦工、一名工頭、一名工廠技術人員的實踐訓練。他還設法回訪那些自己先前測試過的礦廠，從而能夠將礦產的開發過程記錄下來。他的這些知識令他能夠對礦體進行辨別、分析和評估，這一切都不是礦工用的鐵鎬所能做到的。整

個採礦業深深地吸引著他，並不僅僅因爲它是謀生的手段，還因爲它能給這個世界增加財富，它能將資源發掘出來，而且它還能爲幾千名工人提供收入不菲的就業機會。他喜歡去礦上轉一轉，而不是去電影院或戲院看看，現在仍然是這樣。

哈蒙職業生涯中的首次異域之旅便是一次危險之旅。一八八二年，他被委任前往墨西哥距瓜伊馬斯兩百五十英里以外的一個地方進行探測。他們乘坐了一艘負責運輸採礦機械的船。剛抵達墨西哥西海岸，哈蒙就發現，阿帕契印第安人正處在戰爭中，進入墨西哥中部的一段長途跋涉不得不在夜間進行。第一天晚上出發後，由於司機酒後駕車，所以他們乘坐的巴士翻車了，坐在哈蒙對面的人當場死亡，另一個人由於傷勢過重也於第二天早晨不幸身亡。

最後他們總算是到達了礦區，哈蒙卻發現，當地人正在有組織地偷竊最好的礦石。他不得不任命一個具有權力能夠逮捕這些人的官員，小偷們很快就被威懾住了，但他們既不願意住監獄，也不願意根據另外一個法令被充軍。

等到情形有所好轉時，哈蒙太太也加入了丈夫的團隊。當她帶著自己的兒子到達瓜伊馬斯的第二天，一場革命就爆發了。哈蒙迅速佔領了一所房屋，並在周圍設了防禦工事，準備堅守這個被土匪包圍了的要塞。早在加利福尼亞時候他就學會了如何使用槍，而且槍法很好，圍攻的土匪們意識到了這一點，幾天後就離開了。在哈蒙一行人前往內地的路上，他們碰巧發現了一個被印第安人洗劫一空的小村莊。從海岸一路走來，他們唯一看到的生物就是在這個兩百人的村莊裏的那幾隻雞。印第安人離他們有多近，他們多快會出現在這裏，沒有人知道。如果印第安人發現了這麼一小隊美國人，那麼一切就全完了。周圍五十英里全部是恐怖勢力，全副武裝的哈蒙騎著馬在前面一兩英里處帶路，隨時給這一隊人馬發信號。哈蒙太太手裏拿著一枝手槍，她寧願選擇自殺也不願被活捉。然而，他們卻安全抵達了他們的目的地，南索諾拉的阿拉莫斯。

哈蒙太太一直待到差勁的食物影響到了孩子的健康爲止，哈蒙先生一直待到礦場開始見到了利潤，所有的事情都安排妥當爲止。在他打算離開之前，革命暴徒攻佔了阿拉莫斯鑄幣廠，這也是西海岸唯一的一個鑄幣廠，並開始恬不知恥對這個公司進行巧取豪奪，用少量的錢換取了公司裏用來加工硬幣的貴重金屬。哈蒙計畫大量搜集到銀子後帶著它們溜之大吉，再把它們交給美國駐瓜伊馬斯領事館。

他訓練了十個雅基族印第安人，教他們如何射擊，他們的鼎力相助在關鍵時候能夠抵禦百十個墨西哥人。他讓每一匹挑選好的騾子都駝載一百五十磅銀子，並賦予了這些雅基族印第安人百分百的信任，在一個風雨交加，四周沒有一個墨西哥人的夜晚開始了他的大逃亡。用來替換的騾子早已等在前面七十英里以外。在過一整晚和第二天一整天後，哈蒙比那些追擊者已經領先了很多，這些人肯定會在發現情況後馬上就出發。在距阿拉莫斯一百英里的地方，哈蒙聽說附近的雅基族印第安人正在和墨西哥人開戰，而武裝的阿帕契印第安人軍隊正在和美國人交火。這個時候，他的左邊是雅基族印第安人，右邊是阿帕契印第安人，後邊還有墨西哥人，這些人全部都暴跳如雷，虎視眈眈地盯著這個南美入侵者、公司裏唯一的白人，還有他手裏的銀子。著名的「輕騎兵旅」也不會比這個被人搜捕的哈蒙小隊強到哪裏去，這十名雅基族印第安人隨時都可能背叛自己的主人，把他當作戰利品來換取一大筆賞錢。但是他們卻站在了他這一邊，帶領著他穿越了敵人盤踞的地區，將他安全護送到瓜伊馬斯。

順便再說一件事，迪亞茲革命過後，馬德羅執政。哈蒙主動提出要隻身前往雅基族人的村寨，把他們帶到由哈蒙和他同事控制的公司裏，付給他們足夠的工資，讓他們能建得起房子，養

得起家人。當然，這一切的前提是墨西哥政府能夠赦免他們，哈蒙發誓會修復雅基族人前面所做的破壞。然而，還沒等他有機會做這樣的安排，馬德羅就被謀殺了。如果當初哈蒙執行了他的計畫，就不會再有雅基族人後來的暴亂，因此而產生的破壞也就避免了。

「雅基族部落是我所見過的最正直最誠實的部落，如果公平對待他們的話，他們要比白人誠實得多。」哈蒙聲稱。

更加刺激的是哈蒙先生在安地斯山脈無人區的經歷。僅在兩個當地人的陪同下，他跨越了位於奧里諾科河和亞馬遜河源頭之間的安地斯第三山脈。當時有很多當地人從那個地區弄到了黃金，所以哈蒙前去調查一下。他的兩個導遊的計畫失敗了，最後三個人在叢林裏迷路了。他們連續三天沒有吃東西，後來，這兩個當地人從地下挖出了一些像咖啡豆似的東西，就這樣他們一直堅持到脫險。

到了旅程的最後一個階段，就連馬之類的交通工具都無法使用了，那裏根本就沒有路。他們三個人一整天就這樣順著溪流，走過了一條又一條。

在這個偏遠的，不爲人知的地方，哈蒙發現了一個小小的淘金作坊，有一些黑人婦女在那裏挖金子。負責這裏並把金子拿給來訪者測試的婦女突然消失了兩天，她回來後，第三天她丈夫又不見了。種種跡象表明，她生下了一個孩子。當時，「擬娩」這種風俗當地仍然十分盛行，也就是說，父親要在床上代替母親來享受各種美食的款待，來接受周圍鄰居的探望和賀喜，這種待遇相當於更先進地區的婦女受到的待遇。

哈蒙先生在非洲逗留期間還碰到了食人族，但是他們並沒有打算對他下手。

即使是在國內，這位礦產工程師及經理也是過著開礦先驅者那種艱難和動盪的生活。位於愛達荷州科達倫地區的邦克山金礦和沙利文金礦，發生了嚴重的勞工暴動事件，罷工的帶頭工人是海伍德和莫耶。哈蒙被派去負責讓礦區恢復正常運作。他挑選了幾名受過訓練的人，準備好發動機，出發前往危險地區，冒著風險將被炸毀的橋修好，並且遭到了那些失去理智的罷工者的射擊。一部分人在隨後發生的一場暴亂中喪生了。

在這段血腥的日子裏，哈蒙，這個與衆不同的人聽說暴亂的人都罵他是不敢出門的縮頭烏龜，於是就在一天晚上宣佈，他第二天中午要到街上去走走。他只帶了兩把左輪槍就獨自出發了。讓人捏一把冷汗的故事開始了。一群暴亂分子跟在他後邊，有那麼一兩個乾脆走在他前面，但是他手上的一個細微卻極其重要的動作，卻成爲他繼續前行的通行證。走到街道的盡頭，他穿過馬路，又走了回來。從此以後，這位加利福尼亞的年輕人得到了礦工們的尊重。

早在九十年代初，哈蒙就是一個赫赫有名的生意探子。在他之前，那些礦產專家幾乎都是國產的，靠著鐵鎬鐵鏟和幾本參考書在那裏找礦藏，他們不懂地質學、冶金學和其他一些科學方法的幫助作用。許多礦產工程師在大學裏學到的都是些一知半解的東西，而且他們還怕吃苦，不願意去偏遠的地方過那種一線勘探者的艱苦生活，給這個新興行業多多少少帶來了一些負面影響。然而哈蒙卻證明了他可以走遍天下的能力，只要提前一小時通知他，不論這個地方是文明還是未開化，他都會前往。

世界上最大的產金地區在德蘭士瓦。一八九三年，南非的一個巨頭巴尼·巴納多聘請了這位偉大的美國工程師，哈蒙立刻動身去調查約翰尼斯堡的地質結構和金礦的礦脈。通過研究，他確信儘管人們只開採到了露出地表的礦脈，但深層一定蘊藏著豐富的金礦。哈蒙認爲自己的計畫是合理有價值的，而巴納多卻拒絕爲這個花費巨大卻把握不大的項目投資，於是哈蒙辭職了。

這條消息發佈後的幾小時內，這個美國人就收到了一封電報，發來這封電報的人是英國殖民史上赫赫有名的人物塞西爾・羅德斯，他也是十九世紀最著名的人。當哈蒙抵達格魯特斯庫爾後，在位於開普敦附近帝國大廈裏羅德斯先生精緻古雅的家裏，他們進行了交涉：

「我認爲非洲對你的健康不大有利。」

「是的，加利福尼亞的氣候更好一些。」哈蒙先生應和著。

「說說你的期望薪金，不要擔心什麼。」羅德斯先生吩咐道。

哈蒙按他說的做了。在他的合同裏，每年十萬美金是底薪，他還規定了利潤分成。而且，他可以不受其他董事會成員的管理，羅德斯是他唯一的老闆。

羅德斯對哈蒙的能力深信不疑，當哈蒙敦促這個巨頭賣掉自己價值幾百萬美元的地表礦脈股份，把賭注全部壓在當時成本還不是很高的深層開採上時，計畫立刻就得到了執行。哈蒙成爲了南非大金礦蘭德的深層採礦之父。每年僅僅在德蘭士瓦就能爲全球市場提供幾百萬美元的黃金，更不用說他建立的開採樣板爲全世界採礦業所帶來的重大意義。

另外一件激發了這位羅德西亞奠基者想像力的事情，就是人們關於「所羅門國王金礦」的傳說。據聖經記載，所羅門國王的金礦就在馬紹納蘭，也就是現在的羅德西亞。他提議去那裏考察。他和詹姆森博士以及哈蒙和他的小隊，經過了一個幾百英里都是發熱病人的國家。最後一段行程是由這位工程師和幾個身強力壯的當地人完成的，他們發現了一個三千年歷史的艾爾多拉多金礦。哈蒙認爲，這座金礦非常值得去重新開發，現在它每年創造的利潤爲兩千萬美元。

哈蒙先生說：「羅德斯是我所見過的最了不起的人。他目光長遠、感知力極強、具有無限的勇氣。他的每筆交易都要徵求來自不同方面的觀點和意見，而且對利用別人這種事總是嗤之以鼻。英國如果聽取了他的建議，也就不會發生布林戰爭了。他從不計較金錢，只把它當作是一種達到偉大的、有價值的目標的手段而已。如果賺錢是他的目的的話，那麼他的遺產可能會是兩億或三億，而不是兩千萬。」

關於詹姆森・雷德爲哈蒙和另外三個人執行死刑的計畫是如何失敗的，詳細情況我也不是很清楚，但是根據當時在場的人所提供的第一手資料，我能大概講述一下改革委員會中美國領導人所起的作用。當時住在德蘭士瓦的非布林族居民都被稱爲「艾特蘭德爾」，他們上繳的國稅占整個南非共和國稅收的百分之九十，然而，他們不僅沒有代表權，而且還被剝奪了許多公民的基本自由權。克魯格雖然答應改革但從未履行。到後來他意識到人們正在計畫一場起義，於是就提出來，如果改革委員會讓所有的猶太人和天主教徒離開這一地區，他就同意他們所有的要求，哈蒙和他的同事們不會贊同這樣的背叛行爲。改革並不是要讓大英帝國吞併布林共和國，當有人提議在改革委員會的會議地點降下布林國旗，升起英國國旗時，布林宣佈，誰敢降下國旗，他就開槍打死誰。

詹姆森博士是當時羅德西亞政府的特派員，他是一個野心很大的人，養著一支部隊，但之前從未出過德蘭士瓦國界。這次約翰尼斯堡改革委員會叫他來的目的是萬一布林人要抵抗，他就出來支援。然而，詹姆森卻在改革委員會的人起床前侵佔了德蘭士瓦共和國，哈蒙被包圍了，他被迫投降。開普敦的英國高級政府專員說服改革委員會的人放下武器，並答應他們和羅格溝通後實行安全和合理的改革方案。

愛特蘭德爾人剛放下武器，六十到七十個改革委員會成員就被捕了。這引起了人們極大的憤慨，但最後被英國政府平息了。愛特蘭德爾人毫無辦法。對改革委員會的人的審訊已經成爲歷史

事件了。

人們普遍不知道的是約翰・海斯・哈蒙在等待宣判期間去了一趟開普敦，當時他病得很重，出於同情讓他去看病。在英國港口的時候，他有無數次機會可以逃離這個國家，但是他不屑於逃跑，寧願選擇乘坐三天返程的火車，無助地躺在那裏，遭受著充滿敵意的布林人的夾擊，他們明目張膽地計畫伏擊火車殺死他。然而，他的勇敢卻讓布林人折服。哈蒙太太在整個約翰尼斯堡和比勒陀利亞暴亂中寸步不離守著自己的丈夫，這種勇敢和奉獻精神也贏得了「溫・保羅」的欽佩。同樣，羅格也相信了哈蒙的動機是出於一片赤誠，他終於明白了這個美國人只不過就是想要建立一個和美國模式相同，人人平等的共和國。

實際上，當愛特蘭德爾人感到憤憤不平時，羅格曾對他們說過他要同這位「共和派哈蒙」做一筆交易。就這樣，哈蒙和其他三個同事在每人付了十二萬五千美元贖金後，就被釋放了。後來在羅格的要求下，哈蒙成爲一九〇〇年布林戰爭談判的調停者。

戰後，在倫敦舉行的一次著名宴會上，約翰・海斯・哈蒙請求英國的最高權力機構對布林人實行寬大處理。他敦促對南非實行調解政策，實現在南非建立聯邦共和國的可能性。他指出，由於人數上的優勢，荷蘭人勢必在投票中佔優勢，所以，不管願意不願意，這種政策遲早會被採納，因此，自願地、全心全意地採取這種政策方爲上策。哈蒙的這番敦促，核心意思就是：「速度就是效率。」

歷史已經充分證明了這一政策的成功，尤其是現在這場戰爭（一戰）中，布林人所起的作用是最好的證明。

哈蒙太太後來寫了一本書，名爲《婦女在革命中的地位》，約翰・海斯・哈蒙職業生涯中最吸引人的部分就包括在裡面。

一九〇〇年的布林戰爭爆發後，哈蒙先生回到了美國。他為英國的公司做調查，並將大量的投資吸引到了美國。在他的慫恿之下，一座城市幾乎可以在一夜之間就建立起來。當然，那個時候，哈蒙的判斷不可能在任何時候都是正確無誤的，他有的時候也會犯錯。但是，他的成就確實十分突出，一九〇三年，古根海姆企業以全世界最高的薪水雇用了他。

他經手確定的項目包括：古根海姆勘探公司、猶他銅礦公司、內華達聯合公司、托洛帕礦業公司、密蘇里鉛礦、伊斯普蘭納金礦，還有墨西哥大大小小的銀礦。總之，全世界都有他參與建起的採礦企業。

俄國政府曾兩次雇用他探勘該國的礦藏和工業資源，並和他探討了灌溉的可能性。

離開古根海姆企業後，哈蒙先生對農業灌溉發生了濃厚的興趣。現在，他和他的同事們正在開發位於墨西哥索諾拉雅基族河河口的灌溉項目，這是美洲大陸最大的灌溉項目，可灌溉面積為一千平方英里。現在，已經有三萬平方英畝的土地種上了莊稼。另外一個很有前景的灌溉項目是開墾一個幾千英畝的果園。這項工作正在由加利福尼亞的芒廷·惠特尼公司來完成，在這裏，灌溉要透過哈蒙發明的一套泵水系統來進行。他在墨西哥的一系列活動中，還包括組建重要的瓜納華托電力公司。

現在，哈蒙先生把大量的時間都花在了公益事業上。他尤其關注教育事業，在學校和其他一些機構裏發表許多演說。他曾在耶魯大學擔任過一段時間礦產工程學教授，他為這所大學捐贈了一個採礦和冶金實驗室。他被授予好幾個榮譽學位，還是美國民權聯合會經濟部的主席，在促進大企業勞資雙方相互理解方面不遺餘力的努力。他積極參與並慷慨支持醫療工作，他大力宣導透

過國際間的合作來促進世界和平。

在政治界，他是共和黨俱樂部全國同盟會的會長，塔夫特總統任命他為駐華大使，這一職位被塔夫特總統看作是所有外交職位中最重要職位之一。做為巴拿馬博覽會的特派委員會主席，哈蒙先生去過歐洲大部分國家的首都，並且和這些國家的元首與外交部大臣進行過會晤，對巴拿馬博覽會的成功舉行做出了巨大的貢獻。哈蒙先生還作為美國代表參加了喬治五世國王的加冕儀式。

不論是在生意上還是政治上，哈蒙先生都主張共和。他的觀點之一是：受到關稅保護的企業應該將它們的利潤狀況全部公開化。

在全世界各個階層都享有盛譽的美國人並不多見，他所陳列出來的名人親筆簽名照是美國數量最多的，這些人都是他本人認識的，從歐洲的主要統治者再到工人首領無所不有。其中一個叫塞繆爾・康珀斯的工人領袖在他的照片附上了這樣一段話：「送給約翰・海斯・哈蒙——我所見過的最有建設性、實踐性的，徹頭徹尾民主的百萬富翁。」

美國需要像哈蒙這樣有能力有經驗的企業政治家，這樣的時代也許馬上就會到來。他從第一手資料中，獲得了大量有關其他國家資源、工業和商業方面實用的、技術性的知識，所以，在接下來重建和平的過程中，他應該成為重大決策中的一個重要的、有價值的人物。到那時，美國所需要的將不會是一個目光狹隘、足不出戶的政治家，而是需要一個熟悉全世界經濟情況的、執著的、富有哲學思想的企業界巨人。

哈蒙先生常說「性格決定成功的大小」。用他的好朋友，另一個偉大的礦產工程師基卜林的話來說就是「不管接下來的路怎麼走，我總是感謝上帝讓我生活過，讓我和別人一起奮戰過」。

後記

哈蒙先生成功的背後是哈蒙太太的支持，這個堅忍不拔的女人一直都在勇敢地分擔著丈夫的困難與艱險。

這本到現在已經寫了十年的《成就美國的巨人》系列文章，很有可能將另一個約翰・海斯・哈蒙包括進去。這位兒子在無線遙控指揮海底魚雷方面已經小有名氣，小哈蒙的這一發明到底能給美國的軍事帶來什麼樣的影響，現在還很難說。據稱，這只是他許多重要發明中的其中一項。像這樣的父子名人幾乎是鳳毛麟角。

16

世界上最大電力公司的創始人
塞繆爾・英薩爾

那是一個秋風瑟瑟的十一月。一天傍晚，在倫敦國王十字街車站骯髒幽暗的地下月臺上，一位年輕人正在等候自己的火車。他是倫敦一名普普通通的小職員，每週的工資只有兩美元，但他是一個有志向的年輕人，利用業餘時間正在學習速記法。每天的日常工作結束後，他還要前往《名利場》雜誌的業主兼編輯湯瑪斯．吉布森．鮑爾斯家裏，去做一些速記工作，賺取幾個先令來補貼自己捉襟見肘的生活。

這個小伙子決定買點什麼東西隨便看看，好打發火車上乏味無聊的時間。他的目光落在了一本名叫《記者手記》的美國雜誌上，也就是現在的《世紀雜誌》。雜誌中正好有一篇文章是關於湯瑪斯．愛迪生電學實驗，當時的愛迪生在歐洲還沒什麼名氣。這篇文章的作者是愛迪生的助手之一弗朗西斯．R．厄普頓，文章裏所講的東西引人遐想。

沒過多久，這位職員的雇主，一個房地產代理商兼審計決定要削減開支。他雇用了一個學徒工，也就是不拿錢白爲他幹活的人，那麼這位需要付工資的職員就只好去應徵倫敦《泰晤士》報上刊登的一則招聘廣告。

原來，登這個廣告的人正是愛迪生的駐英代表、公平壽險公司紐約商業信託公司倫敦辦事處的負責人喬治．E．古爾沃德上校。這個年輕人的敬業精神和經歷留給古爾沃德上校一個很好的印象，因爲他除了自己的本職以及爲著名的鮑爾斯做些速記工作外，還抽時間爲當時的議會著名人物喬治．坎貝爾做些文書工作。

古爾沃德上校安排他做自己的秘書。從那時起，他就下決心一定要成爲那本雜誌中神奇故事的主人公——愛迪生本人的私人秘書。

在古爾沃德上校爲他安排了新職位後，他不僅白天全天投入工作，而且爲了實現自己的目

標，他還盡可能在晚上爲愛迪生技術的駐英國代表E・H・約翰遜提供幫助。當時的約翰遜正忙於協助籌建愛迪生電報公司倫敦分公司，但是面對約翰遜先生，他卻隱瞞了自己的目的。

這位年輕秘書的能力、熱情以及旺盛的精力，很快引起了前來參觀愛迪生總部的一些美國人的注意，沒過多久，美國一家知名國際銀行邀請他去紐約，並爲他提供了一個令人怦然心動的職位。接受就意味著他要改變自己最初的計畫，所以他拒絕了。

終於有一天，他等來了一封自己夢寐以求並爲之努力已久的電報：湯瑪斯・A・愛迪生希望他成爲自己的私人秘書。

這個年輕人就是塞繆爾・英薩爾，愛迪生早年的秘書、同事、密友、財務經理和知己。現在，他是世界上最大的電力公司，聯邦芝加哥愛迪生公司的創始人和一把手。這個蒸汽發電廠所提供的電能和服務的客戶數量，超過了紐約、倫敦、柏林或巴黎的任何一家電力公司。英薩爾先生也是芝加哥高架鐵路、城市天然氣公司的最高管理者，此外他還建立了並管理著許多家企業，這些企業爲三百五十個社區提供天然氣和照明用電、爲大型工廠供電、爲城市和近郊鐵路提供源源不斷的電流。

故事要再重新回到二十一歲時的塞繆爾・英薩爾，那個正爲愛迪生的邀請而喜出望外的小夥子。他具備從事這項工作的能力，有關電學方面的知識他已經學到了很多，而且還有幸成爲了歐洲第一個爲時半小時的電話交換機實驗的操作者。他完成得很出色，至少在同等的條件下比另外一個同事強多了。

那是在皮卡迪利廣場柏林頓大廈舉行的一次皇家社交慶典上，會場裏安裝了一部電話，一來是爲了增添樂趣，二來是爲了讓客人們認識一下這個新鮮事物，好讓電話能夠引起公衆的注意。

格拉德斯通夫婦走了過來，對這個新奇東西表現出了很大的好奇心。格拉德斯通太太要求在這一端負責的塞繆爾・英薩爾讓她試一下。然後，這位政界名人的夫人拿起電話，問另一端的愛迪生雇員，你能聽出說話的人是男是女嗎？結果聽筒裏傳來響亮的回答：「是男人！」

一八八一年二月二十八日，愛迪生這位新的私人秘書滿懷著希望和憧憬踏上了美國的土地。儘管已經是下午五、六點鐘了，約翰遜先生卻仍然帶著他直接來到了位於第五大道六十五號的愛迪生辦公室。

愛迪生和英薩爾在第一眼看到對方時，兩個人幾乎同時都感到了失望。愛迪生壓根兒沒想到他未來的秘書竟然還是個娃娃，而英薩爾眼前的愛迪生和他想像中的英雄似乎也相差甚遠。

英薩爾先生講述道：「在我印象裏，像愛迪生這樣的人著裝應該是一流的，然而他的穿戴卻極爲普通。他穿著一件黑色艾爾伯特王子斜紋舊外套，裏面還有一個馬甲，褲子是黑色的，脖子上繫著的那條白色絲巾手帕就隨便打了個結，然後垂在了他的胸前，絲巾後面那件白色舊襯衫隱約可見。他戴著一頂墨西哥式的低頂寬邊帽，當時很多美國人都戴這種帽子。他的頭髮留得很長，很隨意地蓋過了他寬闊的額頭。但是，除了這一切，留給我印象最深刻的，是他的才智和他談吐中的那種強大的吸引力，還有他特別有神的雙眼。他的謙虛遠遠超出了我的想像，我還以爲能看到一個與衆不同的人呢。總之，他的外表雖不能用『不修邊幅』來形容，但『隨意』二字可以說是恰如其分。」

這位新來的秘書，很快就領教了愛迪生沒有時間約束的工作理念。晚飯後，愛迪生讓他做職責報告，他第一天的工作竟然一直到清晨四五點鐘才結束！

英薩爾先生立刻就被這位神奇的人物吸引住了，對他而言，愛迪生身上有一種魔力。他忘掉

了愛迪生沒有領套，襯衫是破舊的，頭髮是亂糟糟的，褲子沒有筆挺的褲縫。一個晚上的交流足以讓他對眼前這位英雄思想裏的財富產生無限的崇拜。

英薩爾先生回憶道：「第二天晚上，我被愛迪生先生帶到門羅公園，我至今仍然清楚地記得當我看到他的實驗室、他的家和他助手的家附近被這種新型白熾燈照亮時是多麼的吃驚。這種燈絲是一種碳，比先前我在倫敦見到的紙質燈絲又改進了很多。我記得那天晚上，我迫不及待地去了距實驗室半英里的火車站，給倫敦的幾個朋友發了電報，告訴他們我已經看到了愛迪生發電系統的整個過程。大約過了十一二天左右，我收到了一封回復電報，電報中這位朋友終於承認，我在美國待的時間已經足以證明，我和其他那些與我打交道的美國佬一樣，能夠很好地勝任這項工作。」

這個秘書很快就發現，他必須做一些職責範圍以外的事情。除了工作上的事以外，他還得爲愛迪生買幾套衣服，好讓他看起來更受人尊重些。這個愛迪生實在是太過專注內在的東西了，他完全忽略了自己的外在。愛迪生立刻就「依賴上」了這位年輕人。

幾個月之內，英薩爾先生就參與了愛迪生公司的每一個企業。他不得不替愛迪生管理整個財務系統，照料好公司和他個人的各項事務。

英薩爾先生回憶道：「我替他打開信函，並代他回覆。有時我會在後面落款愛迪生，有時候落款是我自己。如果後者要求承擔法律責任，我就會以愛迪生私人秘書落款。我拿著他的委託授權書，替他在支票簿上簽名。那段時間，愛迪生很少親自在信件上或支票上簽名。如果他想親自和誰交流，如果這個人是一個熟人好友，那這封信可能就會以備忘錄的形式出現，上面有鉛筆書寫的『愛迪生』字樣。我很少記錄愛迪生的口述內容，除非是技術方面我不懂的東西。他希望我用他那種簡潔明瞭的方式來回覆所有的信函。對於愛迪生來說，一封信裏只寫『是』與『否』是稀鬆平常的事，現在，決定權就在我手裏。愛迪生很少關注那些檔案之類的東西。儘管他一直以來都聲明自己既不是律師也不是會計，但是他卻有一種非凡的能力，能夠一眼就看出合同或帳目中存在的問題。他在表達自己的觀點時，言簡意賅，卻層次分明。」

我問英薩爾先生：「那段日子裏，你們一天大概工作幾小時？」

英薩爾先生回答：「我一整天都得在辦公室工作，操心財務和業務方面的事情，到了晚上，我常常就在實驗室裏陪著愛迪生，一般七天裏有四天是這樣。星期天晚上我們不工作，但是按照慣例，我們星期一和星期二晚上要在實驗室裏度過。到了星期三晚上，我們就會因缺乏睡眠而筋疲力盡，那麼星期三晚上就在床上睡覺。」

「星期四星期五晚上我們會再一次忙個通宵。我知道愛迪生能夠連續十天十夜工作不睡覺，他堅持不睡覺的時間就像駱駝堅持不喝水的時間一樣久。」

那段日子眞的是很忙碌。他到達紐約兩個月後，給他的英國朋友寫信，信中表達了自己對電業的前景充滿了信心，他講述了在一條八英里長的街道上，七百個燈泡如何被發電機同時點亮。他進一步詳述，紐約第一個輸電區域將會出現大約一萬五千六百七十個白熾燈，最後他又補充道：「我估計，供電地區將持續供電三到四個月，到時候，你將看到你願意看到的一切。你將親眼看到那些英國科學家不得不紅著臉收回自己說過的話，我在英國之時，約翰遜在信中告訴過我這一切……現在最大的問題是如何才能將我們的機器生產出來。」

一八八二年九月，第一個中心電站在紐約郊區珍珠街開業，那時候愛迪生已經完成了他的白熾燈發明改進工作，但是卻面臨著其他一些巨大的難題，比如說籌集經費加工必要的材料、採用

適當的方法使電流分流、減少輸電電纜中銅的消耗量等等。愛迪生先生已經以高價售出了電話、電報兩項發明，這兩項發明爲歐洲和美國本土都帶來了巨大的好處。他把這筆錢慷慨地投入到了各種各樣的工廠裏，用來生產燈泡、發電機、馬達、電線電纜、固定設備以及各種各樣的電氣設備。儘管愛迪生花盡了自己所有的錢，但仍然無法滿足當時的需求。

英薩爾先生告訴我：「事情一度看起來是那麼的令人傷感、那麼絕望，有一天晚上，愛迪生十分嚴肅地告訴我：『如果我們無法度過這個難關，我可以再回去做我的發報員，我想你也一定可以繼續做你的速記員。』」

「連續六個月來，事情一團糟，我們的資金嚴重短缺，我不得不向一個朋友求助，在困難的時候，他比我們其他人都有辦法。他借給我一些錢，讓我暫時能顧得上一日三餐，不至於露宿街頭。」

「愛迪生先生還有給他當財務主管的我，每到一個關頭都會被債權人逼得焦頭爛額。經過了這麼長時間後再去回顧當時，我必須承認，那個時候我們的問題眞的是很嚴重。」

「然而，我們卻一直咬牙堅持，最終站穩了腳跟。那個時候唯一肯幫助我們的人只有J・P・摩根和亨利・維拉德。」

其他一些商界精英曾告訴過我，若不是塞繆爾・英薩爾的英勇奮戰，他們甚至懷疑，愛迪生先生能否克服這麼多困難。又有誰能估計得出，如果愛迪生眞的被壓垮了，從此默默無聞一蹶不振，那麼這個世界將會損失什麼，我們的上一代人將會失去多少發展機會？英薩爾先生日日夜夜忠實地支持和鼓勵著愛迪生，美國人民眞的是欠他一份情。

爲了避免位於紐約戈爾克大街生產機器設備的工廠發生連續不斷的勞工問題，他們決定在紐約斯克內克塔迪建一個工廠，那裏的勞動力資源比較充足，而且斯克內克塔迪機車廠（現在屬於美國機車公司）已經樹立了很好的聲譽。英薩爾先生負責管理這個劃時代的企業。作爲總經理，他一手將這個僅有二百五十個工人的工廠，發展成爲一個擁有六千名雇員的大企業。正是有了這個工廠作基礎，才有了後來的通用電力公司。他同這位奇才的親密接觸，讓英薩爾先生徹底學會了管理企業中每一個步驟的實踐經驗，同時也提高了他管理工人的能力。

說到學習和教育，有一次塞繆爾・英薩爾打算申請加入一個由博學之人組成的社團，要求愛迪生爲他列出詳細的高等教育背景。作爲答覆，愛迪生寫下了這樣一句話：

「塞繆爾・英薩爾在實踐這所高等學府裏接受過最好的教育。」

從一八八九年開始，塞繆爾・英薩爾出色的企業管理能力就開始初現端倪。他將愛迪生五花八門的加工生產廠統一合併成爲愛迪生通用電器公司，他親自擔任副總裁，並負責整個企業的生產和銷售。他在這個職位上一直待到一八九二年六月，愛迪生通用電氣公司和托馬森－休斯頓公司合併成爲現在的通用電氣公司。當年秋天，英薩爾先生辭職並接受了芝加哥愛迪生公司總裁的職位。

到達那裏後，他才發現這個公司的總資產僅爲八十三萬三千美元，公司並不是芝加哥最大的公司，競爭對手有好幾個。公司裏只有幾個員工，發電能力也只有四千馬力。

在過去的二十五年內，塞繆爾・英薩爾所做出的創造性、建設性工作，所做出的發展生產計畫，所克服的技術和社會問題方面的困難無人能及。

在他的管理下，芝加哥愛迪生公司的總資本從不到一百萬變成了現在的八千五百多萬（公司現名爲聯邦愛迪生）。

發電能力從原來的四千馬力變成了現在的五十萬馬力。

耗煤量從每週幾百噸變成了現在的每小時三百噸。

他還是芝加哥民用燃氣公司和高架鐵路公司的負責人，這兩項業務再加上電氣公司的業務，每週的資金吞吐量爲一百萬美元，相當於兩億七千五百萬美元的投資。

通過組建和管理中西部公用事業公司和其他幾個公司，英薩爾先生爲十三到十四個州的三百五十個社區，提供照明設備和電力供應，這些公司的總年度收入高達七千五百萬美元，英薩爾各公司每年的總投資金額，在四億美元到四億五千萬美元之間。

一八九二年時候的幾個雇員現在壯大成爲一支兩萬五千人的工人隊伍。

客戶從原來的幾百個發展到了現在的幾十萬個，而且仍然在增加中。

二十五年之內，聯邦愛迪生公司的規模擴大了一百倍。

幾年前，英薩爾先生用白紙黑字上鐵一般的事實，證明了他能夠向芝加哥高架鐵路公司提供，低於其自備電廠發電成本的電力。現在，高架鐵路公司的鐵軌已遍佈了整個城市。

二十五年前芝加哥有好幾個小型電廠，而現在只有一個大型發電廠。一八九二年那個尚在繈褓中的小廠現在已經成爲了全世界工業城市中規模最大的企業。

或許，要闡述英薩爾先生的成就，最一目了然的辦法就是將他負責管理的公司、企業、實體列出一個單子來，他在這些企業中擔任總裁、董事長、以及管理者。

公司名稱	職位
民用燃氣照明和焦炭公司	董事會成員兼董事長
聯邦愛迪生公司	董事長兼總裁

北伊利諾公共服務公司	董事長兼總裁
中西部公用事業公司	董事長兼總裁
伊利諾北部公用事業公司	董事長兼總裁
特溫州立燃氣電器公司	董事長兼總裁
斯特林—狄克遜—伊斯頓鐵路公司	董事長兼總裁
伊利諾中部公衆服務公司	董事會成員兼董事長
肯塔基公用事業公司	董事會成員兼董事長
密蘇里天然氣電器服務公司	董事會成員兼董事長
州際公共服務公司	董事長
奧克拉荷馬公共服務公司	董事長
維吉尼亞電力傳送公司	董事長
聯邦電力信號公司	董事會成員兼董事長
西北高架鐵路公司	董事會成員兼董事長
南部高架鐵路公司	董事會成員兼董事長
城市西部高架鐵路公司	董事會成員兼董事長
芝加哥橡樹公園高架鐵路公司	破產企業管理人
芝加哥高架鐵路抵押信託公司	執行委員會主席
美國水力發電公司	董事長

西賓夕法尼亞公共運輸及水力發電公司　董事長兼總裁
西賓夕法尼亞公共運輸公司　董事長兼總裁
西賓夕法尼亞鐵路公司　董事長兼總裁
西賓夕法尼亞電力公司　董事長兼總裁
大湖地區電力有限公司　董事長兼總裁
國際運輸公司　董事長
中心電力公司　董事長
伊利諾中部地區煤礦公司　董事長
中部地區煤礦公司　董事長
芝加哥奧爾頓鐵路公司　董事長
電力測試實驗室　董事長
芝加哥城市鐵路網抵押信託公司　委員會成員
芝加哥北海岸密爾沃基鐵路　董事會成員兼董事長
芝加哥跨城市運輸公司　董事會成員兼董事長

他對待公衆和政治家的態度一向是「共和」的。從一開始，他就不遺餘力地爲實現公共服務事業單一化管理而努力，因爲重複建設公共設施只能意味著投資的浪費和成本的抬高，最終對消費者不利。對於與企業有關的一切細節，包括成本、投資收益等，他都會盡可能詳細地公佈出來。他的理論是：只有獲得了巨大的業務量，實現二十四小時持續均勻供電，才能以最低的價格爲家庭和工礦企業提供電力服務。

芝加哥應感謝英薩爾這種積極進取的策略，多虧他，消費者才能以國內外最低的價格，享受電力為人們帶來的種種好處。這是一個不容辯駁的事實。

在安裝新的設備，尤其是先進的、高性能的、可以用來進行大規模生產，從而降低成本的昂貴機械方面，他一直是個先驅者。

英薩爾先生一邊在提高產量方面不斷投注心力，在銷售方面也投入了很大的精力。他相信廣告宣傳的力量，他要讓公眾瞭解到電會給家庭主婦、商店店主、生產商、鐵路帶來什麼。十年前人們對當時頗具影響的企業調查厭惡至極，而英薩爾先生卻很情願地主動將自己公司的一切攤牌。他還抽出許多時間，主要以演說的形式給其他企業提出建議，要他們坦誠、公平、愉快地處理同公眾之間的關係。

英薩爾先生堅信，電的時代才剛剛開始，此時這個行業正醞釀著一場誰也無法想像的重大發展，世界上會有越來越多的工作要依賴這種神秘強大的電流，對電能的利用和管理是一項複雜的工作，甚至連愛迪生本人都沒有機會去一一體驗。

比方說，他認為通過正確的管理，目前的中心發電站應該且能夠為全國的鐵路系統配電，鐵路工人將積極投入自己系統的工作，電力工作者也將認眞投入供電工作。在英薩爾先生看來，德國的設想並非無稽之談，這種將整個國家劃分為幾個區域，在每個區域建一個大型中央電站，為鐵路、工廠和家庭提供電力能源的想法是切實可行的。幾年前，著名的英國工程師S・Z・德・費倫蒂也提出了一項類似的計畫。我相信，如果英薩爾先生的生命是無限的話，他可能會在這方面為美國做許多事情。實際上，他已經在伊利諾州和美國中部的一些州，率先形成了一個良好的開端，儘管到目前為止他在蒸汽機車上還沒能有所建樹。

我在採訪中問英薩爾先生：「在你的奮鬥歷程中，什麼是最難攻克的難關？獲得特許經營權，人們的滿意度，還是其他？」

「是籌集資金。」英薩爾先生用強調的語氣回答道，「當公眾充分瞭解到實情後，他們通常能夠做出公正的判斷。」

「最能讓你感到愉快的是什麼？」

「有所成就的那種愉快，那種能夠親自去做、去建造、去創造某些東西的愉快。」

我接著又問：「一個人事業成功的最基本要點是什麼？」

「健康的體魄、想像力、堅持、良好的記憶力。當然你還要想辦法保持下去。」

我又追問道：「一個人怎樣才能有良好的記憶力呢？」

「培養記憶能力的方法就是要多去記憶。如果一個人對他所從事的事情十分感興趣，那麼他在記憶有關的重要事情上就不用花費什麼力氣。你通常會記住那些你喜歡的人，同樣的道理，如果你喜歡現在的工作，那麼你就能輕而易舉地記住做這項工作的要點。不要總是在手裏拿著一個筆記本。」

我接著又問：「爲什麼有這麼多年輕人甚至是年紀稍大一點的人都失敗了呢？」

「因爲他們不願意做出必要的犧牲。正如愛迪生曾經說過的那樣：『一個人除了需要確保早晨能夠早早開始工作外，根本就沒必要看鐘錶。』」

英薩爾先生是一個習慣早起的人，即使現在，他仍然是早晨第一個到達辦公室的人。

英薩爾先生繼續說道：「幾乎在每一個公司或機構裏，你都能聽到一些人這樣說：『某某人和老闆關係很好。』如果你花些功夫去瞭解一下的話，你必然會發現，那個和老闆關係好的人是一個實實在在肯工作的人，是一個處在工作狀態中的人，是一個隨時準備著做任何事、去任何地方的人。相反，抱怨的人往往是那些只考慮自己下班後該怎麼娛樂，而不是去考慮如何讓自己的工作更有成效的人。」

「因此，沒有成功的人往往是因爲看不到一些事情，沒能很機敏地注意到其他人在做什麼，沒能搞明白什麼是什麼，沒能抓住身邊的機會。他們對周圍的一切似乎不是很警惕。」

英薩爾先生完全有資格談論這些事情。他出生於一八五九年十一月十一日，十四歲被迫輟學，開始在辦公室打雜，每週的工資只有一點二五美元。這樣少的工資迫使他每天晚上要到別的地方幹活才能生存。很小的時候他就開始自學速記法，剩下的部分我在開篇的時候已經大致講述過了。

他最大的愛好是務農。在距離芝加哥約三英里的伊利諾雷克郡，他擁有一個三千五百英畝的農場，在這裏，他不但親自養殖家畜，並且還教會當地的農民如何養殖良種牛、羊、馬匹和豬等家畜。此外，他還教授當地農民如何引進先進的農業方法。他對這個州的農業發展做出的貢獻是無可估量的。

17

保險業王國的浪漫詩人
達爾文・P・金斯利

這裏是田園詩一般的新英格蘭。在這樣淳厚質樸的環境中，在這片貧瘠的土地上，養育了無數名留青史的美國人。

這些人當中最有代表性的就是紐約人壽保險公司的總裁達爾文．P．金斯利。二十五億的投保總額，九億美元的總資產，紐約人壽保險公司的這些數字，恐怕是這世界上其他任何一家保險公司所望塵莫及的。

「在我的出生地佛蒙特，除了一點點蔗糖和一點點茶之外，我們所有的衣食住行全部來自於那一座四十英畝的農場，以前製糖的土辦法是將楓樹汁熬成糖。我們先從十幾隻羊身上剪些羊毛下來，然後再紡成線，再用毛線織成冬天穿的毛衣。花園裏，我們種的亞麻可以製成夏天的衣裳，即使是我們用的線也是自家紡的。紡車的聲音一天從早響到晚，很少有停下來的時候。父母除了自己外，還要爲我們五個孩子做衣服。我們那個時候叫做『咖啡』的是烤大麥或烤玉米粒。我還很清楚地記得父親第一次拿著羊毛去換成品衣服時的情形，當時，我們都高興地感覺到生活好像從此進入了一個文明的新紀元。」

「一八五七年我出生的時候，阿爾布格還沒有足夠多的房屋，甚至還沒有形成一個小村莊。夏天，我就去一個破舊的『社區』學校讀書，人們墨守成規，誰也沒打算去更高等的地方接受教育。在我們的家裏幾乎沒有幾本書。那裏的生活簡單得不能再簡單，人們自尊自愛，思想裏充滿了道德和宗教的約束。但是這樣的生活範圍太狹窄、讓人沒有鬥志也沒有想像空間。在那裏，沒有什麼東西可以激起一個男孩的志向和熱情，也沒有什麼能讓他瞭解到『小屋、牛欄等有限範圍』以外的世界。剛開始，我和那裏的其他人一樣，眼界狹窄，沒見過世面。」

「但是有一天發生了一件事，這件事徹底改變了我的生活軌跡。那是我和我們的家庭醫生

之間的一段對話。他對我說：『你應該去上學。』我告訴他我現在正在上學。他說：『是這樣，沒錯，可我的意思是說，你應該繼續上學，去學拉丁語。』我問他：『拉丁語是什麼？』他回答說：『如果你不懂拉丁語就無法眞正理解自己的語言。減法是什麼？它又從哪里來？』我告訴他減法就是減法。然後他又對我解釋道，減法這個詞來自於兩個拉丁語詞，『sub』的意識就是『從』，『trahere』的意思是『取出』，那麼減法的意思就是從裏面取出一部分。」

「刹那間，一個全新的世界在我眼前豁然展開，我意識到還有一個自己一無所知的世界存在著。這次不經意間的窺視讓我從那一刻起就下定了決心，一定要努力學習，把這一切都學到。十二歲之前，我就完成了格林利夫普通學校的全部數學課程，雖然這所小小的學校無法再爲我提供更多的新知識，但我仍然堅持夏天在農場上幹活，冬天讀書，一直到十七歲爲止。隨後，我被送到斯旺頓學院度過了一個冬季學期，在佛蒙特巴里學院度過了一個春季學期。學院的校長J·S·斯波爾丁博士是一個很出名的人，在他的指導之下，我決定不放棄學業，一邊工作一邊讀完大學。」

「在每個暑假期間，我白天都會在田裏幹活，整天揮舞著鐮刀收割或者耕地。二十歲之前，我讀完了專科學院的課程，然後在不知道學費從哪裏來的情況下，就去了位於伯靈頓的佛蒙特大學參加入學考試。那個時候正值春天。」

「整個夏天我都在農場上幹活，攢了四十五美元。農場主同意借給我剩下的一部分學費，但條件是我得保證萬一我死了，他也能拿到這筆錢。只要我還活著，他絲毫不會爲這筆錢擔心。斯波爾丁博士是人壽保險的大力支持者，他常常給自己的學生講起買一份好保單的種種好處，他還特別強調，有些情況下，保險可以起到證券的作用。我在大都會壽險公司買了一份一千美元的保單，每年要交二十美元的保險費，對我來說，這無疑是一筆巨大的開支。我把這份保單交到了我的那位農場主資助者手中。毫無疑問，這件事情對我今天能夠成爲紐約人壽保險公司的總裁起了很大的作用。」

「我去了距離自己的家四十英里以外的伯靈頓，我大學第一年的花費總額爲一百六十五美元。靠這些錢我是怎麼過來的？我的媽媽有時候會送一些烤火雞和其他一些吃的東西來，但我主要還是靠煮馬鈴薯、麵包和牛奶維生的。吃了一段時間煮馬鈴薯後，我就會覺得自己簡直受夠了，我開始瘋狂地想著吃肉。但即使到了那個時候，我都會盡可能和自己這種折磨人的食欲做鬥爭。但是有一天我終於忍不住了，就去買了一小盒牛肉片。我覺得自己只要咬上一小口，就可以在幾天之內不再去想它。我剛一走出商店就迫不及待打開盒子，吃了一小片。但是它立刻就勾起了我對肉的全部欲望，我就這樣站在街上，一口氣將它吃了個精光。」

「我大學的學費是靠每天爲課堂和教堂上下課敲鐘賺來的，每天要敲七次。如果我提前五秒鐘敲鐘，男生就會找我的麻煩，但如果我晚敲了一秒鐘的話，教授們就會對我大發雷霆。這種對準時的嚴格訓練，是我在大學課程中學到的最好的東西。從此以後我肯定再也不會遲到。」

這個白天裏幹苦工，爲學校敲鐘，處在半饑餓狀態的年輕人，成爲了大學裏的獲獎演說者、大學優秀生聯誼會成員，和在希臘語拉丁語與數學幾門學科均獲得獎學金的優等生。然而，他的奮鬥並沒有隨著文科學士學位的獲得而告終，正如攀登科學研究的高峰那樣，還有更艱險的路正在前面等著他。

我問金斯利：「你大學畢業後的理想是什麼呢？」

「我最高的理想無非就是當一名年薪一千美元的教師。當時在我的眼中，這就是成功和財富

的最高形式。我沒想過要成爲一名律師，但是由於自己還有債務沒還清，所以，我覺得自己必須馬上開始工作。那個時候，幾乎每個有志向的青年都渴望能去西部發展，在這股西行潮流的推動下，我首先去了住在懷俄明大牧場上的一個姐姐那裏。但我很快就意識到，那種捆乾草、料理牛羊、馴野馬的日子，不會讓我離理想的目標更進一步，所以，我又去了夏延。」

「在那個遙遠的鎮上，我沒有朋友，沒有工作，身上只有十五美元。我有生以來第一次，也是最後一次深深體會到了想家的滋味。脆弱的我竟然跑到了火車站，看著開往東部的列車最前端的司閘員，心裏充滿了強烈的嫉妒。當時我簡直孤獨得要發瘋了！」

「但是，我必須振作起來，找點什麼事情做才行。我等不起也閒逛不起。在我暫住的二等旅館裏，有一位上了年紀的當地人對我還算不錯，他安排我去兜售圖書。我走遍了整個北科羅拉多，最後實在吃不消，在朗蒙特病倒了。那個時候陌生人給予我的無私的幫助，是我一生中最珍貴的記憶之一，雖然我只是個一文不値的圖書推銷員，但是人們對我就像是對待自己的親人一樣。」

「很快我的病就痊癒了。有一次我向一位年長的擠奶工推銷圖書時，他對我說起，他來自於佛蒙特。我們聊了起來，我告訴他我要去丹佛。他便問我：『你去丹佛做什麼？』我回答道：『我也不知道，但是我覺得那裏是我打拼的最佳地點。』談話結束時，他推薦我去他丹佛的一個律師朋友那裏，他也來自青山州（佛蒙特別名）。這位律師後來成爲我最好的朋友，我們的友誼一直保持到他生命的最後一天。讓我去讀法律是不太可能，所以我找了一份教師的工作，每個月的收入爲七十美元。但是在這裏我每個月的食宿費就要花去四十五美元。這份不死不活的工作我做了整整一年。」

「到西部去的衝動再一次湧起。那時候，來自大河地區山谷裏的猶他印第安人，正打算開鑿河流灌溉農田。我移居到了大章克興，當時那裏還是一個到處搭滿了帳篷、蓋滿了木棚，夾雜著沙龍和舞廳的開拓者樂園。在灌溉工程完工前，那個山谷簡直就和百老匯大街一樣，就連一棵蔬菜都看不到。」

「我向奧什科什的一個朋友借了五百美元，買下了大章克興《新聞》雜誌的一半股份，那個時候它還只是一本苦苦掙扎的週刊，但現在它卻是一份具有影響力的日報。那一年，我二十六歲。但是要做好一個服務於邊遠開發區群衆的刊物編輯，並不是件輕鬆的事。那個時候貪污受賄成風，我就揭發那些貪污受賄者。日子過得緊張而刺激，我睡著時，常常會有武裝保鏢守在門口。有一段時期，我每次上街時，揣在外套口袋裏的手裏總是緊握著一把六響槍，我時刻處在備戰狀態。」

我問道：「那你有沒有眞的發生過鬥毆或槍戰之類的事？」但是金斯利先生的回答卻含糊其辭。最後我終於說服他，讓他講出了一段深刻難忘的事。

於是他開始講述道：「嗯，我是一個共和黨派人士，可是，當時那個民主黨州長卻任命了一幫丟人現眼的草包笨蛋（內戰後去南方投機的北方政客）做地方官員，我希望能換成我們自己的人。那個被任命爲郡地方長官的傢伙尤其令人反感，我在報紙上和他開了個玩笑，把他以往做過的蠢事抖漏了一些出來。我的合作者警告我，這樣做會惹禍上身。那是當然了。第二天報紙被印了出來，我剛走到街上，他就逕直朝我來了。實際上，我並不是眞的想找麻煩，我儘量避免在大街上和他發生口角，這反倒讓人們覺得，我的筆桿子似乎要比拳頭更勇敢。」

「他鐵青著臉，揮拳就朝我打來。我並不是個拳擊手，但我漸漸發現，他的格鬥技巧也沒

有比我高明多少，我躲開了他的襲擊。他沒有打中我，就用他那重重的牛仔靴朝我的腹部踢了一腳。我被激怒了，簡直怒不可遏，一拳打在他的下巴上，他整個人被我打得飛起來，然後倒在了路邊。」

「此後，我的麻煩就少多了。這件事最立竿見影，也是最有趣的效果是，當天晚上，一個大塊頭的愛爾蘭人來找我，這個傢伙對地方長官的位子已覬覦多時，他送來滿滿一籃子草莓，主動向我表示感謝。」

從那以後沒過多久，金斯利先生就被任命為共和黨全國代表大會，科羅拉多和芝加哥代表。第二年，即一八八六年，他被選為總部設在丹佛的州保險公司主管和審計。他發現，自己很有必要對保險業進行深入研究，並且去追蹤一些假冒保險公司。斯波爾丁博士對於人壽保險價值的宣揚，想不到在他身上發揮了作用，隨著他對保險業理論研究的加深，他更加確信保險的價值所在，保險是一項有利於個人和社會的事業。簡言之，他成為了一個十足的保險信徒。

因此，當喬治·W·珀金斯來到丹佛，將紐約人壽保險公司新英格蘭地區的代理機構總監管的職位提供給他時，他欣然應允了。

「從一八八九年開始，我就在位於波士頓的總部開始工作，一直到一八九二年。然後我就來到了這裏。」金斯利先生說。

「我來到了這裏。」這句話聽起來似乎很簡單。剛剛來到這裏時，他才僅僅是個代理機構主管，而現在，他卻成了總裁。中間這個過程充滿了建設性、主動性和思路清晰的工作。就在這幾年中，保險行業經歷了種種考驗和危機，那些弱勢的實力差的紛紛破產，而那些實力強勁、傑出的公司則紛紛湧上前來，佔據了市場。

實際上，導致金斯利來總部的直接原因，是紐約人壽保險公司及其總裁威廉・H・比爾斯第一次遭到了公衆的抨擊。當時他和珀金斯兩個人都被叫到了紐約總部，立刻投入到了捍衛公司和公司領導的工作中。他們兩個都擅長用筆來做武器，都能鼓舞代理機構的士氣，將他們的力量凝聚起來，兩個人都能應對新聞媒體的攻擊。儘管比爾斯先生被董事會再次選爲總裁，但是，爲公司的利益考慮，他毅然辭職了。當約翰・A・麥考爾當選爲總裁之時，這兩個來自西部的年輕鬥士都得到了提升。

一九〇五年，具有歷史意義的阿姆斯壯保險行業大調查開始了，達爾文・P・金斯利以他非凡才幹、不容置疑的優點，和遠見卓識的領導能力備受矚目。這個時候的他，不僅精通全部保險業務，而且還掌握了相關的金融和投資領域的全部知識。當戰鬥結束，硝煙散去後，只剩下一個人屹立在戰場上毫不動搖，毋庸贅言，總裁之位非此人莫屬。一九〇七年，繼麥考爾先生之後，亞歷山大・E・奧爾被選爲臨時總裁，然而，金斯利先生卻沒有任何異議地取代了他，成爲新總裁。

那個時候，公司在農場抵押貸款方面還沒有一分錢的投資。但是金斯利先生在西部的經驗告訴他，保險基金投資將會是一個安全且利潤豐厚的領域。如今，公司已將三千萬美元的貸款發放給了農民，其中一九一六年的提供的貸款爲一千六百萬美元，每一美元都肩負著提高促進農業生產效率，降低農產品成本的任務。同時，金斯利先生還對市政信任債券的投資方式實行了改革。

正如他留給全公司上下的印象那樣，他的目的並不一定是要讓紐約人壽保險公司，成爲全世界最大的保險公司，而是要讓它成爲最好的、最強的。因此，儘管有另外兩家保險公司，在投保總額上超過了紐約人壽的二十五億美元，但是，卻沒有一個競爭者的資產總額能夠達到兩三億美

元。當然，金斯利先生一向推崇穩步發展，原來一些制約著保險業朝著新業務方向發展的法規，已經逐漸得到了修訂，這在很大程度上是金斯利先生運用文章和演說力量的結果。

多年來，保險業辦公業務中存在的很大問題是：在進行一些數量龐大的記錄工作時，存在著嚴重的耽擱和擁擠現象。當一個辦公人員從一卷資料中的某一頁中摘抄資料時，其他一些同樣需要這卷資料的人就只好等在那裏。誰都對這個問題束手無策，後來，金斯利先生親自出馬解決了這個問題。他引進了庫珀—休伊特發明的圖片標籤系統，這項革新的價值是門外漢所無法理解的。

在學校裏演說獲獎的學生，往往會在日後的生活中變得平淡無奇。然而佛蒙特大學八一班的D・P・金斯利卻打破了這一規則。他不僅僅寫了許多有關保險以及保險基本原理和普遍細節方面的書籍，他還是個出色的演講家，應邀在許多商業場合、教育機構和各種各樣的宴會上發表演講。儘管在宗教信條和道義方面，他並不是一個固執己見的人，但是在最近的一次聖公會大規模聚會上，他還是做了一次名爲《教堂的罪》的簡短演說。

金斯利先生是一個朝大的方面著想的人。一個在全世界每一個文明國家都有業務的保險公司，完全能夠讓某一個國家的人將自己的一份力量投入到共同資源內，隨時準備著去幫助其他國家的人。作爲這樣一個公司的領導，他堅信，這個簡單的合作原理應該、並且能夠在全世界每個國家之間傳遞，因此全人類都應該擁有一種建立在兄弟友愛之情上的民主。我們已經走出了部落生活和宗族生活，不止一個大陸的國家已經從孤立和封閉走向了聯邦和合作，於是金斯利先生提出了這樣一個問題：爲什麼不能讓這種發展跨越國界呢？

他認爲，戰爭就是奉行孤立政策的必然結果。如何才能夠讓民主取代獨裁？如何才能化解那些由獨裁統治而引起的最終導致戰爭的摩擦？金斯利先生在最近的一次講話中給出了答案。

「最終的解決辦法是民主世界的聯盟。但是第一步首先要做的是盎格魯撒克遜世界的大團圓。這種大團圓並不是要通過讓其他人感到害怕來實現，也不是要通過施加壓力，導致付諸武力來實現，更不是要通過消滅小國家威脅大國家來實現，而是要通過盎格魯撒克遜世界的眞正民主來實現，這種民主是一個內在民主和外在民主的統一，就像我們的四十八個州一樣，是內部的民主。這樣的聯盟（當然不是結盟）最終會將法國、荷蘭、瑞士或許還有斯堪地那維亞的一些國家，還有西班牙以及南非的一些共和國都包括進去，這個範圍仍在擴大。到了那個時候，『人類的最高立法機構』要比詩人的夢想還要現實……多麼輝煌的機會啊！在經過了一九一四、一九一五、一九一六年的可怕毀滅之後，若不是亞歷山大・漢密爾頓和那些偉大的聯邦主義者，早在一七八七、一七八八年間就徹底實現了聯邦，那麼我們恐怕早就經歷了歐洲正在經歷的這一切；在經歷了一八六一到一八六五年之間南方幾個州企圖招致的毀滅之後；在我們的世界脫離了狹隘、嫉妒和恐懼後，事實證明，在這個偉大的共和國實行民主化是正確的，我們爲此感到驕傲。我們應該看到一幅更崇高的景象；我們應該獲得更寬闊的視野；我們應該聽到來自一個更偉大的民主的呼喚——盎格魯撒克遜的共和，英語國家的大統一。有誰能估計出它所產生的重大意義？」

保險行業是沒有國界的。開戰後，紐約人壽保險公司仍然在各國設有辦公機構，爲德國、法國、奧地利、俄國和英格蘭客戶受理理賠。任何人只要在共同基金裏投入了保費，就會根據合同得到援助，這筆援助的資金正是來自於各國人民的保費所形成的共同基金。

「我認爲人壽保險是一種向全球傳遞福音的工具，它將國際主義精神和兄弟友愛之情帶給全

人類，這種力量和說服力是任何一種機構都無法與之相比。」金斯利先生站在普通人的角度，用誠摯的語氣講了這番讓我印象深刻的話。

金斯利先生所具有的品質中，最突出的一點就是他的正直公正。他奮力拼搏開闢出一條筆直的道路，因此絕不允許代表著公司形象的任何人做出任何歪門邪道的事情來。同樣，在公司的事務上，他也堅持奉行公正公平的原則。有人告訴我，他的朋友和他開玩笑時，常常會利用他的老實厚道。金斯利先生像孩子般對自己的下屬充滿了信任，這個世界就像一面鏡子，映照出的就我們自己。

乍看之下，人們會覺得他是一個極其嚴肅，甚至有些粗暴的人，但當他開口講話時，這種感覺就會蕩然無存。一個熟人告訴我，他又一次對金斯利先生這樣說道：「如果你的臉能代表了你的心，那麼人們只有和你接觸以後才能感覺到你的溫暖。」

不論是他對這個巨大的公司要承擔的責任也好，或是他作爲一個學者、作家、演說家忙碌的日程也罷，這一切都沒有耗盡他全部的精力。一直到最近他都是獨特愛好俱樂部的主席，這個俱樂部裏的每個成員都必須有一種愛好和有價值的收藏，金斯利先生的收藏全部是有關莎士比亞的，幸運的是，他在二十幾年前就得到了四本莎士比亞戲劇的大開本，這是他藏品中最重要的一個部分。他還是老年人高爾夫協會的會長，這個協會每年都要在Apawamis舉行一次錦標賽，吸引著來自全國各地的高手前來參加。他也是艾薩克・沃爾頓的熱情支持者。他領導著「安全第一聯合會」的組織工作，並成爲了這個聯合會的會長。他是美國自然歷史博物館的終身成員。

他對待生活的態度促使他毫無保留地支持一種信條，這種信條用他自己的一首詩來表達就是：「快樂的心是不知疲憊的心／憂傷的心總拖著沉重的步伐。」在他生命的旅程中，他似乎總能把快樂帶給周圍的每一個人。

他的長子名叫沃爾頓．P．金斯利，一九一〇年畢業於他父親的母校，現在也在保險行業中兢兢業業往上爬。他還有兩個兒子，一個是小達爾文．P，另一個是約翰．M，兩個人都在格羅頓讀書。金斯利的第二任妻子是約翰．A．麥考爾的女兒約瑟芬．I．麥考爾，他們之間也有兩個女兒。

據我觀察，我發現幾乎每一個成功人士都希望得到自己母校的榮譽學位，金斯利先生也不例外，他在四十四歲這一年得到了這份殊榮。

18

紳士的化身，自立起家的國際收割機公司總裁
塞勒斯·H·麥考密克

卡內基曾經對百萬富翁的後代們表示過深切的遺憾和悲哀。他說，那些歷盡艱難，一路摸爬滾打才有了今天的父母們，對自己的後代呵護備至，生怕他們受到了一點點的傷害。因此，那些養尊處優的阿斗們就這樣被人供奉著、溺愛著，最後導致了他們能力極差、嚴重依賴別人、無法獨立、無法靠自己的能力在這個世界上找到自己的立足之地。

「做一個有錢人的兒子可眞難。」這是前兩天，美國一位最大的金融家後嗣發出的由衷感慨。「如果你一味地追求運動或娛樂，那麼你將一事無成。人們會這樣說：『有錢人的少爺還不就是這個樣子。』如果你認眞對待學習，然後認眞對待自己的工作，勤於做事，勤於思考，最終在一些重要的事情上獲得了成功，那也沒什麼値得稱讚的，人們又會這樣說：『難怪他會成功，看他的條件多好，他有那麼多優勢。』這無疑又是另一種形式的譴責。」

這些話其實都有道理。許多百萬富翁的確是養著酒囊飯袋，那些溫室裏長大的公子哥們消費巨大卻創造不出任何價値，可以說生命毫無意義。還有一些百萬富翁，他們並不是追求享樂的擺設，而是強壯、自立、自律、訓練有素的年輕人。從小到大，父母就反復告訴他們，要充分合理利用自己的天賦和家庭條件，在這個世界上贏得一席之地。

「我希望自己的兒子知道如何忍受艱苦。」這是塞勒斯．H．麥考密克聰明、有能力的母親爲他立下的規則。塞勒斯．H．麥考密克是國際收割機公司的現任總裁，該公司的工廠、產品以及子公司的名聲要遠遠大於廣告做得更多的福特汽車廠。

讓我講述一下他是如何賺到第一筆錢的，從中我們可以對他的成長環境略知一二。二十二噸煤被卸在了距離麥考密克家儲藏室一百碼的路邊，這些煤炭需要用手推車一車一車運到煤池旁，再倒入煤池裏。十二歲的小塞勒斯自告奮勇要完成這項工作，條件是得到媽媽的允許，並按當時

的正常價格每噸付給他五美分。媽媽當然很樂意，於是，連續幾天來，這個尚在讀書的小少年不停地裝啊、推啊、倒啊，一直到這二十二噸煤炭的最後一磅被儲存到煤池裏。他感覺自己的脊樑幾乎像要斷了似的，兩隻手上都是水泡，但是當這件工作完成後，他將這十一美元放入了自己的存錢罐裏，決心在最短的時間內攢夠一百美元。

但是結果卻不怎麼理想。

雖然他為家裏還幹一些其他的活，哪怕是幾美分幾美元的機會他都不會錯過，但是攢夠這一百美元仍然整整花了三年的功夫。然後他把它們存到了儲蓄銀行。他已經實現了自己的第一個理財目標，通過自己的努力成為了一個小小資本家，這份成就讓他充滿了滿足感。

一個月後，他存錢的那家銀行破產了！小塞勒斯·麥考密克辛辛苦苦賺來的錢就這樣化為了烏有，他的心情簡直比卡萊爾《法國革命》的手稿被女僕燒掉時還難過；比德·雷賽布修建巴拿馬運河失敗時更痛苦；比傑伊·庫克失去百萬家產時更懊惱。

不久前他對我說：「這件事對我來說，簡直就是致命的打擊。我花了很長時間才理解了當時媽媽安慰我時所說的話，這番話讓我明白了一種對待問題的態度：我在努力賺這筆錢時所得到的經驗，要比金錢本身更有價值。但是，」他笑了笑補充道，「我現在相信，媽媽的話是對的。」

為了完成有關他的這篇特寫，我特地問了他在普林斯頓大學時的一個同學，也是從那時起到現在的至交，塞勒斯性格中最主要的特徵是什麼。

「他是『紳士約翰·哈利法克斯』的化身。他也是一則名人軼事的典型代表。」他回答道，「有一個新來的男僕，被派往火車站去接他尚未謀面的主人，於是這個僕人就問他的女主人怎樣才能認出他來。女主人告訴他：『他個子高高的，你肯定能看到他正在幫助別人。』這正是塞勒斯・麥考密克，一個又高又壯，總是在不停幫助別人的人。在上大學時，他就把將要繼承的財富看作是一種責任、一種代管工作，這一切需要他負起更大的責任，而不是讓他有什麼特權或僅僅是享樂的機會。他繼承下來的，是一份需要好好維持的名譽，是一個大型的企業。他必須去認眞負責地管理這個巨大的企業，爲了它的創建者、爲了幾千名靠他生活的工人、也爲了全世界指望著他的農業機械農民消費者。」

很少有下一代能夠將繼承下來的產業管理得更有價值。塞勒斯・H・麥考密克不僅作爲一個商人、一個向全世界發達國家提供農業機械的公司負責人，從而充分實現了父母對他的期望，作爲一個民主精神的公民、爲雇員考慮的雇主、對自己的同胞有所幫助的人，他的成功同樣也是令人矚目的。如果所有的有錢人都像他這樣的話，人們就不會對百萬富翁們持有任何懷疑態度了。

說某某人民主似乎顯得有些陳俗老套。塞勒斯・麥考密克的確是民主的，但有時他已經超越了民主。在一八九二年的哥倫比亞展覽會上，當時推滾軸椅（roller chair）的人幾乎寥寥無幾，而麥考密克夫婦當時正帶著一個朋友和他的母親參觀展覽會，看到滾椅時，麥考密克先生二話不說，就把他的妻子放到椅子上，推了起來，他的朋友見狀，也把自己的母親放上去，兩個人就這樣一直推了兩個小時。其他人這樣做很正常，可是像麥考密克先生這樣一個富有的人，卻過著簡樸的生活、將自己放縱於廉價的娛樂形式中的人卻爲數不多。他沒有快艇隊，也沒有良種馬，他最喜愛的娛樂方式就是森林探險或是去某個遙遠的小山村，在遠離喧囂的地方宿營於美麗的大自然懷抱中。他還喜歡在不知名的小溪中泛舟漂流，或伐木或劈柴，或幹一些其他體力活，這些都是有益於身心健康，可以令緊張的大腦放鬆的最好的運動。

麥考密克先生認爲：「如果一個人不熱愛自己所從事的工作，或者沒有健康的身體，都是無

法努力工作並獲得成功的。一個人如果只是坐在桌前沒完沒了工作，而不去進行適度的鍛鍊保持身體健康，那麼他的工作也不會做得最好。對於一個疲憊的人來說，最佳的放鬆休息就是貼近大自然。在森林裏探險宿營，是我所知道的最有助於身心和精神發展的一件事。」

所以，塞勒斯・H・麥考密克自然而然就會是一個身體和精力都充滿力量、勤奮不斷、視野寬闊、富有同情心、格調高雅、很清楚自己在這個世界上需要承擔什麼責任的人。他的血統決定了這一切，而這一切優點加起來後的結果就是收割機的發明。這是十九世紀僅有幾個上帝賜予人類的最大禮物之一，是收割機的發明將饑荒徹底趕出了文明國家，讓這些國家裏即使最窮的人也能吃上麵包。沒有艱苦的付出收割機不會誕生，沒有奮鬥和壓力、沒有辛勞和汗水收割機也不會走向成熟。一八三二年，第一台收割機問世時，年輕的發明人塞勒斯・麥考密克一世並沒有馬上獲得發明家的桂冠。沒有人爲他這項發明而歡呼雀躍，這項具有劃時代意義的發明，也沒有給他帶來什麼巨大財富。相反，他卻因此嘗盡了被人嘲笑、貧窮與艱難，以及希望被摧毀、志向被摧殘的滋味。但這一切他都挺過來了，他曾一度身無分文，但他從沒失去過信心。他表現出了無可征服的勇氣、堅忍不拔的意志力和無法遏制的樂觀精神，他勝利了。實際上，他是這個世界上僅有的幾個親自成爲生產廠商，並讓自己的產品遍佈全球，從而獲得巨大財富的發明家，並樹立了典範。

早在一八〇九年出生的塞勒斯・H・麥考密克一世之前，他的父親就曾經想盡辦法，嘗試發明一種能用來收割稻穀的機器。在維吉尼亞州的藍嶺群山，這項發明的草圖設計者羅伯特・麥考密克就在自己農場的工作室裏爲發明這種收割機努力了好多年。在一八三一年，羅伯特・麥考密克從鐵匠鋪購買了一台機器，前邊拴了幾匹馬，打算用來收割一片麥田。但這次試驗簡直一敗塗地，他從此放棄了這方面的探索。

然而，他的兒子可不是這樣。他從另一個完全不同的角度重新開始了研究，採用了往復式收割刀片。幾周後，他生產出了一台收割機，它具有現在人們所熟知收割機基本原理。在第一次的嘗試性使用中，它一下子就收割了六英畝燕麥。第二年的一次公開試驗是在一個山丘上舉行的，地面崎嶇不平，所以這台機器在一開始並沒有表現得很令人滿意，只招來了人們的陣陣嘲笑聲。正在這時，一位很優秀的鄰居，當時的州議員來到了現場，他讓人們將自己田地旁的籬笆推倒，讓這台收割機在自己的這片莊稼地裏演示，從而給了他們一次公平的機會。這一次，這台機器工作得平穩而成功。

在此之前，人們要依靠鐮刀、長柄鐮刀和打穀連枷才能最終吃到麵包。那個時候人們沒有犁地機、沒有縫紉機、沒有電報電話、沒有照相機、沒有郵票，更不用說是鐵路。在維吉尼亞一個小山村的原木工作室裏，一台註定要將饑餓趕出這個世界的機械就這樣被製造出來，它註定會將那些勞動力從繁重的手工收割中解放出來，從而保全了北部幾個州的聯盟，更重要的是，它帶領著西部地區走向了文明。同樣重要的是，收割機的發明讓人類從此告別了面朝黃土的歷史，將美國由一個糧食進口國轉變成爲了一個糧食出口國，每年能從國外買家口袋裏掏出幾億美元。

這是這份成功卻是來之不易的。他們整整花了九年時間才找到第一個購買收割機的客戶！

從一八三一年到一八四〇年的整整九年間，沒有人肯投資購買一台機器，哪怕連五十美元的廣告費也沒有人贊助。同時，這位年輕的發明家還得親自從地下挖鐵礦，煉鐵，這樣做無非也就是爲了省一些資金。一八三七年的大恐慌也毫不留情地將他們捲入了破產漩渦，沒有一個信貸員對他這種奇形怪狀的機器感興趣，也沒有誰覺得它值得擁有。一八四〇年他們賣了兩台機器後情

況稍稍有所緩和，但一八四一年一整年都是一片空白。第二年一下子來了七個訂單，接下來一年有二十九個訂單，再接下來有五十個訂單。

但是，他們的維吉尼亞農場交通運輸實在是不方便，同樣，距離中西部地區的大麥生產中心也很遙遠。所以，一八六四年麥考密克三十七歲那年，他親自出去對全國進行了一番考察，要為他的工廠選擇一個理想的地點。最後，這個精明的商人在密西根湖畔幾個零散的村落之間定居了下來，當時那裏還沒有火車。那裏沒有一幢公共建築，而且它還有一個奇怪的名字——芝加哥。在那裏，他找到了一個合夥人，他願意出兩萬五千美金作為一半的投資，然後大規模開始生產麥考密克收割機。他在中部地區設立了十幾個業務代理處，並採取了一種當時還十分新奇的廣告宣傳手法「不滿意退款」。他主動讓農民試用，如果對使用結果感到不滿意的話，可以將機器再退回來，費用由賣方負擔。

接下來他所面臨的就是一些繁瑣的事，令人頭疼的競爭、幾場要打的官司、以及其他各種困惑與困難。但是，麥考密克仍然要抽出時間去制定更大的計畫，去做更大的事情。一八五一年的倫敦世博會上，他設了一個參展攤位。收割機在這裏的出現引起了倫敦那些嚴謹的記者們深刻的思考，在經過了實踐性的檢驗後，倫敦《泰晤士》報收回了它先前的那些誤會性措辭，並宣佈：「它值得前來參展」。

一八七一年的芝加哥大火吞沒了整個麥考密克工廠，他們成為了整個城市裏損失最嚴重的人。那一年麥考密克已經是六十二歲了，並且已經有了幾百萬的資產。按照標準來衡量，他早就已經超過了自己的工作份額。他要退休嗎？他把這個問題留給了自己的妻子來決定。

「立刻重建。」這是從他妻子那裏得到的迅速的、斬釘截鐵的答覆。

她所考慮的不僅僅是那麼多工人的福利，而且還有另一個塞勒斯·H·麥考密克的前途與未來。那個時候，他剛好十二歲。她不希望自己的孩子成為一個遊手好閒的人，一個沒用的裝飾品。她是一個有頭腦的、眞誠的、吃苦耐勞的、有能力的女人，孜孜不倦地教導著自己的兒子，要成為一個有用的、堂堂正正的公民。

我很幸運能夠碰到一個塞勒斯兒時的玩伴，我從他嘴裏得知，塞勒斯在很小的時候就對自己家的生意很關心，通常他會不停地向父母問這問那。其他的一些孩子們都感到很奇怪，他哪來那麼多有關這個世界的知識。有時父母會斥責他，因為他們的討論總會被塞勒斯插嘴打斷，但同時他們也隱約感覺到，這個孩子能對家裏生意上的事務表示關注其實是一件好事。

麥考密克夫婦將自己的兒子送往芝加哥的公立學校讀書，這正是他們與衆不同之處。麥考密克在談起自己的讀書時光時評價道：「那是世界上最好的學校，比任何一所私立學校都好。班上的男生女生加起來一共六十五個，班裏學習最好的幾乎是家裏最窮的，所以要想保持自己的排名眞的是要付出很大的努力。」後來，他進入了普林斯頓大學，但是兩年後他就被叫回來管理公司，因為他的父親那時（一八七九年）已經七十歲了。

「父親教導我，我必須工作，必須自己想辦法解決問題，不會有人給我優待，我必須投入自己的全部精力學會做生意的每一個階段。」麥考密克先生告訴我，「父親尤其告誡我，要想獲得成功，必須要持續將勤奮和明智的思考結合起來。他讓我明白，在這個世界上並沒有我可以繼承的金錢，或是高層的社會地位和榮耀，其他人也不例外。每個人都要靠自己的汗水和智慧，開闢一條屬於自己的道路，在商業界、在世界上得到自己的地位。」

「就在這樣的情形和決策之下，我開始學著做生意。在教育下一代問題上，我和我的父親都

是相同的觀點，我把這些策略也同樣用在了我自己的下一代身上，我的一個兒子大學畢業後，就開始穿著工裝褲，在國際收割機公司堪薩斯州威奇托的分公司從基層開始做起，爲他日後進入芝加哥總部做準備。我的另一個兒子在普林斯頓大學讀書。」

一八八四年，收割機的發明者去世了，現在的這個塞勒斯·H·麥考密克成爲了全世界收割機械行業最大的公司——麥考密克收割機械公司的負責人。對於一個年僅二十五歲的人來說，這副擔子的確是太過沉重。

「剛開始的時候，我眞的是被公司的慣性推著在前進。」麥考密克先生謙遜地解釋到，「多虧那些能幹的、可靠的經理們幫忙打理整個公司，我才能慢慢找到感覺，變成一個眞正的總裁。我承認有時候面對自己的責任，我有點束手無策，因爲我們公司的業務實際上已經覆蓋了全世界的範圍。我們熟悉全世界每一個產麥區，我們在世界上許多地方都有代理商，必須要對各地農業、商業和金融方面的狀況有所瞭解。」

麥考密克的能力到底怎麼樣，這個問題在十六年後的一九〇二年已經得到了充分的證明。當年，國際收割機公司和J·P·摩根公司合併後，他被選爲該公司的總裁。

關於這次兼併到底是如何實現的，請允許我在這裏講述一下事實眞相。因爲這件事情是美國工業史上最有傳奇色彩的一段插曲，所以已經有太多的故事版本被印成了鉛字。

在塞勒斯·H·麥考密克的領導下，麥考密克收割機公司多年來雖然一直在和競爭對手做殊死的鬥爭，但其業務仍然得到了快速擴張。有一天，麥考密克先生來到了紐約摩根公司，希望能夠再籌到一部分資金來滿足不斷擴大的業務需求。當時的摩根合夥人喬治·W·珀金斯立刻就嗅到了投資機會的味道，就這個問題和麥考密克展開了討論：「爲什麼不成立一個大的、資本比現有任何公司都雄厚的新公司呢？」幾年前，珀金斯先生曾經積極參與了資產爲幾十億的鋼鐵公司重組，這次他又看到了同樣的希望。於是，他馬上和全球最大的收割機生產商開始談判，要組建一個巨型公司。談判過程很艱難，雙方都需要摒棄競爭和猜忌的態度，才有可能實現眞正的聯合。最後摩根公司將麥考密克收割機公司全部買了下來，再由他們組建一個新公司，所有的資金和行政人員任命問題，都全部交給摩根公司全權處理。並沒有明確規定誰會是在哪個職位上，摩根公司作爲唯一的股東，有權做出任何決定。

他們選擇塞勒斯・H・麥考密克爲總裁，完全是出於他是最適合的人選。他有健壯的體魄和積極的思想，對工作有極大的熱情，在他的管理下，公司成爲了行業的領頭羊，他年輕、有朝氣、有企業家精神、目光長遠而且獲得了國內外農場主的一致信任。

麥考密克先生這個管理人員並非是徒有虛名用來擺樣子的。在國際公司成立後的幾年，查爾斯・迪林作爲董事長爲他分擔了一部分職責，但是在後來的六年中，一直是麥考密克獨自擔當著公司行政事務的管理。他將大量的時間花在了歐洲各國，尤其是在俄羅斯，爲公司的產品開闢市場。他還被美國政府選爲「紮根俄羅斯委員會」的成員，在那裏，人們一提到這個委員會就會想到麥考密克先生。

在這裏我還忍不住想要說一件讓麥考密克的名字上了公告牌的一件小插曲。父親委託他帶著一台捆紮機，乘船去英國倫敦參加由皇家農業協會舉辦的一次展覽會，當時，捆紮機還是個新奇玩意兒。途中，負責運輸捆紮機的那條船碰巧失事了，這台機器就在海水裏連續浸泡了好幾周。

後來，總算是在展覽會開始前被打撈了上來，麥考密克帶著它匆匆趕往會場做現場測試。其他出場的機器都被油漆刷的銼亮，由最好的馬匹拉著。年輕的麥考密克打定主意，要推出他這台鏽跡斑駁的、看起來破舊不堪的、就連一丁點油漆都沒刷過的機器，而且，就用了兩匹看起來很沒面子的老馬作爲這台機器的動力。他的出場惹得全場觀衆一陣哄笑，人群裏不時發出夾雜著議論的嘲笑聲。那些一塵不染、閃亮的機器在一匹匹精心挑選的馬兒的陪伴下，多多少少都表現出了令人滿意的地方。此時，可憐的麥考密克正排隊等候著自己的出場，其他人也在等著，只不過他們是在等著看笑話。那就等著瞧吧！「哢嗟、哢嗟」捆紮機的往復刀片在兩匹其貌不揚的馬兒拉動下，發出了有規律的聲音，半分鐘後，人們的嘲笑聲就變成了一片讚歎聲，因爲沒有一台外表華麗的參展機器，能夠像這台從海水裏倖免於難的、外表奇特的新發明這樣，又快又整齊地將稻穀收割並捆紮好。展覽會最後宣佈這台機器獲勝。

收割機公司的產品並不僅僅是收割機和捆紮機，它生產三十多種農業生產機械。一八三一年發明收割機之後，緊接著在七十年代又發明了鐵絲捆紮機、多股捆紮機。最近，他們新發明了一種稻穀垜碼機，現在，亟待解決的問題就是要用拖拉機來取代馬匹來做捆紮機、犁地機和其他一些農業設備的動力，使之能適應大規模先進農場的需要。

下列數字給出了國際收割機公司的產品範圍和產量：

收割機（穀類、雜草、玉米）	975,000台
耕地播種機	525,000台
發動機、拖拉機、卡車	105,000台
小型貨車和施肥機	90,000台
奶油分離器	35,000台
灰鐵鑄造	45,000,000件
鐵器鍛造	75,000,000件
鏈條鍛造連接件	75,000,000件
螺栓	95,000,000個
螺母	150,000,000個
雙股繩	125,000噸
所有工廠的運輸車輛（1916年）	60,054輛
木材需求量（1916年）裝載量	120,000,000米
鋼鐵需求量（1916年）	267,000噸

儘管國際收割機公司這些統計數字令人歎爲觀止，但全世界仍然有百分之四十的穀物是靠手工收割而不是使用收割機械，塞勒斯・麥考密克本人和他的公司正在不遺餘力改變這一切。美國農業機械在全世界尚未打開的最大市場是俄羅斯，在那裏，幾百萬、幾百萬英畝的農場仍然不知收割機爲何物，仍然在使用鐮刀和長柄鐮。

「如果此次革命能夠獲得預期的成功，俄羅斯潛在的巨大資源將得到空前的快速發展。俄羅斯的潛在力量、它領土的巨大以及它的各種可能性都留給我深刻的印象，世界上沒有其他國家能留給我這種印象。」這是麥考密克先生在被威爾森總統選爲俄國特使前，回答我提出的問題時所說的話。

儘管他公務繁忙，但麥考密克先生總能抽出時間來做一個正常人類。有一件事讓我印象深刻，我寫了這麼多人，沒有一個人能像麥考密克先生那樣得到朋友們發自內心的讚揚。

「他絕對是我認識的所有人中最好的一個。」美國一個和許多社會上層人物都有交往的傑出人士

這樣評價道，「他總是在不停地想：『什麼是正確的？我的責任是什麼？我應該做什麼？』作為一個商人，他的成功是眾所周知的，但是除了他自己幾乎誰也不知道他幫助了多少值得幫助的人，做了多少值得去做的事情。他繼承了父輩傳下來的喀爾文精神，卻沒有隨後而來的喀爾文和諾克斯主義者身上那種嚴肅到幾乎是嚴酷的特徵。他一直以來都以一種高尚的、謹慎的、慷慨的方式對待雇員，據我所知他有一個個人慈善組織，進行各種個人捐助活動。他和專門培養牧師的麥考密克神學院也有著密切的聯繫，他一直很關注普林斯頓大學，而且還是普林斯頓大學理事會的成員、贊助者。他的小女兒不幸於十二歲時夭折，為了紀念她而建立的伊莉莎白・麥考密克基金會致力於美國兒童福利事業，為無數弱勢和殘疾兒童建起了一所所露天學校，為他們提供受教育機會，這件事的重要性不言而喻。他還為基督教青年會慷慨捐助，並且親自解囊來幫助那些遭遇到巨大不幸的人，我個人在這裏就能列舉出一個又一個的例子。」

收割機公司有超過兩萬名員工參與了利潤共享計畫，並為年老的和傷殘的工人提供了養老金和撫恤金；公司自備了設備精良的醫療設施和醫療服務，專門治療肺結核病人；公司組織了雇員互利互助協會，無微不至地關懷著每一個雇員，確保給他們最大程度的舒適和安全。

在麥考密克先生的激勵下，國際收割機公司已經在教育美國農民方面花了數百萬美元。通過給他們上課、為他們做示範以及其他一些方法，提高和擴展農民的耕作方式，讓他們成為更有能力、更成功的莊稼人。最後產生的結果大大超出了預期的滿意度。這是一項從大的方面著想、富有愛國主義性質的工作，雖然它不可能給公司帶來立竿見影的經濟利益，但是，它會令農業利潤更高、更有投資吸引力，因而最終將會擴大對農業機械的需求量。同樣，這次普及教育對遏制不斷上漲的食品價格也起了很大的作用。

在麥考密克先生的慈善工作背後，是麥考密克夫人的熱情支持。在各種公衆和社會福利戰線上，我們也能看到麥考密克夫人積極的身影。她是婦女選舉權的積極支持者，但是她絕不支持帶有軍事性質的婦女選舉運動。麥考密克夫人尤其在兒童福利事業中投入了相當大的個人精力和財力。

很少有美國家庭應該受到比麥考密克家族更多的來自人民的報答。

19

神話的締造者，不可複製的金融家

J·P·摩根

「J．P．摩根到底是個什麼樣的人呢？」這是一個經常被人們問起，卻很少能得到全面答覆的問題。所以，我在這裏不會寫一篇有關摩根先生職業生涯的報導，我會嘗試著分析一下他的個性，爲大家呈上針對他的個性特徵做出的探究，去洞悉他的思想，去剖析他的理念。在給出這個具有國際影響的人物一個盡可能眞實的寫照時，我能夠保證在下筆之時不受某些人偏見的左右，也能夠拋開採訪對象本人的援助、建議或意見，而且，我並不覺得此番將摩根做爲一個單純意義上的人，或者是做爲金融家所做出的推論是毫無依據的，因爲近十年來，周圍發生的一切迫使我不得不關注他的行爲、挖掘他的動機，並且不斷地向他的朋友或同事提出一些問題。

如果摩根先生眞有那麼神的話，不管那些評價是好的也好，壞的也罷，他早就禁止人們對他做出隻言片語的評價了。然而，並沒有誰來強迫過我服從他的意志，依著他的心思，我可以自由地忠於自己的知識，在出版業的允許下寫下我所瞭解到的一切。

那麼就讓我們從幾個問題開始吧，尤其是和這位美國歷史上最偉大的金融家後代有關的幾個問題，這些問題總是被人們頻頻問起。

傑克．摩根會是第二個J．P嗎？

不，不會的。

他是一個有能力的人嗎？

能力當然有，但是，出類拔萃的能力沒有。

他是否一心想要接過父親手中的權杖，坐在父親已經安放在那裏的寶座上，統治整個金融界？

J．P．摩根二代並沒有想要成爲一個決定性人物，也沒有統治整個金融王國的野心，因爲

他不具有拿破崙式的意志和品質。他對權力沒有欲望卻總是因此而感到不安。他並非J·P·摩根公司在重大決策中的舉足輕重的人物，他心甘情願將公司的最重要的事務交給自己信得過的同事，尤其是亨利·P·戴維森去處理，自己覺得這樣可以高枕無憂。他寧願過著正常、平靜的生活，因爲在他看來任何榮華富貴都不能用家庭幸福去換取，他不允許自己成爲一個賺錢的工具，他只是一個人，一個丈夫和父親。他既不會爲捍衛公司的聲譽，不讓它受到一點點損失而瘋狂，也不會爲再去賺幾百萬而拼命。

他的性格是怎樣的呢？

在美國的所有要人中，他是最不具手腕的一個。他只不過是一個家族世襲的產物而已，一個名副其實的波旁（貴族）後代。在他看來，對自己一貫的做事方式稍做調整，去緩和一下公衆對他的看法是一件有失尊嚴的事情，他會視之爲軟弱和可鄙的反常行爲，就算是這樣做可以讓公衆瞭解到他某些事情的動機，減少一些由他的行爲所導致的成見。

他的一個同事和忠實的擁護者對我說：「他理解公衆，但在處理特權階層和普通公衆之間的關係問題上，卻採用了一種不是你或我所能夠理解的方式。」事實的確如此。在他父親一生的大部分時間裏，沒有太過認眞對待那些可以左右一切的公衆輿論，他對平民百姓的態度最終讓他付出了無形的，卻十分巨大的代價。他的兒子似乎並沒有從中吸取一些教訓，小摩根應該和這世上任何一個人同樣的謹愼，做每一件事必須誠實，免於受人背後指點，更何況他還是個名聲顯赫的人。但是很悲哀，他並沒有意識到這一點，他認爲最重要的並不是去做正確的事情，而是以正確的方式去做事，然後，公衆就會覺得這一切是正確的。

他嚴重缺乏治國之才，這樣的例證不止一次發生在金融界的聚會上，尤其是重要成員和大公司出席的聚會上。因爲摩根先生在公衆的眼中代表著金融界的最高層人物，所以當他擺出一副傲慢的樣子時，他那副「甩一個響指，一切都無所謂」的態度，無疑對公衆、對每個市民和投票者，以及對我們的立法者都會造成無可估量的負面影響，他影響到的不僅僅是整個金融界的形象，而且還影響到了整個福利界的形象。他曾經在沃爾什工業關係委員會上就是這樣表現的，這件事引起了很大的反響。他性格中這種傲慢的特質，也許是他最讓人遺憾的缺點。

摩根是一個盛氣凌人的人嗎？

不是。他對公衆抱有這種很明顯的居高臨下的態度，是因爲他對自己在金融界的地位存在著一定的誤解。他沒有將自己看作是金融界最舉足輕重的人物，他沒有認爲自己有足夠的力量可以公然藐視所有人，他也沒有覺得自己可以超越一切批評或控制，他只是把自己看作一個私人銀行家，做著一項巨大的、有價值的、有建設性的事情，能爲發展國家資源帶來好處，他誠實，不挑剔，對客戶絕對公平，不去考慮其他人說什麼，因爲這根本就不關其他人的事。因此，在他的個性中，有一種將高貴和質樸融合在一起的東西。

他在不斷進步中嗎？

那是當然。肩上的責任已經令他明白了很多的事理，也許時間會教會他如何逐漸具備那些他現在嗤之以鼻的品質。在過去的三年中，發生了許多事情，這些事無一不讓他學會運用判斷力和智慧、不失尊嚴地獲得同僚們的善意，這些事情也讓他明白了，如果用無視或輕蔑的態度對抗或激怒他們，就算不是愚蠢吧，也是何等的目光短淺。如果J．P．摩根能夠在公衆面前表現得就如同他在友人面前那樣，那麼，他早已不必犧牲些許的自尊，就成爲了美國最受歡迎的金融家。他的一些熟人發現，他是一個寬容的、善良的、民主的、體諒人的、開朗的人，仁慈而且可愛，

是一個可以促膝長談的對象。他沒有有錢人的架子和傲慢，也沒有自私和小心眼，絕沒有幹過卑劣猥瑣，見不得人的勾當。

「對於我身後的傑克・摩根，我給予他和別人相同程度的信任。」這是J・P・摩根以一名傑出銀行家而不是以摩根集團一員的身份，向全世界做出的響亮表態，「我知道，他有時會做出一些事情，這些事情他遲早會明白是不公平也是不公正的。但是，這一切與他有多少錢無關，財富並不重要，也與他有多大的聲譽無關，但聲譽很重要。他也許只是對事情沒能完全正確地分析，最根本的原因是，他的社會視野不十分開闊，這是由於他一直以來所處的環境造成的，他周圍都是些有實力的金融家，或者是他自己的朋友，再或者是他父親的朋友。在許多事情上，他都缺乏經驗，但是他的生活卻是他所知道的最高水準。」

據有些善於嘲諷的人說，一九〇七年發生了大恐慌之後，剛開始整個華爾街都覺得只剩下一個人可以信賴了，那個人就是J・P・摩根。但是後來許多事實都證明，摩根先生並不是美國銀行家中最具有非凡才能的人，對待金融方面的事，他也不是最佳的決策者，他的分析和結論經常是錯誤的。那麼，又是什麼使他成爲了新世界的金融領袖呢？答案很簡單也很確定，是他無懈可擊的可信度、他與生俱來的公平待人和他從不利用別人的特質。現在，他的兒子繼承了和他同樣的美德。嚴格保持摩根家族聲譽是和他的生命緊密相連的，他不但不會讓摩根家族的聲譽有一絲一毫的損傷，他還會將自己在金融界蒙上的灰塵全部擦乾淨。

人們在一些流言蜚語中傳說，老摩根去世後，小摩根在剛接替父親工作時，採取了一種命令式的態度對待其他金融界同行，他繼承了父親留給他的粗暴態度，他覺得自己有權像父親那樣對待別人。但是，他試圖去呼來喝去的對象很快就讓他明白，他們願意同他合作，但絕不受他的壓制，如果能在平等的基礎上同他合作，他們會感到很愉快，但是如果他仍然幻想著自己能夠對他們發號施令的話，他們就不會再和他打交道了。當然，這種傳言言過其實，摩根先生不擅長使用外交手腕，倒有可能是讓人們有這種印象的根本原因。

摩根先生於一九一三年繼承的遺產，並不全部是美好的東西。最明顯的事實就是，他自己正處於適應階段。他草率賣掉了父親收藏的一些重要藝術品，因而，都市藝術博物館才能夠增添一項專門的「摩根一角」。然而這件事卻引起了內部圈子裏的強烈不滿，因爲負責老摩根藝術品收藏的人從記者那裏得知了此事，而不是從小摩根嘴裏得知。小摩根爲此而遭到了強烈的抨擊。這件事情充分體現了摩根先生生來不會辦事。後來，紐約市爲摩根先生這些價值連城的畫作專門設立一個展室，但是這種處理方法並不代表公衆對摩根之子持有贊同的態度。其實，他出售這些畫作並不是出於一時興起，他的父親在晚年時期大量收藏藝術品，這花去了他收入很大的一部分，保養這些藝術品也是一件花費巨大的事情。摩根的遺囑向人們透露了一個資訊：人們一直以來認爲摩根擁有的錢多到無法想像是錯誤的。這些收藏和其他產業帶給他的，更多的是責任而不是資產。老摩根留下來的可兌現財富相對而言比較少，他持有的股票總價值僅爲一千九百萬美元，除此之外，還有價值幾百萬的其他證券（平均價值）以及一些不值錢或者名義上的證券。當然，他所留下的現金也爲數不多。

要想經營一個國際銀行，需要有巨額的周轉資金，可以坦言，小摩根需要錢來經營這個銀行，來支付三百萬美元的遺產稅，來處理各項遺囑條文。所以說，他賣掉油畫等一些藝術品多半是出於必要性而不是出於偶然性。儘管我知道報紙上對他父親的一些評論，已經引起了他心中不滿的情緒，但是他性格中固有的那種隨遇而安的特性，讓他容忍了這一切，關於他的種種做法，

同胞們愛怎麼想就怎麼想吧。

最近發生的一件事進一步表明了這種邏輯關係。自從歐洲戰爭開戰以來，J·P·摩根公司做爲盟軍的財政代理機構，已經佔據了獨一無二的有利地位。順便也說一句，摩根公司憑藉它強大的實力，出色地履行了這一任務。難怪庫恩—利奧布公司的總裁，也就是摩根在私人國際銀行業中最強勁的對手雅各布·H·希夫在「自由貸款」的演說中，將摩根公司描述成爲「全美國爲幫助民主黨創造一個和平的世界，做出最多貢獻的家庭」。這樣一來，摩根就再不需要謹慎地數著自己口袋裏的錢了，他最近在羅馬美國學院宣佈，他將取消學院欠他的貸款（他是他父親的債權繼承人），從而將這筆錢轉化爲他的捐助基金。最近，他還爲哈特福德特里尼提大學慷慨捐贈。他的公司還申購了多達五億美元的自由貸款債券，這也是一件值得一提的事情。這些行爲恐怕比他出售那些名畫更能說明問題。

在此，我還想對另外一件事做出進一步的解釋，這件事情同樣引起了人們的廣泛批評。也就是說他在回答國會指派的沃爾什委員提出的問題時，爲什麼會持有一種輕蔑傲慢的態度。

其實是攝影機的出現令這位銀行家失去了原有的平衡心態。

摩根先生和其他大部分人一樣，把沃爾什看作是一個洋相出盡的江湖騙子，他帶著平和的心情走入了審查室。他已經做好準備回答所有的法律規定的問題，並且只給出事實，但是如果必要的話，他會對一些直接關係到他的領域的事情陳述自己的觀點。然而，他剛剛坐在證人席上，攝影機就開始在他周圍發出「啰嗟、啰嗟」的聲音。其中有一台攝影機的鏡頭就在他的眼前幾英尺遠，每當他開口講話或眨眼時，這台機器就開始運轉。

摩根被激怒了。他覺得自己是在被傳喚，而不是在協助委員會的工作；把他放在公衆面前，僅僅是為了幫助沃爾什製造轟動性新聞，為報紙的頭版頭條提供素材。所以，摩根忍不住吼叫了起來。他覺得委員對他採取了一種不公正、不必要、讓他有失尊嚴的態度，因此，他覺得自己也沒有必要在這些與司法判決無關的事情上讓步。

因此，當他被問到「你認為給一個碼頭工人每週十美元的工資適當嗎？」這樣的問題時，正處在煩躁之中的他回答道：「如果這是他唯一的收入來源，而且他也很願意接受的話，我認為就足夠了。」所以說，公衆看到的並不是眞正的摩根，而是一個因人格尊嚴受到侵犯，從而被激怒了的普通公民。當然，到了後來J．J．希爾和查爾斯．M．施瓦布他們這些溫文爾雅、心胸開闊的人就能夠保持鎮靜，並儘量避免留給公衆一個對社會福利和廣大人民群衆漠不關心的印象。但是，在這種情形之下，又有幾個人能保持冷靜和泰然呢？

摩根的態度至少應該算作人之常情，是可以理解的。

可以說J．P．摩根不知道畏懼為何物。在那段混亂的日子裏，就連偵探們都很謹慎，但是人們仍然能夠時不時地看到摩根先生出現在混亂擁擠的股票市場裏，穿梭在人群裏，或者在沒有任何保鏢陪同不做任何掩飾的情況下在華爾街上大搖大擺。有那麼幾次，只要是工作需要，他都會冒著遭到德國潛艇攻擊的風險，一次次穿越大西洋。從某種意義上來說，他的這種無所畏懼精神，讓他能無視公衆對他在金融和工業領域所作所為的看法。

當刺客攜帶著一把手槍潛入摩根長島格蘭卡佛的家時，他的行動所表現出來的勇敢和騎士精神無人能及。在當時的情形之下，他不是首先自保，將自己先藏起來，而是唯恐這個喪心病狂的刺客會傷及自己的妻兒，他趁著刺客尚未舉起槍，一躍而起和刺客扭打在一起。儘管他受傷了，但是最終制服了歹徒，阻止了一場謀殺。他和H．C．弗里克都經歷過類似的情形，摩根從始至

終保持著清醒的頭腦，在整個過程中拼盡了自己的全力。

他不明白報紙上為何會對這件事大肆炒作，不亦樂乎。當拉迪亞德．基普林由於長期的疾病徘徊在生死之間時，新聞媒體因為他個人的名氣，在報紙上設立了有關他病情和治療過程的新聞簡報和專欄文章連載，但是，當基普林恢復神智，病情有所好轉之後，卻帶著受傷的語氣問道：「有人打來過電話嗎？」此時摩根的心情有點類似於此。

有一天，摩根先生離開家，正打算乘坐自己的遊艇出遊時，發生了一件事情。這件事情雖然不大，但卻有很重要的意義，它讓摩根先生第一次對自己的地位和個人權利做了一些考慮。當時，他和一名陪同人員正向遊艇走去，卻看到碼頭邊上停泊著一艘小船，上面坐個攝影師，很顯然，這名攝影師在此恭候是來搶拍這位銀行家的鏡頭的。摩根先生勃然大怒。他覺得一個攝影師也好，其他什麼人也罷，隨便進入自己的私人領地，擅自打擾到自己的生活，對他來講不僅僅是一種侮辱，就算他是一個很普通的個人，這難道不是一種非法對自由權的侵害嗎？他完全有權利獨自待在屬於自己個人的財產裏。他不是什麼公衆人物，也不是政治家，也不是被公衆選舉出來的公司領導。他只不過是一個普通的人，一個私人銀行家而已。

當攝影師調好焦距對準摩根時，自然會遭到一頓訓斥。同時，當摩根的陪同人員看到眼前發生的衝突可能會帶來一些影響時，就對摩根先生解釋道，這個攝影師也只是奉命執行老闆派給他的任務，如果他不盡力完成自己的任務，他會丟掉自己的飯碗。

摩根先生上遊艇時，帽子被風吹到了水裏。攝影師將帽子撈起來，嘴裏說著：「給您帽子。」雙手將其奉上，並且說，雖然摩根先生拒絕讓他拍照，但他還是個重友情的人。

幾乎就在一瞬間，摩根先生臉上的陰雲馬上變成了燦爛的笑容。他看到了這件事情的另外一個層面，在他眼裏，這位攝影師已經不再是一個帶著侵犯性任務的擅闖者，而是一個爲工資而努力的平常人。摩根立刻擺好姿勢，而且不止一個姿勢，讓這位攝影師拍到他想要的照片。

所以，透過這件事你可以看出摩根的個性極具兩面性——他無法容忍公衆對他的好奇心和興趣，但是，掀開事情的表面後，你會看到一顆寬容的心。

不止一件事可以充分說明摩根先生貌似冷漠的外表下，藏著深深的人道與同情。是社會地位與階層令他擁有這樣的表象。前些日子，報紙上有一篇文章，報導了一個男孩進入摩根辦公室行竊後被逮捕的事情。儘管摩根先生的正義感和做人原則決不允許讓這個觸犯法律的小傢伙就這樣溜之大吉，但是，他仍然前往孩子的母親那裏，向她保證這個孩子此時正在另一個地方接受教育，人們會給他機會讓他變好，並且向他保證，不會讓她在經濟上受到損失。他的一個朋友，熟知這件事情內情的人對我說：「他對待那位母親簡直就像是自己的妹妹，可以說是仁至義盡了。」

摩根先生對自己母親的熱愛，對她生活噓寒問暖，無微不至的關懷，以及對自己家人的愛是人們普遍知道的事情。對他的父親，只有一個詞可以形容，那就是「敬畏」。多年來，他都一直陪伴在父親身邊，陪他出席各種私人橋牌聚會，其中多半都是這位老銀行家最親密的朋友。在後來的十年間，他還一直陪著父親出席各種重要的商業場合，會見當時重要的一些同黨。

然而，當老摩根的衣缽傳到小摩根手裏的時候，公衆對他的性格和能力還一無所知。這是因爲傑克．摩根一直以來都小心翼翼地躲在後臺。他對名譽看得很淡。他並沒有打算將自己變成掌控摩根家族命運的唯一關鍵因素，即使是現在，摩根先生都盡可能地躲開鎂光燈。他的名字很少出現在哪一條規定之下，他推選戴維森先生或其他合作者代他出席所有重要的場合，發表一些演

說或宣佈一些重大的事情。

傑克．摩根一出世，血管裏就已經流淌著銀行家的血液了。他出生於一八六七年九月七日紐約，那時候「摩根」已經是全球響噹噹的名字了。他的祖父朱尼厄斯．斯潘塞．摩根很早的時候就被人們稱爲「波士頓最好的商人」，被當時最早的世界銀行家喬治．皮博迪選定爲合作人，於是，他來到了倫敦的皮博迪總部。十年後，皮博迪去世，他成立了J．S．摩根公司，這位數學天才銀行家很快就被人們看作是一位金融大腕。一八七〇年，他向法國臨時政府發放了五千萬美元的貸款，當時的法國已四分五裂，法國的皇帝也已經成爲了德國的階下囚，這一舉動讓保守的歐洲嚇了一大跳。朱尼厄斯．摩根大膽地組建了一個「聯合企業」，對於那時候的英國本土人來說這還是個新鮮事。他用精湛的技巧大膽地做了一筆又一筆交易，僅僅用了十八個月，就獲取了幾百萬美元的利潤。

與此同時，第二代摩根，約翰．皮爾旁特在紐約皮博迪事務所開始了他的職業生涯。他成爲了皮博迪的代表，後來組建了達布尼—摩根公司。一八七一年，他加入了費城實力強大的德雷克賽爾，公司改名爲德雷克賽爾—摩根公司，當時的主要競爭對手是傑伊．庫克公司。一八七三年，這個強盛一時的公司破產後，德雷克賽爾—摩根公司和羅斯柴爾德的代表奧古斯特．貝爾蒙特，一起成爲了爲政府龐大的戰爭債務再融資的中堅力量，聯合企業是重要的手段。在這項工作中，J．P．摩根起了舉足輕重的作用，但是他最大的成就是後來修建了世界上最長的鐵路，建起了世界上最大的工廠。

第三代摩根，傑克於一八八九年畢業於哈佛大學，獲得了A．B學位。這個時候，他的父親已經被公認爲美國金融界的領袖。讀大學時的傑克．摩根就已經表現出了許多典型的「摩根」性格。他身高六英尺、健壯、肌肉發達、他有自己的意願、意志力很堅定、脾氣有些暴躁但卻很快樂；他喜歡娛樂活動、智商平平。他的父親不失時機地讓他參與金融管理，他在德雷克賽爾—摩根紐約公司，接受了父親親自對他實行的熱身訓練之後，傑克被派到了倫敦去開闊眼界，增長一些經驗。傑克在一八九〇年與簡・諾頓・格魯小姐結婚，他和他的妻子很快就適應了英國式的生活，在那裏結交了很多朋友，從此迷戀上了英國的生活方式和習俗。在倫敦期間，他同時還密切關注著巴黎分公司的業務，年輕的摩根儼然已經是一個銀行家了。他在倫敦一直待到一九〇五年。實際上，早在一八九四年，他就已經成爲了J・P・摩根公司的合夥人，此時公司的名稱已經去掉了「德雷克賽爾」幾個字。

令人感到不解的是，J・P・摩根二世在他父親去世後的十八個月內，居然爲他的英國和法國朋友做了第一件重要的事情。他剛一上任就對合夥人宣佈，在對其他銀行機構和資源實施合併和集中方面，公司已經做得十分到位了，所以，摩根公司目前嚴格按照原有的規模進行常規的業務。他採取了保守策略。

但是，他註定會成爲命運之子，或幸運之子。德國的突然宣戰，緊接著英國也捲入了衝突，給美國國內帶來了極大的恐慌情緒。紐約市政府欠倫敦幾百萬美元的債務，而倫敦方面卻堅持要以黃金做爲償還手段。美元對英鎊的匯率暴漲到了七美元對一英鎊，也就是說，平常只值四點六五美元的英鎊在七美元以下根本就買不到。事情一下子陷入了僵局。於是在一九〇七年，全體金融界、以及紐約市政府向科納豪斯、向摩根求助。當然，衆所周知，到最後這場危機被成功化解了。

戰爭剛剛開始之際，幾場敗仗過後，盟軍陷入了一片混亂，他們發現自己急需幾百萬美元的

軍需物資。不得已，盟軍只得求助於J・P・摩根公司，也只有摩根公司才有這個實力應付這種情況。公司被指定爲英國和法國的財政代理機構，負責代辦這裏所需的一切軍需物資，酬勞是所有花費和支出百分之一的佣金。

在過去的三年中，沒有哪個銀行曾像J・P・摩根公司這樣，能夠成功完成這種異乎尋常的巨大業務。他們的業務範圍已經不僅僅限定在銀行業中，不僅僅是爲歐洲籌集到了大約十五億的貸款，不僅僅是進口了十億美元的黃金，不僅僅是爲盟軍銷售了幾千萬或幾億的美國戰爭債券，不僅僅是讓匯率保持在合理的範圍內，他所做的事已經完全超越了一個銀行家的範圍，他簽訂了價值三十億的商品購買合同，其採購範圍已經超乎了人們的想像，尋找適當的企業來負責生產合格的軍需物資，並給他們指派任務，爲負責生產軍需物資的企業提供資金援助，好讓他們能夠滿足歐洲六個正在生死線上掙扎的國家迫切的需求。

摩根公司所做的一切也許永遠不會爲人們所知。他曾經在沒有任何抵押作保證的情況下，將一百萬美元貸給了軍部，後來報紙上報導了這件事，他感到萬分的懊悔。摩根公司在戰爭期間取得了歷史性的成就，然而整個過程中，摩根先生並沒有一直袖手旁觀。沉重的擔子已經壓在他的肩膀上，以及H・P・戴維森、T・W・拉蒙德、E・R・斯特蒂紐斯的肩上。摩根先生將自己整個身心都投入到這項工作中，因爲他覺得只有這樣做才能有助於保護人類文明，才能「幫助民主黨建立一個安全的世界」。

我個人的看法是，摩根先生在治理公司上所花的時間，不會像他的父親那樣多，用不了多久，他就會在這裏或英格蘭好好過上一陣子半悠閒狀態的生活。除了經營銀行外，他還有許多興趣愛好，尤其喜歡和家人待在一起。如果人們得知他是一個虔誠的基督徒，並且常常引用《聖經》上的話語，可能會感到很意外。他還獲得過莎士比亞獎學金。他喜歡閱讀優秀的文學作品，還有，他還是個熱情的遊艇愛好者，擁有數條快艇，是紐約遊艇俱樂部的副會長。比起高爾夫球來，他更喜歡打網球。

順便提一下，還有一件事是大家都不知道的，傑克・摩根長久以來都是「利潤共享」、「雇員持有股票」以及其他一些能爲每個子公司員工帶來利益計畫的鼓勵者。

某些媒體記者將J・P・摩根說成一個巧取豪奪、貪得無厭、沒有原則的資本家，不顧及他人的利益，只專注於擴張自己的財力勢力，這其實是大錯特錯。人們之所以會有這樣的說法，很大程度上要怪他自己。他完全可以稍稍向約翰・D・洛克菲勒學習一下，在對待公衆的問題上也可以去掉一些「我不在乎」的態度。畢竟，不論貧富與貴賤，我們每個人都是人類大家族中的兄弟姐妹。

後記：這裏我還要補充一點，另外一個摩根正在打造中。他就是朱尼爾斯・斯潘塞，一個哈佛畢業生，正在父親的公司裏學習生意技巧。但是，威爾森總統剛宣戰，他就參加了海軍。在此之前，他每晚都前來參與地鐵的修建計畫，嘴裏叼著一根普通的雪茄煙，胳膊下面或許還夾著一個廉價公事包，就是那種連每週只賺十美元的銀行小職員都覺得不體面的公事包。他很謙虛，辦公室裏的其他人都把他當作是他們中的一員。

摩根先生有兩個女兒，一個是簡・諾頓，另外一個是弗朗斯・特蕾西，她們都在最近結婚了。他還有一個兒子，名叫亨利・斯特吉斯・摩根。

美國人至少可以感覺到，我們最大的銀行掌門人是一個誠實的人。

20

美國最大的化學公司——通用化學公司的創建人
威廉·H·尼科爾斯

美國已經意識到了國內化學物品生產的必要性了。然而早在五十年前，就有一個美國人看到了化學工業中的機會和它的重要性，現在，他所生產出的化學物品在數量上已經超過了世界上任何一個人。

從僅雇有一名助手的一個小企業開始，威廉·H·尼科爾斯逐漸建立起一個在美國和加拿大經營著三十多個化學工廠，雇有幾萬名工人的大型公司。通用化學公司的資產爲五千萬美元，每年的利潤爲幾百萬美元，它爲股東配送高比例的分紅，每年出口創匯幾百萬美元。

當威廉·H·尼科爾斯介入化學科學生產領域時，美國僅有幾個相對較小的化學公司，這些公司的經營者大多數對化學科學和技術一無所知，當時流行的做法是憑經驗、大約差不多就行了。作爲一個年輕人，尼科爾斯是如何學習化學並進入化學工業領域的，是一件很値得記載並供他人學習的素材。

尼科爾斯告訴我：「每個正處在成形階段的年輕人，都應該嚴肅認眞地考慮一下，他到底想要成爲一個怎樣的人，或者打算做什麼事。當我還沒有進入大學，仍然是個孩子時，就已經仔細對這個問題做過了全面的考慮，我需要看清楚哪個行業會提供最大的發展機會。我發現，在化學行業中沒什麼人眞正接受過全面的系統教育，也沒有什麼人在大學裏獲得過科學的訓練。我總結了一下，如果我在大學裏勤奮認眞地學習理科，那麼我至少有機會可以獲得較大的成功。所以，我在約翰·W·德雷珀博士以及他兩個兒子的指導下，進入了紐約大學。那個時候，理科生沒有幾個能被其他學科的學生看得起的，理科被人們看作是低等級的學科。」

「我充滿了熱忱，雖然我還很年輕，但我知道，生命只有一次，我要盡可能地讓它活得有價値。任何放棄或忽略了適當教育機會的年輕人都是傻瓜。」

「一八七〇年我畢業後，我很快就自己開了一家公司。但是由於當時我還沒有達到法定年齡，所以我無法使用自己的名字。當時，我只有十八歲，我和一個名叫沃爾特的人一起成立了沃爾特—尼科爾斯公司。二十一歲之前，我都是利用父親的名字來辦理一些手續，二十一歲後，沃爾特—尼科爾斯公司的所有權恢復到了我的名下。當工廠中需要更多的人手幫忙時，我只好停下實驗室的工作來幫助材料的生產，通常是酸。」

「沃爾特在一次事故中的突然喪生打亂了我的全盤計畫。因爲先前所有的辦公和業務部分都由他來負責，我只負責科學研究方面。嚴格來講，在處理業務問題方面，我沒有一點實際經驗。我努力想要獨自擔當這一切，早晨很早就起來幹完工廠的活，下午再去完成實驗室裏的工作。然後，再從我們的工廠所在地，克里克的紐頓乘馬車趕往紐約去尋找客戶、處理一些其他事情，最後在一天的工作完成後，再返回來處理一些辦公室的問題。」

「然而我很快就明白，光靠我一個人是做不成什麼事的，於是我就以當時的天價兩千美元，聘請了現在的知名人物J・B・F・赫爾肖夫博士來負責我的工廠。那時我們主要生產硫酸、氯酸、硝酸和錫晶體。我的競爭對手，也就是當時那些經驗老手們，都認爲我雇用像赫爾肖夫這樣的化學家簡直是瘋了。但是我深知正確的教育和科學知識的價值所在。在我個人生活的開支上我絕不會花掉兩千美元。我將每一分錢都投入到工作上，而不是去購買昂貴的衣服或其他奢侈品。我的父親還借給我一部分錢讓我能夠擴大自己的業務。當一切步入正軌後，我卻突然陷入了困境。」

「有關硫酸的價格，在這一行中一直有一個君子協定。然而，其他的商家在沒有任何徵兆的情況下全部都降低了價格，搶走了所有的訂單和合同，就連一個客戶也沒給我留下。這次打擊無異於青天霹靂，給了我一次重創。」

「但是沒過多久，發生了一件奇怪的事情，我們的硫酸全部銷售一空。」尼科爾斯停頓了下來，用熱切的目光看著我，然後反問我，「成功的秘密到底是什麼？這個問題常被人問起。」

「回顧我的生命歷程，現在我可以十分清楚地回答，成功當中包含有那麼兩三點至關重要的東西。成功是因為履行了誠實的原則、只做那些簡單正確的事情、在任何情況下都不能偏離公正和正直的基準。」

「我經歷過和觀察到的事情讓我更加確信，人根本就沒必要太過精明。實際上那些利用競爭對手、利用客戶、利用公衆的手段永遠不會帶來堅實的、長久的和有價值的成功。黃金規則在生意場上和在教堂中同樣有應用價值。」

「如果一個年輕人願意勤奮學習，認眞思考，時刻留意周圍的機會，充分利用自己不斷努力發展起來的預見力，同時在做每一件事情時嚴格奉行誠實謹慎，那麼他是不會失敗的。」

我問：「你要告訴我的關於硫酸的事情到底是什麼？」

尼科爾斯說：「當我開始做硫酸時，我發現市場上出售的硫酸雖然標籤上爲六十六度，但實際上酸性都達不到這個強度，一般只有六十五度。我將自己的硫酸做成六十六度，然後在標籤上也標明這個數字。可是沒過幾天，就有幾個競爭對手找上門來，對我說：『你是在自己捉弄自己。你不過就是個年輕人，剛來到這一行不久，所以才會浪費不必要的錢去生產六十六度的硫酸，實際上六十五度的硫酸就完全可以了。』我告訴他們，如果我做的是六十五度硫酸，我一定會在包裝上標明六十五度，如果我在包裝上寫上六十六度，那我的硫酸也一定要做到六十六度。最後，他們很不滿意，忿忿不平地走了。」

「大約到了這個時候，人們已經發現了石油精煉的工藝過程，硫酸的訂單雪片般飛向我們，我們的硫酸供不應求。可奇怪的是，雖然我們忙得不可開交，競爭對手卻一張訂單也沒有。當然他們會去調查原因，最後他們發現，從事石油精煉的客戶已經發現，六十五度的硫酸酸性不夠強，所以無法將石油精煉，而六十六度的硫酸則符合要求。」

很難想像，這個世界上如果沒有電解銅會是什麼樣子。更重要的是，電解過程的發現，能夠使冶金公司省下價值幾百萬美元的黃金或白銀，在先前的熔煉和精煉過程中，這些金和銀就這樣白白扔掉了。又有多少人知道電解過程是怎樣誕生的？

讓威廉・H・尼科爾斯來爲我們講述這個故事吧。

「有一天，我坐在辦公室裏，這時有一個名叫戴維斯的人進來了，他拿著一塊礦石讓我爲他檢驗一下。我以前研究過冶金學，所以，我認爲它是一塊亞硫酸鐵，裏面還含有硫化銅。他問我：『有興趣嗎？』我回答：『是的。』他馬上又說：『謝天謝地！我已經問遍了其他每一家化學工廠，可沒有一家對它感興趣。』後來我們買下了他的那座位於加拿大邊境上卡普萊頓的礦井，並把注意力轉移到了開發利用我們的另一種產品——銅渣上面。赫爾肖夫博士發明了一種能夠將銅礦熔煉成冰銅的水套爐，整個工藝過程十分成功。於是我們去了英格蘭和威爾斯，那裏有很多人已經開始從事銅的精煉，所以我們想知道能否將這種新型熔爐引進斯旺西。結果，我們被他們嘲笑了一番。他們說，我們這些煉銅只煉了一年的人，竟然異想天開能夠比他們這些有二百年經驗的人還幹得好。今天，我們一個月生產的銅就超過了斯旺西一年的產量。」

「那個時候，煉銅行業不懂得如何正確分析銅的成分，許多實驗室都爲之殫精竭慮。因爲我們當時也對銅業感興趣，所以也進行了這方面的研究。多虧了赫爾肖夫先生我們才能開發出現在每個人都很熟悉的電解過程，它不僅能算出冰銅或其他物質的確切數量，而且還省去了過去需要的大量金和銀，這樣一來，在銅的產量大大提高之後，電業才能向前邁出一大步。」

在尼科爾斯博士和他的同事們共同努力下，銅礦行業和化學行業都產生了巨大的進步。他們那種具有革命性的冶金、精煉、金屬分析流程，讓現有的礦井形成了一些習慣做法，因而，他們也成爲了成品銷售市場上的主導力量。

尼科爾斯集團以一種奇特的方式進入了精煉銅領域。先前，他們只是把銅礦處理成冰銅的形式，他們滿足於此，並不打算在這裏繼續向前發展，進入熔煉部分。然而令人感到不可思議的是，尼科爾斯職業生涯中，這樣意義重大一步竟然也是拒絕和不公正、不明智的做法同流合污的產物。

一天，紐約一個非常有影響力的大人物，把尼科爾斯先生叫到市中心的一個俱樂部，鄭重其事地告訴他：「你的銅價格賣得太低了。」尼科爾斯回答說，這樣的價格很令他滿意。「你的售價和別人的售價不一樣。」這位大人物稱。經過了一番談判後，他下了最後通牒：「看來我得專門告訴你，對於銅的價格，我們有一個統一行情，要麼你就按照規矩來，要麼，就別怪我不客氣，我不會再爲你精煉一磅銅。」

這位紳士低估了威廉·H·尼科爾斯的能力和性格，他回答道：「你有權告知我，你不再爲我精煉冰銅，但你無權告訴我，我的銅應該賣什麼價格。我不會再讓你爲我精煉一磅的冰銅。」

尼科爾斯朝新安裝的電話走去，給赫爾肖夫打了個電話，告訴他去辦公室一下，順便在路上考慮一下建一個小精煉銅廠的計畫。還沒等天黑，他們就設計出了一套精煉銅的方案，這套方案一直沿用至今。

就這樣，這段談話促成了尼科爾斯紫銅精煉公司的誕生，現在，這個公司每年銅的產量爲五億磅。

我問：「這麼說來，你不贊同那位紳士所說的『固定價格』協定？」

「是的。我剛剛進入這行做生意時，就吃過這種價格協定的虧，就算是沒有反對這種做法的法律，誰也休想把我拖入任何形式的價格協定中來。我認爲這樣的協定一點都不明智。讓人們用自己的頭腦、用自己的智慧和判斷力，按照自己的方式做生意，這樣對每個人都有好處。這樣做法對公衆也有好處。」

尼科爾斯在紫銅精煉方面發展十分迅速，到最後已經超越了原來的化學公司，因爲這家化學公司在老套的框架下，已經失去了前進的動力。但是尼科爾斯先生在內心深處依舊還是個化學家和科學家，所以，他在千島自己的別墅裏休閒度假之時醞釀了一套計畫，它可以讓尼科爾斯在自己少年時代就選擇好的領域裏盡情施展。

尼科爾斯通用化學公司就是在那個時候構想出來的，同時在計畫中的還有尼科爾斯銅業公司。兩個公司分開以後，各自建立管理機構，這樣兩個公司就都能得到更大的精力，產生更高的效率，生產規模也會更大。計畫取得了突出的成效。

通用化學公司是國內外最大的化學公司，它的產品主要包括：化工製品、焦硫酸、氯酸、硝酸，和各種鹼性物質，包括：亞硫酸鹽、亞硫酸氫鹽、磷酸鹽和大量的明礬。化學已經滲透到了各行各業中，構成了紡織業、絲綢業、造紙業、水過濾以及其他行業中不可或缺的一個部分。

尼科爾斯先生是美國第一個從事苯胺油生產的人。在他參觀德國期間，看到那裏的工廠大量生產煤焦油染料，他決定回國後自己也嘗試一下。但是他的德國朋友卻很肯定地告訴他，美國焦炭爐裏的副產品根本無法利用，因爲美國出產的煤炭和德國的煤炭種類不同。但尼科爾斯先生堅持不放棄，他建了一個工廠，現在，這個工廠每年生產一千噸優質苯胺油。但是德國人價格訂得很低，和他們競爭根本不可能。美國國會那時候還沒有意識到德國這一著棋的精明之處和目的所在，德國人很清楚，沒有苯胺油就無法生產出性能穩定的火藥來。現在，各種不足之處均已得到彌補，美國現在生產的苯胺油完全可以自給自足，不但如此，美國還是苯胺油和其他煤炭副產品的出口商。

尼科爾斯先生對合作的力量深信不疑，但他不是要和競爭對手合作，而是和工人們合作。他的許多工人都是跟了他一輩子的老工人，一些工人差不多跟了他四十年。許多年前，他就成爲一個和工人共享利潤的先驅者。在一九一六年，他就拿出了一百五十萬美元做爲工人們和員工們的補助和獎金。尼科爾斯先生對待工人的態度，一直以來都是出於強烈的道義感和他對人類博愛的信仰，同時也有冷靜而精明地爲公司利益考慮的成分。當然，他的直接和間接經驗也告訴他，慷慨愼重地對待工人是値得的。公司還專門挑選了一些人負責工人們的健康護理。

所有提高工人生活狀況的工作，都由工人們自己來處理。他們爲自己的協會制定規則和章程；管理自己的俱樂部；安排工人內部的壘球、足球和其他比賽；不同分廠之間的衛冕拳擊賽、摔跤賽總是能激起人們最大的興趣。爲了更大的安全起見，公司不斷發起健康積極的競爭精神宣傳活動。公司每年還要將相當大的一部分錢做爲獎勵，頒發給在最短的時間內檢查出安全隱憂的工廠。一九一七年，這筆獎金由加拿大的一個工廠獲得，工人們把很大一部分錢捐給了國家戰爭緩解委員會。工廠還反復給工人們灌輸愛國主義思想，在通用化學公司的每一個工廠，工人們每天早晨都要對著高高飄揚的星條旗敬禮。

他對待工人們的那份善良，有一次竟令他陷入了尷尬的境地，讓他深感恥辱。公司一個大客戶的負責人來向尼科爾斯先生投訴，他說自己一直以來都遭到欺騙，硫酸罐裏的硫酸總是缺斤短兩。尼科爾斯先生無法相信他所說的話，但是去了客戶的工廠之後，五十罐硫酸當場過秤，結果每罐都少了十磅。他保證立刻去調查。

人們告訴尼科爾斯先生一個愛爾蘭人，他就是負責監督硫酸裝罐的人。他對這個雇員十分信任。但是，向他詢問這件事的時候，他卻紅著臉支支吾吾，最後，他竟然說了一句：「尼科爾斯先生，廠裏的工人們都喜歡你，我們都想幫助你。」

從這件事情上，我們完全能夠看得出來，通用化學公司和尼科爾斯銅業公司到底是怎樣對待工人的。

有許多美國人在國外的知名度要遠遠大於國內知名度。這些人才是眞正有成就的人，是在國際上舉足輕重的人，但他們卻不是沽名釣譽、大肆炫耀的人。尼科爾斯先生就是這樣的一個人。我最近讀到的一份法國報紙上稱他爲「世界知名的科學家和化學家」。還不止這些。皇室、各大科學和化學機構以及大學都爭相授予他榮譽稱號。一九一二年，他被世界上最大的化學協會——國際應用化學聯合會選爲會長，同時大英帝國化學工業協會也授予他類似的榮譽。他還是美國化學協會的創始成員，現在這個協會僅在紐約就有九千個成員。然而成立之時，這個協會只有五十個成員，這五十人中現在僅有兩人在世。伊曼紐爾國王授予他義大利最高級別軍銜，也僅有一兩個美國人曾得到過這樣的殊榮。他是拉菲特大學的榮譽法學博士學位，以及哥倫比亞大學的榮譽理科博士。

和其他許多企業界領導人不一樣的是，尼科爾斯博士將許多時間用於教堂和學校建設服務上。作為布魯克林克林頓大道國教教堂理事會會長，以及國教附屬協會會長，他對推動宗教和慈善的發展做出了不可估量的貢獻。一八五二年一月九日，尼科爾斯出生於紐約布魯克林，一八六八年畢業於布魯克林理工專科學院。這所學院之所以今天能夠繁榮發展，他從中發揮了比別人更大的作用。他剛成為這個學校的主席時，它還是個小小的、沒有活力、垂死掙扎的機構，然而，今天它卻成為一個自主經營、擁有八百到九百名學生的學校，而且該校正準備進一步擴大規模。

尼科爾斯先生生來就具有健康的體格，這種優點來自於他的血統。他的祖先是日爾曼族，然後移居到了英國，最後來到了美國。他的母親是基督教貴格會教徒，父親是一個成功的商人，有很高的社會地位，他良好的家庭環境為他提供了完整的教育機會。離開布魯克林理工專科學院後，他進入了當時還是半軍事基地的康奈爾大學。年輕的尼科爾斯很快就在學生中站上了領導的地位，但卻由於非法欺侮新生而麻煩纏身。校方願為他提供豁免權，但條件是他必須說出其他參與成員的名字。這個建議讓他感到憤慨和不屑。當然最後的結局是以他被學校開除而告終，但是他所乘坐的火車，卻因全校的學生排隊等候和他握手而遲遲無法開動。

一八七三年，尼科爾斯博士同漢娜．W．本賽爾小姐結婚，他們有一個女兒，現住在倫敦，身份是M．O．福斯特太太。他們的兩個兒子在工業界也有所建樹，其中一個叫小威廉．H．尼科爾斯，是通用化學公司的總裁（他的父親是董事長），C．沃爾特．尼科爾斯是尼科爾斯銅業公司的總裁。兩個人在管理員工和經營公司上，都表現出了父親遺傳給他們的卓越特質。

21

收銀機的發明製造者，視員工爲家人的企業總裁
約翰・H・帕特森

約翰・H・帕特森將自己的一生都奉獻給了收銀機的製造和工人的幸福，是他發明了一種類似收銀機的東西，是他讓工人們在工作中能夠感受到幸福。

很少有百萬富翁願意像他這樣，將自己很大一部分利潤花在雇員身上。許多人用幾百萬爲自己建起一座宮殿、沉浸在名畫古玩的包圍中，或揮金如土將大把鈔票用在自己的休閒娛樂方面，他們除了自己，誰的利益也不管不顧。即使是那些頗爲施樂好助的百萬富翁們，也很少有人能首先爲那些幫自己創造財富的人去著想。有的富翁熱衷於建大廳、宣佈爲這個或那個機構捐款饋贈、神氣活現地走在鎂光燈下，或者是去精心策劃一些能博得公衆好感的活動，而只有極少數的人只在自己工廠裏做一些值得的事，並日復一日將自己投入到改善工人、工匠、速記員以及其他一些平凡職工的生活中，相對而言，前者更引人注目。

約翰・H・帕特森的選擇是更爲平凡的事業。他將自己的工廠和周邊的環境建成一個美麗的地方，他爲工作增添了愉悅，讓人們在工作謀生的同時還能謀取到幸福。

位於俄亥俄州代頓的現金收銀機工廠就像是一座燈火輝煌的宮殿。工人們可以透過幾千扇玻璃窗，在工作之時享受到美妙的景致。工廠每隔十五分鐘就通一次風，並設有幾千個淋浴噴頭，供工人們在工作時間隨時使用。當然，廠裏還有醫生和受過良好訓練的護理人員，隨時準備爲工人提供服務，此外，工廠還設有免費的電子按摩器，以及爲女職工準備的多間休息室。爲了避免街道上和電梯內上下班高峰時期的擁擠，也爲了不讓女工們隨隨便便地同男工們混雜在一起，女工們可以比男工人推遲半小時上班，也可以提前十分鐘下班。每天上午十點鐘和下午三點鐘，女工們都有一次短暫的休息。寬敞的餐廳裏提供收費午餐，有樂隊爲就餐者演奏輕快的音樂。

每天午休時間都會在一個配備有一千兩百五十個座位的大廳裏播放電影，或其他娛樂節目，

那些自帶午餐的人們可以坐在那裏邊吃邊看電影、聽音樂或和其他人簡短交談。男士有權吸煙。公司還安排那些有前途的年輕人在假期接受高中和大學教育。

帕特森先生的兩座辦公樓希爾斯和代爾斯都不是供他自己獨自享用的，大樓所有的地方都是對雇員和公衆開放的。整幢大樓既沒有圍牆也沒有鎖，不但如此，大樓附近還遍佈著一個個精美古樸的營地，營地裏設有各種設備供前來野餐聚會的人免費使用。這些設備包括烹飪器具、桌椅板凳、甚至還有麵粉和用來烘蛋奶餅的烤模和蒸餾水。

這裏還有高爾夫球場、網球場、壘球場以及其他運動和休閒設施，還有一個大的俱樂部大廳，在這裏，每個週末晚上都可以舉行一次舞會，平時每天晚上舉行音樂會、演講和其他一些娛樂活動。城市裏還有一個工人俱樂部，主要是作爲冬季大規模業餘課程的授課地點。

派特森先生是一個崇尚陽光的人。他非常熱愛大自然，所以，他希望周圍的每個人也能享受到大自然的美好。只要有工人提出對工廠或其他地方有好處的建議，並且是可行的建議，該工人就能得到一定的獎勵，多年來，工廠裏一直都設有建議箱。

二十年前，當他的工廠剛剛開工時，他對待工人的態度曾被其他許多雇主看作是傻瓜、瘋子、社會主義者和空想家。他們警告他，對工人太好只會帶給他失望和災難，但他卻反過來認爲，除非雇主能夠眞正爲工人們考慮，否則遲早都會引發嚴重的問題。

他對待工人採取了一種合作的態度，而不是脅迫的方式，這件事說起來還蠻有趣。

他剛開始時採取這種做法時，更多的時候是出於工廠的需要而不是出於自己的感情。最初他也按照同行的規則，和其他雇主一樣，用最少的工資換取工人最多的工作。工人們也相應地付出最少的勞動來換取最多的工資。

我們首先來回顧一下這個重要的轉捩點到來之前，約翰．H．帕特森收銀機製造公司的業績情況。

約翰．H．帕特森生於一八四四年十二月十三日，在他出生前，這個世界上並沒有收銀機。他的祖先是蘇格蘭—愛爾蘭人，第一個來到美洲大陸的是他的曾祖父。他的祖父建立了肯塔基州的列克星敦市，成爲了最初辛辛那提州的三大地主之一，後來，在代頓附近的一個兩千英畝的農場上定居下來，在美國獨立戰爭期間他以殖民者的身份參戰。約翰．亨利就出生於此，他就在自己當年出生的地方建立了現在的國際收銀機公司。那時候，他只是個年僅八歲的孩子，可照樣也得在農場上幹活。他接受過良好的教育，先是在代頓學校讀書，後來去了邁阿密大學和達特茅斯學院。一八六七年，他畢業於達特茅斯學院，並獲得了文科學士學位。他先前參加過內戰，雖然那個時候只是個年輕人。

農場上的活對於這位文科學士來說，實在是缺乏吸引力，倒是經商對他誘惑最大，但他卻別無選擇。在邁阿密—伊利運河上收費是他能找到的最好工作，在這裏，他白班夜班都得上，沒有週末也沒有假期。但這種工作與經商無關，他想要做的是買和賣。他自己存了一部分錢，又想辦法借了一些錢，他在代頓開了一家零售店，做起了煤炭生意。後來，他和住在代頓八十英里外傑克遜郡的弟弟佛蘭克合夥，將生意重心漸漸從煤炭銷售轉移到了煤礦和鐵礦石方面。

爲了讓自己的礦工能方便地購買到生活用品，帕特森兄弟和另外幾個礦業公司一起開了一家商店，生意倒是很紅火，可卻沒有利潤。雖然所有的商品都有一定的利潤空間，但到了第二年年終，帳面上的收益仍然爲零，一定有什麼地方存在很大的漏洞。

帕特森先生的祖父曾是一位軍人，也是一位民用工程師。他從祖父那裏繼承了一種價值取

向，這種取向就是做事情一定要嚴格認眞、一絲不苟，容不得半點拖拉、錯誤和粗心。他一向也是這樣要求自己的，所以，商店裏不明原因的管理失誤令他焦慮不安。他一定要扭轉這個局面，杜絕這種現象。

派特森先生聽說代頓有一位商人發明了一種裝置，能夠將每次銷售記錄下來，他立刻打電話過去，要求訂購兩台。一八七九年，代頓一位名叫雅各布・里提的商人想出了現金收銀機這種設備，然而，由於長時間的超負荷工作，以及擔心別人刺探到他業務的詳細內容，所以這個商人精神出了點問題，現在正在去往歐洲療養的路上。有一天，在一艘船的發動機房裏，雅各布・里提看到了一種用來記錄驅動桿旋轉次數的裝置。他立刻就想，爲什麼不能生產一種裝置，好讓它將放入收銀櫃的硬幣統計出來呢？他匆匆回到家裏，和他技術高超的機械師弟弟一起生產出了第一台收銀機。

帕特森先生成爲了他的第一個客戶。儘管這台機器看起來做工粗糙而笨重，但它卻立刻讓商店轉虧爲盈了。帕特森先生的商業本能告訴他，這項新發明將會帶來無限的商機。他告訴自己：「能爲我們商店帶來好處的東西，也一定能爲全世界的商店帶來好處。」於是，他在第一時間內去了代頓，作了詳細透徹的市場調查，那個時候全鎮雖然只有幾台收銀機，但他十分看好收銀機的前景，一八八四年，他買下了里提的國際生產公司，將其更名爲國際收銀機公司。

然而，從種子發芽再到長成參天大樹，必定要經歷一個漫長的過程。每到一個關頭，總會碰到無數麻煩和障礙。組裝新款收銀機的工人需具備嫻熟的技術和細緻的做工。所以，他一開始面臨的是如何培訓工人，緊接著就是如何留住工人的問題，那些專業性強的工人們很容易被別的公司挖走。工廠建在一個被代頓人叫做史萊德鎮的地方，這是一個聲譽不太好的地方，在代頓，凡是差不多的人都會從這個區域退避三舍。所以在收銀機公司工作不會給人們帶來太高的社會地位，說白了，社會地位稍高一點的年輕人，尤其是年輕女孩子，都寧願在環境更好一點的地方賺錢謀生。

約翰·H·帕特森要對這種令人不滿的情況要負一部分責任。那個時候，他只是個很普通的業主，既不比別人強，也不比別人差。他只關心工人們能為他帶來什麼，反之，工人們也用同樣的方式對待他。糟糕的工作環境必然會產生差勁的產品。實際上，情形一度糟糕透頂，一年就有價值五萬美元的產品因品質不合格而被退回工廠。

後來，約翰·H·帕特森覺醒了。

他改變的不僅是自己的觀點，還有自己的理念。逆境教會了他用人道的態度對待工人，如果你不為工人著想，工人們憑什麼會為你著想？如果你不關心工人們的福利和利益，工人們為什麼要關心你的利益呢？他應該採取新的策略。他將自己的辦公地點設在了工廠的中心部位。

他心裏打定這些新主意後，來到工廠裏親自視察情況。他看到一個女工在用一種很不科學的方法在攪拌著什麼，他誤認為那是膠水，可那位女工卻告訴他，這不是膠水，是咖啡，是她前幾天剩下的咖啡，她想重新調和一下再喝。

派特森先生立刻找來經理，讓他從明天起為全廠的女工每天提供上好的咖啡。接著，他又巡查了周圍一切有待改正的地方。幾天後，他仍然沒有看到工廠裏為工人提供咖啡，他找來了經理，結果經理說出了一大堆工廠不可以變成咖啡屋的理由。他命令經理在馬路對面租一間房子專門為工人提供咖啡，但這件事仍然被一拖再拖。這一次，他向經理和他的助手下了最後通牒，如果不按照他說的執行改革，那麼，他和助手將會被立刻解雇。

咖啡服務對女工的產量起到了立竿見影的效果。帕特森先生明白了一個道理，善待工人所花費的投資，就好比是一筆存在銀行裏的現金。從那天起，帕特森在提高工人應有的待遇決策方面再沒有猶豫過。一個又一個精心策劃的革新被引進到工廠裏，一套系統的、旨在提高職工素質和風氣的方案被啓用。

更精良的工藝和更好的產品品質，帶來的是更多的業務，年銷售量從幾千台提高到了幾萬台，工廠需要擴建。史萊德鎮在帕特森先生的影響下已經在一定程度上提高了聲望，但它仍然無法和紐波特和塔克西多相比。派特森先生接下來買下了工廠周圍的大量地產，決定投入時間和資金改變整個環境。

最重要的是，在設計工廠建築的時候，他採用了當時美國最領先的方案，他的工廠同其他普通工廠在建築形式上形成了鮮明的對比。他希望這座建築包含一切能夠想到的、有助於工人舒適度和安全性的設備。此外，他還想要建幾個大廳，做爲工人們午休時的娛樂場所，也可以做爲課堂教室，或做爲講解收銀機每個生產階段和銷售技巧的授課地點。

當他打算建一座玻璃和鋼結構宮殿時，整個代頓都是一片反對之聲。他們提醒帕特森，史萊德鎮的小青年是不會讓一整塊玻璃完整過夜的，新玻璃的花費將要超出他的利潤。帕特森認眞對待這些小青年，將他們從潛在的暴徒轉變成爲一個個年輕的園丁和紳士。這些年輕人每人都分得一塊園地，由領班的園丁來指導他們，他們學會了如何使自己成爲公司裏的一員，他們在公司的激勵下對自己的工作充滿興趣，他們的優秀表現會得到獎勵，年終還會從銷售額中獲得分紅。這樣一來，整個公司完全是在小伙子們自己的經營下在運作，此外他們還形成了一個俱樂部，組織城裏的小孩子們在暑假期間來農場工作。這不僅解決了玻璃被打破的問題，還爲社會和年輕人解決了許多更爲重要的問題。

帕特森「溺愛」自己員工的行爲，引來了其他雇主的強烈憎恨。他們都知道，最好的雇員都會奔向收銀機公司，他們也擔心，自己工人們會感到不滿，甚至會引起騷動。帕特森依舊按著自己的思路向前走，他相信總有一天人們都會跟著效仿他。他爲周圍的人的福利付出越多，他就能從中得到越大的樂趣。

然而，他的新工廠卻耗資巨大，他買下來供工人們和其他人使用的場地也是他巨大的一筆支出。業務的迅速擴張也佔用了他很大的一筆資金——他在近兩年裏收銀機的銷售量是過去二十二年銷量的總和。

這時，銀行卻突然要求他歸還全部貸款，銀行這一決定無異於給了他一個青天霹靂。代頓沒有一家銀行肯借給他一分錢。那些批評帕特森的人和他的敵人都不禁竊喜，這下子看他還怎麼去搞那些見鬼的職工福利！

他們差一點就得逞了。然而，帕特森生來就是個搏擊者。不僅如此，他還是個哲學家。他對自己說：「爲正義而戰的人將得到更多的支持。」由於當時正處於銀根緊缺時期，代頓以外的銀行要麼不理他，要麼拒絕他。然而，最後還是有一個新英格蘭金融家派了代表前來分析情況。他在瞭解資金短缺原因的同時，還瞭解到帕特森兄弟具有無可挑剔的人品、不屈不撓的奮鬥精神、堅強的意志，而且他們所經營的是一個成長性強、利潤豐厚的企業。所有這一切都吸引著他，最後，他貸給帕特森兄弟的數額是他們要求數額的好幾倍。如果帕特森兄弟的人品沒能過得去調查這一關，那麼，國際收銀機公司最後可能就會以破產而告終。

帕特森先生爲工人們著想的做法終於迎來了全面的成功，史萊頓漸漸繁榮起來了。除了原來

的俱樂部園丁外，周圍的許多大人們也開始深深被這裏的美麗吸引，感染之下，他們也開始在自己家的房前屋後種花種草，美化環境。

帕特森先生號召每個市民爲實現「美麗的城市」而努力，他本人在這方面不斷付出的同時，也在和那些反對這一理念的人們不懈的鬥爭。他帶著全部的熱情投入城市管理的改革當中來，接著又是對政治家控制的改革，對腐敗的改革就更不用說了。就像大多數革新者一樣，他難免四處樹敵。

儘管如此，他也沒能完全逃脫和其他一些雇主同樣的勞資矛盾。在整個美國的勞動工人處於極度不安分的那段時期，人們私下傳言，收銀機公司的一部分工人正打算鬧罷工。帕特森先生的善良被他們誤認爲是軟弱的表現，一些人甚至還想成爲公司的主人。在他們看來，他們想怎麼樣就能怎麼樣，帕特森先生一定會屈從於任何事情。在對待工人的問題上，他已經有過一次錯誤，他提供給工人們的一些優待，比如說淋浴設備和午間娛樂，已經成爲了一種被逼無奈的結果，這樣的形式主義當然會招致人們的不滿。然而，帕特森看到了自己的錯誤，並很快改正了它。

當他聽說有一部分工人要組織罷工，他將全部工人都召集起來，向他們解釋到，對於一些工人的不滿，他表示理解，並告訴大家他本人對一些事情也不是很滿意，所以，他宣佈，休息一陣子可能會對大家和他都有好處。他關閉了整個工廠，並沒有宣佈何時再度開工，然後就去旅行了。

剛開始，那些罷工策劃者爲他們的「勝利」歡呼雀躍，但是兩周後，一部分工人開始對那些惡意抱怨的人提出批評了。又過了一周，仍然沒有開工的指示，有人開始詢問到底何時才能重新開工，但是並沒有任何明確的答覆傳來。等到月底的時候，導致此次停工的主要負責人他們的日子就變得不好過了。有人開始求帕特森先生趕快回來重新讓工廠開門。但直到兩個月過後帕特森先生才宣佈他將返回代頓，他還給工人們透露了消息，有人邀請他將自己的工廠設在更爲方便的地方。

整個城市都做好了準備迎接帕特森先生的回歸，人們請了管樂隊，並夾道歡迎，爲他接風洗塵，對他稱讚不已。他鎮靜的反應更加讓市民感覺到，代頓不能沒有帕特森。他沒有參加任何一個歡迎儀式，相反，他向代頓市民提出了一系列建議，這些建議會讓代頓變得更加美好、更有效率、更健康。

他的工廠又重新開工了，再沒有人吵著要罷工，從此後他再也沒碰到過勞資問題。也只有在人們開始擔心會失去帕特森先生以及他的工廠時，人們才明白他的價值所在，失去他就意味著每週會失去幾千個裝有工資的信封。

工廠重新開業後，國際收銀機公司的訂單大幅度增加。與此同時，帕特森先生系統的銷售人員訓練也有了可喜的成果。國際收銀機公司的每個雇員都信心百倍地努力工作，用雙倍的力量將其他競爭者排擠出去，有時候，銷售人員的熱情已經超過了自己的謹愼。

當年風行一時的國家信託調查在美國迅速蔓延開來時，他們同樣也沒有放過國際收銀機公司，因爲它也是一個快速發展起來的近乎壟斷的機構。帕特森先生的回答是，他是收銀機的專利持有人，所以有權透過各種法律手段和金融手段來捍衛自己的專利權。這場鬥爭是無情的。至於美國政府的對與錯，我在這裏不願多做評論，當地的初級法院宣判公司的幾個高層和幾個工人負責人一年監禁，但是，高級法院宣佈該裁決無效。政府並不是就此甘休，而是打著《舍曼法》的旗號，從民權的角度入手開始了新一輪訴訟。這一次，他們並沒有和公司的管理人員持續一兩年

的鬥爭，打擊整個公司的信心，他們想要誘使帕特森先生對自己多年來想要建立一個壟斷組織的陰謀主動提出服罪，然而帕特森先生卻一貫認爲，自己有理由維護專利權的排他性。

帕特森先生告訴我說，在他爲自己的生活和家庭賺取了足夠的金錢之後，唯一支持他不斷和來自政府和工人的障礙作鬥爭的信念就是，他覺得自己是在做一件有建設意義的事情，他在爲無數個雇主對待員工方面樹立典範。

對於美國公衆來說，帕特森先生取得的至高無上的成就在於他獲得了「代頓拯救者」的光榮稱號。一九一三年三月二十五日到二十六日，這是值得紀念的日子，在那一天裏，整個代頓市遭到了洪水的襲擊，被淹沒在十七英尺高的水面下。

在洪水到來的前幾個小時裏，是帕特森通過電報、電話，通過馬匹、騎車，通過奔忙的信使和各種可能的通訊手段，向全市人民通告這場迫在眉睫的危險，並沉著地指揮大家如何應付這突如其來的洪水。同樣還是帕特森，將他的全體行政人員和工人幹部召集到工業大廳裏。他登上主席臺，向現場所有的人展示了國際收銀機公司的組織結構金字塔圖，然後宣佈：「國際收銀機公司從現在起解散，現在我宣佈成立市民救災協會。」接著，他用一塊木炭勾勒出了救災委員會的組織圖，任命了各個分隊的負責人，並分派他們的工作內容。從帕特森的工廠裏源源不斷地送出了木筏和船隻，平均七分鐘就出來一艘，這些木筏和船隻的材料均取自於他的木材廠。

帕特森成了人們一致公認的整個援救工作的總指揮，儼然一位大將軍，用一流的技巧、速度和效率指揮千軍萬馬在作戰。當美國軍隊指揮官伍德將軍和駐地部隊秘書匆匆趕到救災現場時，他們看到帕特森的臨時救援隊竟然發揮了這麼大的作用，不由得感慨道：「我們能做到的也無非就是這些工作。」

即使是在那樣可怕的夜晚，代頓依然有希望之光在微微閃爍，就在那天夜裏，在一所臨時搭建的婦產科醫院裏，二十九個嬰兒誕生了。

要想描述帕特森先生的個性，恐怕還要費點筆墨。他的經商方式和他全部的生活方式都是新奇的。他的大腦日日夜夜在工作。他的手邊時常備有紙和筆，他隨時會把自己突然想到的東西記錄下來。每天早晨，他都會向自己的秘書交代十幾個命令，這些命令要傳達給不同部門的領導人。他將這些命令寫在一個很大的圖表上，這個命令被完全執行後，他就會用一條紅色的粗線段將它劃掉。這些圖表的設計就像是雙開式旋轉門，只要轉動一下，帕特森先生就能一眼看到計畫執行的全部情況。我注意到了一個尙未被劃掉的計畫名稱，上面註明的日期是幾個月前，計畫的名稱是「將九洞高爾夫球場改建爲十八洞高爾夫球場」。我就此詢問了一下。

「這項計畫正在執行中。」後來我得知，這個十八洞高爾夫球場主要是供工人們使用。

他很喜歡座右銘，自己也常常想一些出來，然後將它們掛在整個工廠裏，這些座右銘給工人們智慧和鼓勵，座右銘的內容也會不斷更換。

帕特森先生一般是在早晨六點半起床，然後喝上一杯熱水後就開始使用早餐。之後的一整個上午都像攻城槌一樣連續工作。午餐他通常會吃一些水果和蔬菜，然後午休兩個小時，下午繼續工作。晚餐他會吃一些堅果、水果和蔬菜，他已經連續好多年不吃肉、魚一類的食物了。他的家佈置得典雅古樸，採用毫不彰顯的舊款裝飾，這座房子就位於工廠旁的一座小山丘之上，俯瞰著整個廠區。這處令人心曠神怡的宅子是他的祖輩留下來的。他有一兒一女，都已長大成人，並且對這個家族企業也很感興趣。他的女兒最近結婚了，但她婚前一直都負責廠裏面女工的福利工作。

洪水過後，約翰・H・帕特森幾乎是獨自在重新組織代頓市的民政管理工作，這裏他所啓用的城市管理計畫取得了顯著的成果，但是，誰也無法肯定再過多久政治家們會對這裏重新實施他們的管理。但有一個事實是不容置疑的，代頓的管理已大大強於過去，而且，市民們手中的錢也更經花了。然而，帕特森先生的經驗告訴他，就算是出於好意，那些體格健壯的自由共和派市民們也會厭惡這種做法，所以，從策略上來講，他並不願意對市政管理方面的事情做出任何決策。然而，他的影響力、他的典範作用，以及他的理念，已經對優化城市事務的管理產生了深遠的影響。事實上，他一直在思考工業福利、公衆娛樂、合作醫療方面的問題，並起了促進作用。他不僅善於觀察思考，而且還是個實踐家；他想像力豐富，精力旺盛；做事情總是十分落實。他那種與生俱來的、早年間曾惹來許多怨恨的主人派頭，早已隨著經驗的增加而轉變爲成熟老道了。

他告訴我：「我覺得自己的生命只剩下幾年的時間了，我現在生活中主要的目標，就是去影響其他人，特別是那些雇主，希望他們能更爲工人們考慮，因爲金錢買不來一個人的思想，金錢最多只能促使人將事情做好。這是我的經驗之談。我寧願用錢來給後人留下一個陽光充足的露天場地，讓他們享受到大自然的美好，也不願將錢囤積起來留給自己的兒孫們。」

對於國際收銀機公司的業務範圍大到了什麼程度，在這裏已無需多說，我只想說出一個事實，他在世界很多國家設有分廠和代理商，全世界加起來總共有一萬多名員工，每年生產六萬多台機器，已經向全世界發達國家售出了一百八十萬台收銀機。

關於如何獲得成功，我向帕特森先生詢問了他的建議，以下是他列出的幾條：

「年輕時就應該學會戰勝困難。農場其實是一所最好的學校，因爲它教會你成功的根本所在。也就是說，他會培養你以下重要的幾項能力：

1. 艱苦工作能力；
2. 判斷能力；
3. 良好的習慣；
4. 實踐經驗；
5. 金錢的價值觀。」

22

世世代代都無法忘記的企業家傳奇人物
約翰・D・洛克菲勒

約翰．D．洛克菲勒是我所見到過最令人印象深刻、眼光最爲開闊、思想最有深度的男人。如果說拿破崙「有帝王的胸襟」，塞西爾．羅茲「夢想囊括非洲和歐洲」，那麼，洛克菲勒就是一個能將整個宇宙都考慮在內的人。他衡量一件事情的準繩是整個地球和全人類。他從始至終的檢驗標準都是：它會給人類帶來怎樣的影響？他的目光和行爲早已不再限定在某個地區、某個省、甚至國家內。

比如說，他告訴我：「支持一個醫院是地方上的責任，首先應該由當地人來考慮。同時，醫院也只爲當地人服務。但是，如果能培養出一隊熱忱、聰明、頭腦靈活、專業知識豐富的醫療人員，使之能夠進行研究，最後研究出一種能夠服務於全人類的全新醫療技術，那就不再是某個地區的責任，或由什麼地方的人來考慮的問題了，這就成爲了一個富翁應該考慮提供幫助的事情。」

我問道：「能力所能帶給你的最大滿足感是什麼？」

當時，我們倆正在打高爾夫球，洛克菲勒先生在回答問題之前，用力打出了一個他自己擅長的直線式長球，然後，僅僅給了我一個間接的回答。

「如果說通過我們的付出，一批作風良好、醫術精湛、謙虛上進的醫生被培養出來，這就已經證明了我們所花費的財力和精力是值得的。就在一兩天前，我收到了一份報導，說我們已經發現了一種方法，能夠治癒一種由戰爭引起的叫做氣體壞疽症的可怕疾病。通過測試，科學家已經充分肯定，新研製出來的血清能夠大幅預防這種已經威脅和奪去數千名士兵生命的破壞性疾病。這不正是我們的醫生們做出的及時而有價值工作嗎？」

就算洛克菲勒先生一整天侃侃而談，也不會用到半個「我」字。他總是使用「我們」，除非

是拿他自己的事情開玩笑。有一次，那還是在我不十分瞭解洛克菲勒先生的時候，他回答了我一個問題，這個問題和他早期職業生涯中一次事故有關。因爲他總是使用「我們」，所以他的回答讓我多少有點迷惑，於是我就問：「那麼『我們』是指誰？」他有點窘迫。我從報告中得知，這件事是他一個人做的。他頓了頓，拘謹地、含糊其辭地回答道：「啊，哦，後來我的弟弟威廉一道來了。」

還有一次，他在我的逼問之下只好承認，某件事情的確是他一個人而不是「我們」完成的。洛克菲勒先生不大喜歡我這種方式。

他提醒我：「你一定要注意，如果你打算要寫我的話，不要搞得多麼特殊，和你打算要寫的其他人一樣就行了。」

我之所以要提到這些小插曲，是想要闡明一下洛克菲勒先生留給人們的第一印象——他與生俱來的、毫不做作的謙虛，他的低調的方式，他沒有一點點張揚感的談吐。幾年前，有人希望在他提供的資訊幫助之下，能夠寫出一部有關洛克菲勒的生平和工作方面的全傳記，這著實給他帶來了不小的壓力。

洛克菲勒先生用眞誠的語言說：「不，我從來沒有做過値得用一本書去寫的事情。」所以，迄今爲止他的傳記還沒有出來。

我能夠聽到洛克菲勒先生親口講述一些關於自己早年的奮鬥和經歷，言談中還不時地折射出他對待生活的一些哲理，並且能夠聽到他就「獲得成功」這個永不落伍的話題表達出自己看法，眞的是比其他人幸運多了。「不要讓我長篇大論」是洛克菲勒先生出於謙遜給我的另一個叮囑。他公開聲明自己不希望被人看作是一個擺權威架子、在各方面都獨斷專行的代表人物。「不要相信我兒子嘴裏的我，他對我有偏見」是洛克菲勒先生的另一個勸告，這番話是他當著小約翰・D・洛克菲勒的面，用開玩笑的語氣說的。

下面是這位商業史上最傑出的人物在打高爾夫球時、開車時或者在飯桌上，不經意間所流露出來的一些有意義的話語：

「對於剛進入社會的年輕人來說，最爲重要的事情就是要建立起信譽來，也就是一種聲譽和品質。他必須獲得別人對他的百分百信任。」

「在我的事業生涯中所碰到最困難的問題，就是沒有足夠的資金去做自己想做的事情。如果給我足夠的資金我一定能將這些事情做到。在你指望別人能借給你錢之前，你首先必須要建立起自己的信譽度。」

「我所獲得的第一筆貸款數額爲兩千美元，那個時候，這是一筆數目不小的錢。銀行將款貸給我的原因是行長熟悉我的生活方式，瞭解我的習慣和我的勤奮。他從我的前任雇主那裏得知，我是個值得信賴的年輕人。」

「如今，年輕人和其他一些人總希望別人爲自己多做點什麼。他們總希望能得到紅利和各種各樣的特權。」

「年輕人要想出人頭地，就應該徹底瞭解自己從事的行業，認眞、細心、勤奮地工作，然後將錢積蓄起來，要麼買下公司的股份成爲大股東，要麼另外建立起屬於自己的公司。」

「萬事都要靠自己，絕不能指望重要工作會無緣無故落到自己頭上。在認眞完成好現有的份內的工作之後，你可以透過做一名有能力、有頭腦的工人，建立起自己良好的信譽，盡可能地積累每一美元而讓自己強大起來。」

「就現在的公司經營方式而言，購買一定的股份很容易，因此要參與進去並獲得利潤。」

「說到機會，現在每個人擁有的機會是六十年前的十倍。那個時候機會少，用來抓住機會、利用機會的手段更少。現在，我們周圍到處都充滿機會，充足的資金流和健全的信貸系統可以幫助每個人抓住商機。」

我問洛克菲勒先生，您是怎樣想到要成立標準石油公司的，標準石油公司是美國規模最大的現代聯合企業。他對這個問題給出的的回答，讓我又一次深深感覺到了他總是刻意地歸功於別人、對自己付出的努力輕描淡寫的特點。

「我們並不是第一家採納聯合企業這種理念的公司。」他糾正了我（他慣用的「我們」二字總帶給我一些理解上的麻煩），「西部聯合電報公司首先開始購買了兩三條電報線路，然後形成了一個大的電報公司。標準石油公司在這方面其實並未達到應有的成果。當時的石油行業實際上很混亂，所以幾乎每進行一次精煉，就會面臨著破產的危險。成品油的價格一度比生產成本還低。競爭是致命的，殘酷已經不算什麼了。我們吃過很多苦，有過很多辛酸，事情一度曾到了無法進行下去的地步。所以要想拯救這個行業，就必須要採取特別的措施。」

「我寫信給自己最大的競爭對手，問他是否願意在某個時間某個地點和我見一次面。儘管我們一年多沒有說過話了，但他還是同意了。就像我告訴過你的那樣，那個時候的確是你死我活的競爭。我們討論了整個石油行業的情況，他意識到，有必要採取一些果斷的措施來避免整個行業普遍性的毀滅。他同意以一個合理的價格賣出自己的公司然後加入我們。隨後，我們又以同樣的方式收購了其他幾家公司。」

我問道：「洛克菲勒先生，您從哪裏搞到那麼多資金？您告訴過我那時資金處於長期短缺狀態。」

這個靠著自己超越常人的智慧，創立了全球最大企業的商界元老笑了笑，眨眨眼睛說道：「還眞有它有趣的地方。我們對一個公司做了合理的評估後，就會確定一個雙方都滿意的價格，接下來，我們要麼就付給他們現金，要麼就給他們標準石油公司的股份。」說到這裏，洛克菲勒先生放聲大笑起來，他似乎不打算再多說什麼了。但是，我覺得他一定還有什麼有趣的事要講。

「是的，現在看起來這個問題有點可笑，但那時候對我們來說卻是一個需要嚴肅考慮的問題。我會派頭十足地拿出支票簿，做出一副無所謂的樣子對對方說：『我是要給你寫一張支票呢還是給你標準石油公司的股份？』結果就像我預料的那樣，大部分人還是很明智地接受了股份。當然，對待那些個別的不善於經商的賣家，我們會盡力勸說他們，讓他們明白，就算持有最少量的股份，到頭來也會獲得更多的利潤，因爲我們本身就非常自信。」

我又問道：「當現金短缺而不是盈餘時，您又是怎麼做的？你那時一直處在嚴重缺乏資金的狀態中。」

「我們會想盡一切辦法湊齊資金的。到了這個時候，我們已經知道該如何來獲得銀行的貸款了。」這就是洛克菲勒先生的回答。

緊接著我又問道：「標準石油公司能夠取得令世人矚目的成就，這份成就要歸功於什麼呢？」

洛克菲勒先生給出了令人感到意外的答覆：「歸功於其他人。」

我請求他對這個回答給出準確的解釋。在連擊兩球之後，我們逐漸開始向發球區以外的場地走去。洛克菲勒先生停下來，把頭向我這邊傾了傾，用略帶機密的口氣對我說：

「來，我給你說幾件事。人們一直認爲，我是個了不起的工人，不顧嚴寒酷暑，起早摸黑地工作。實際上，我過了三十五歲之後，就成了一個現在被人們稱爲『懶散』的那種人。每年夏天，我都會在位於克利夫蘭的家裏度過，把時間花在種植花草樹木、修路、做一些園藝工作上，我騎馬，享受和家人共同度過的時光，透過私人電報管理我的企業。從我第一次進入辦公室的那一刻起，就從來都沒有把自己全部的時間和注意力都用在工作上，我總是對週末學校、教堂工作和兒童福利方面的事很感興趣。或者也可以這樣說，我樂意爲那些不太友好的、孤獨的、可憐的人做一點事情。對於那些偶然來到我辦公室看看我，公司的事情自己全盤包攬，忙到沒時間考慮其他任何事情，甚至都沒辦法過上正常人生活的企業家，我從心底爲他們感到難過。」

「我們的成功很大程度上要感謝公司匯聚了一批最具商業頭腦的人。他們有才能、眞誠、工作努力，他們有能力但是很誠實，儘管每個人都有自己的個性，但是卻能爲了一個共同的目標而合作，建立起一個健康成功的企業。雖然有時他們觀點會有所不同，但是我們的政策是『沒有暗箱操作』，如果必要的話，我們會在會議桌前坐上整整兩天，直到所有人都達成一致，最終形成一個計畫爲止。公司一直都求賢若渴，沒有恐懼、沒有嫉妒是我們這裏的眞實情況。」

洛克菲勒先生稍作思考後，又補充道：「這麼多個性迥異、才能出衆的人竟然能夠在一起合作這麼多年。如果你覺得他們是靠某種見不得人的勾當達到這一目的的話，那豈不是太可笑了嗎？如果這些人多年來都不是在做著榮耀體面的工作的話，又是什麼力量能夠把他們牽在一起，長期以來都不出現裂痕的呢？」

在整個商業界，洛克菲勒先生遭到的謾罵與攻擊是最多的。當我仗著膽子向他提起這件事時，我還以爲他會一改溫和友善的語氣和他在談話中一貫的寬容態度。沒想到，我的問題僅僅是把洛克菲勒先生性格中寬容、大度、豁達、博愛的一面引向了另一個高度。

他用平靜的聲音回答道：「是的，一直以來，我們在很大程度上被人歪曲，並因爲一些子虛烏有的事情遭人譴責，其實這些事情我們連想也沒想過。儘管我承認，寫在媒體上和流傳在社會上的一些傳言的確給我們造成了很大很深的傷害，但是我從來沒有對此懷恨在心或爲此痛苦，因爲我知道，那些沒能夠取得和我們一樣成就的人會感到不滿或委屈，這是人之常情。所有這一切我們都應該能夠預見得到，並做好承擔這一切的思想準備。我從來都不曾懷疑，當人們瞭解到事實眞相後，自然會給出一個公斷來。整個事情在幾年內可能不會水落石出，但是，只要從現在起的二十五年後，人們最終能夠理解，去根據眞正的事實，而不是被歪曲的事實對我們做出一個判斷，我就已經很滿足了。我從不懷疑公衆判斷力的公正性。」

有一天，我們之間的談話轉到了「給予」這個話題上，這時候洛克菲勒先生表現出了很大的興趣。我對他說起，我在和美國最知名的金融界和商界領袖交往過程中，發現他們總是很強調洛克菲勒先生所取得的成就，和他的慈善行爲所發揮的作用——他的行動已經深入到每一個能夠引起人類罪惡和邪惡的根源中去，並且爲根除這些現象做出了不遺餘力的努力，而不是僅僅考慮到如何緩解這個世界上的各種罪惡。

「正如許多人認爲的那樣，給予對於我來說已經不是什麼一朝一夕的事情了。」洛克菲勒先生帶著格外的熱忱回答道，「我從每個月賺二十五美元時候起，就經常地將自己的部分收入捐獻出去。我從未停止過這種行動。我媽媽教會我要幫助別人，我也很幸運在這方面能夠得到妻子以及兒子的支援與合作。如果沒有全家人同心協力的鼓勵和支持，我們可能連最小的成果都達不到。因爲我們一直認爲，在如何合理地施捨錢財方面所做的研究和需要花費的精力，絲毫不亞於

賺錢所需的精力。」

「在我剛剛開始經商之時，我就在想，我要進入一個最好、最大的領域，一個能為整個世界提供有用的東西，從而能夠把整個世界作為潛在市場的行業。所以，我們也在想，在給予的時候，應該把目光放在能為整個世界帶來好處的方面，也就是說，要把全人類看作一個整體。這一點一直以來就是我們的指導原則，我們要盡可能地為更多的人類帶來幸福。我們並不是要僅僅給乞丐一些施捨，如果能做一些事情根除產生這麼多乞丐的原因，那麼我們就獲得了更為深刻、廣泛、有價值的成就。同樣的道理，如果為世界上最好的醫生提供設備，讓他能夠年復一年地進行實驗和研究，同時，為了能夠讓他的工作順利進行，花費經費前往世界的某地也是必要的。如果通過這種科學方面的研究，能獲取一種新的知識，從而研製出一種新的治療方法來根除某種疾病，那麼，這項工作所帶來的利益也就成為了全人類的寶藏。」

洛克菲勒先生認為教育是能夠解決許多世界性問題的靈丹妙藥。因為無知是世界上大多數悲慘和痛苦的根源，因此，用知識取代無知是通往漫長的消除各種悲慘狀況的必由之路。推動教育是洛克菲勒先生做出的巨大貢獻。

我提到了美國教育總局正在醞釀取消各大學希臘和拉丁語課程的計畫，該計畫已經在試行，並且引起了騷亂。

洛克菲勒先生饒有興致地回答道：「事情已經引起了軒然大波，但僅僅這一點就能起到很好的作用。它會讓事情的每一個方面都浮出水面，這樣一來，各方面都會有所收穫。我自己本身既不會希臘語也不會拉丁語，但是我的一個女婿卻十分喜愛拉丁語，總是用拉丁語和一個朋友通信。我之所以向你提到這些，是為了表明我對任何交流方式都不存在偏見。」

「在你所認識的商人中，誰是最了不起的？」有一次，發生在前方路段的爆炸擋住了去路，我們不得不從駕駛中停下來，這正是一次談話的絕好機會。我們就停在一個小樹林邊上，洛克菲勒先生立刻就對他最大的愛好——樹木發生了興趣。我建議性地說出了一兩個人的名字，而洛克菲勒先生卻仍然還在尋找適合用來做標本的樹木。

最後，他終於開口了：「前兩天報紙上刊登了一篇有關蓋茨先生的文章，你看過了嗎？」那篇文章我看過了。「那麼，從現在起，你在寫任何關於我的事情時，別忘了說明，蓋茨先生是我們一切慈善行爲的天才指導者。他能夠成爲我們中的一員，首先是因爲他所從事的事業需要具有層次相當高的天賦和傑出的經商能力，其次是他的那顆善良的心，和他與生俱來能夠把好鋼用在刀刃上的金錢分配指導能力。我們都欠蓋茨先生很多，他的幫助應該得到普遍的認可。在我所認識的人中，他的經商技巧和樂善好施方面的整體能力要遠遠高於其他人。」

從這一點上，我可以推論出，弗雷德里克・T・蓋茨先生，這個曾經在洛克菲勒第一次爲芝加哥大學提供捐助的協商中起了很大的作用，而且多年來一直和小約翰・D・洛克菲勒共同管理著洛克菲勒家族慈善事業的人，多年來一直是洛克菲勒先生最有價值的一名私人助手。

對於「人」這個話題，洛克菲勒先生這樣說：「人，並非機器或植物，他可以形成一個組織。合格的商人應該能夠組織人們，以低成本生產出大量優質產品。有三件事情是成功的必然條件。他們應該採用恰當的輔助手段來經營自己的生意；他們應該仔細保存和利用全部的副產品來防止浪費；他們應該知道如何以最爲經濟有效的手段來推銷自己的產品。此外，他們還應該有足夠的實力來成功地管理工人。」

我又提到了「投機」這個話題。對此，洛克菲勒先生抱以堅決的態度，並且情緒激動地表達

了自己的觀點。

「過去，每次華爾街發生什麼事情，人們總免不了把矛頭指向我們，說是我們投機造成的。事實並不是這樣。」洛克菲勒先生聲明，「標準石油公司從沒有控制過任何一家銀行、信託公司、鐵路公司或其他任何一家與自己業務無關的公司。我的某些個人投資並沒有獲得令人滿意的結果，但是，當股票下跌時，我們並沒有棄之而不顧，作為個人投資者，我們通過注入更多資金和設法改進它的管理而挽救它，不讓它繼續下跌。這也就是我為何會持有某些礦產股的原因，當然，最後的結果就是我滿載而歸。」

「標準石油公司的成功，很大程度上要歸功於一個事實，那就是多年來，所有和標準石油有關的人都將自己的全部精力奉獻給它，讓它能夠不斷地在其他國家得到發展，建立起子公司。一直以來，我一次次地否認標準石油公司在股市中有過投機行為，這讓我感覺到很累，所以，我不想再多說了。毋庸置疑，這件不幸的事應當由那些抱著投機的目進入股市，並進行投機操作的公司來負責任，標準石油公司從沒做過這樣的事。」

「我一直反對標準石油公司的股票上市，就是因為我不希望他們成為那些投機者的玩物。讓工人們集中精力搞好自己的公司，要比花時間去盯著股票行情收錄機好得多。你是知道的，石油企業很容易有突然的、幅度很大的波動，比如說，一個新油田的發現可能會導致油價的大幅下跌，同時，老油田的枯竭也可能會導致油價的上漲。如果我們的股票上市的話，可能會成為那些投機賭博者的頭號利用工具，所以直到今天，我們的股票也沒有在紐約股票交易市場上市。」

不管我們討論的是生活中的哪個方面，社會也好、宗教也罷，抑或是金融企業之類的話題，我發現洛克菲勒先生總是站在放眼世界的角度去看待它們，他總是那麼胸襟開闊、寬宏大量，從來不曾譴責過誰，總是儘量將自己的成就一筆帶過。

其實，洛克菲勒先生並不認爲自己是一名優秀的建築師，親手建立了有史以來最強大的公司，他也不認爲自己是世界上最富有的人。他對自己的財富持有一種超然的態度，每次談及它們時，總給人感覺這一切完全不屬於他，他只能把這一切奉獻給人類的進步，爲人類創造更好的生活。他會說「那些富有的人」，就好像他壓根不屬於這個階層似的。在他看來，從眞正意義上來講，這些錢並不是他個人的，而是一筆基金，等待最有能力的人聚在一起，共同商定如何能將它們用在爲最多的人謀取最大的幸福上。

洛克菲勒一家在連續幾個月來，生活方式都嚴格遵照戰爭時期的供應標準。這個世界上最富有的人，家裏的一日三餐比奢侈一些的美國人更簡單、花費更少。洛克菲勒父子並不認爲，因爲他們有錢就可以想買什麼就買什麼，想消費什麼就消費什麼。他們每餐最多有三道菜。有一次在餐桌上，洛克菲勒先生這樣說：「我們必須力所能及地爲幾百萬處在饑餓中的人節省糧食。」

在這裏，我要對時下那些說洛克菲勒先生只吃麵包和牛奶的謬論提出反駁。我和洛克菲勒先生共進晚餐已經不止一次了，我可以證明，他至少和我吃的一樣多。

就洛克菲勒先生對各種問題給出的回答，我很想在這裏繼續寫下去，但是，由於篇幅有限，我接下來只能對洛克菲勒先生的職業生涯給出一個大致的敘述。

約翰・戴維森・洛克菲勒來自一個古老的法國（諾曼）家族。一六五〇年，洛克菲勒家族的第一個人從荷蘭移民來到了美洲大陸。洛克菲勒先生的祖父娶了康乃狄克州的著名英格蘭女王艾格伯特後裔家族中的露西・埃弗里。他們的長子威廉・艾格伯特・洛克菲勒的妻子是伊萊桊・戴維森，所以，約翰・戴維森・洛克菲勒是他們六個孩子中的老二，家中的長子。

洛克菲勒家族的孩子們在父母的教導下，從小就知道節儉的價值、勤奮工作的必要性以及謹愼做人、三思而後行是一種智慧。父母用酬勞的方式鼓勵他們出色完成自己的工作，約翰戴維森在很小的時候就表現出了他的商業頭腦，家裏讓他餵養一窩火雞，這一窩火雞在大多數情況下能夠自己覓食，所以，當他把這些火雞賣掉後，所賺到的錢幾乎就是純利潤。然後，他把這部分收益以百分之七的利息貸出去。他的人生第一次完整的經商經歷一直被洛克菲勒先生所珍藏，這是他一生所獲得的寶藏之一。那時候，他還不到九歲，他還會給奶牛擠奶、看管牛羊、在田地裏工作、還會做普通的家務活。

約翰·D·洛克菲勒一八三九年七月八日出生於紐約泰奧加郡的里奇福德，大約在他三、四歲時，全家來到了摩拉維亞附近奧沃斯科湖的一個農場上。十歲時，又遷到了奧韋戈附近的沙士克哈納山谷，十四歲時，來到了俄亥俄州的克里夫蘭。他的小學學業是他媽媽一手指導的，後來他上了中學，十五歲時離開學校，然後又上過克里夫蘭商業學院的短期課程。

十六歲時，他開始找工作。他先後去商店、工廠、辦公室去應聘，但是都沒能成功。最後，一個名爲休伊特－塔特爾的公司錄用了他，這是一個做期貨生意、代理商經紀人以及生產加工的公司，公司安排他做一名辦公室勤雜人員，並兼職做助理記帳員。這一天是一八五五年九月二十六日，他在以後每一年的這一天裏，都要進行周年慶典。公司並沒有和他定好工資待遇，連續三個月來他都在收入不明的情況下工作著，而且公司所安排的工作也並不十分符合他的能力。但是，有一件事始終令他感興趣，那就是他終於有機會爲自己的雇主做一些事情了，他的報酬完全是次要的。年終的時候，他拿到了五十美元作爲這十四周的酬勞，並且以每月二十五美元的工資開始了新的一年。第二年，一年兩千美元的記帳員辭職了，年輕的洛克菲勒以五百美元的年薪接替了這一職位。到了第三年，他收到了五百五十美元的年薪。到了第四年頭上，他要求八百美元的年薪，但是公司只付給他七百美元。就這樣，他決定辭掉這份工作，自己開始做生意。他還不到二十歲，但是，他已經利用這幾年時間取得了很大的進步。洛克菲勒先生一邊回顧一邊對我說：「我盡可能地學會了公司的每一項業務。每一筆來到我這裏的帳單，我都要仔細核對，我一定要確保我的老闆沒有受到任何欺詐，我把這件事當作是自己的事情一樣認眞對待。我們除了生產以外，還經營各種進出口貿易，我記得有一個船主，他總是要提出一些貨運賠償金，我決定要調查一下。我堅持檢查所有的單據和貨運，後來發現他一直以來提出的索賠完全是不受支持的。我抱著一個合作人的態度和興趣認眞對待每一件事情，從中學到了很多。我眞正明白了生意到底是怎樣經營的、各種帳目是怎樣系統記錄的，以及辦公室管理的每一個方面，當然我也看到了一個公司應該怎樣去融資。接著，我又有機會看到該如何對待客戶。」

與此同時，這個年輕人正在商業圈以外漸漸樹立起自己的威信。首先，他成爲了週末學校裏一名充滿熱情的成員。十六歲那年，他被選爲艾利大街基督教堂鬥爭任務理事會的一名執事，也就是現在的尤克立德大街基督教堂。還不到十八歲，他就被選舉爲教堂理事會成員，他的弟弟威廉繼他之後成爲了執事。這個小小的教堂抵押貸款馬上就要到期了，因此面臨著關閉的危機。約翰・D・洛克菲勒決定要拯救這個小教堂。他把教堂的情況寫下來，貼在教堂大門上，然後和每個前來捐助的人傾心交談，或者向抵押保證人表示一定能還清債務。他還親自從自己的口袋裏掏出一定數量的錢，來爲其他募捐人樹立榜樣。最後，他理所當然地獲得了成功，他成爲了週末學校的領導著，後來又成爲了主管。他繼續尋找那些孤獨的年輕人，把他們帶到教堂的大家庭中來，用自己微薄的力量幫助那些窮苦的人們。當他日後進入商界，完全靠他自己時，他的這種認

認眞眞建立起來的聲譽，爲他帶來很大的支持和幫助。他的勤奮、他充沛的精力、他的熱情、他的機警、他的能力和他的樂觀，都給與他共事過的人留下了深刻的印象。

一八九五年，他和比他年長十歲的莫里斯·B·克拉克合作，進入了生產行業。洛克菲勒先生自己積攢了八百美元，他的父親以百分之十的利息借給他一千美元，好讓他湊夠入股的資本。

「我去拜訪了附近一帶的農民和其他一些人，和他們談了話，告訴他們如果有機會的話，我們很高興隨時爲他們提供服務，我們並沒有要求他們改變現有的購買對象，只是給他們留下了名片，希望在以後他們想要聯繫我們時能夠用得到。」洛克菲勒先生回憶道，「這種用個人的影響力來招攬生意的結果，大大超過了我們的預期。大量的業務湧向我們，僅僅在第一年裏，我們就做了五十多萬美元的生意。」

洛克菲勒先生開始對石油業感興趣時，還不到二十二歲。那個時候克里夫蘭已經有了幾個提煉廠，這些提煉廠主要生產照明用原油。而當時的洛克菲勒也已經是一個精明老到的商人了，他一直在尋找著新的商機。他預感到，這個新興行業孕育著無限的發展潛力。他做了調查和計算，最後明白了一個事實，這個世界上有一種物質，它很有可能會走進每家每戶的生活。一八六二年，他馬不停蹄地幫助成立了安德魯斯—克拉克精煉油公司，並和克拉克共同出任公司的財務和業務經理。三年之後，他將自己在期貨代理公司的股份全部轉讓給了M·B·克拉克，然後又買下了他在安德魯斯—克拉克公司裏的股份，然後加入了塞繆爾·安德魯斯，和他共同成立了洛克菲勒—安德魯斯公司，繼續在石油行業發展。

「那個時候，我們就意識到，有一種東西是全世界都需要的。但是我們卻沒有想到我們的公司會發展到這麼大。」洛克菲勒先生謙虛地承認，「可以這麼說，實際上我那時一直忙於自己的理想，一直在努力工作，所以實際達到的總是比我想像的要多。那些和我一起工作的人以及我自己，只不過就是盡可能地完成自己每天的工作，做一些看起來最為明智的事情，努力計畫一個更大的未來。我們並不是一味地追求金錢的增加，我們只是希望公司能夠穩固、安全地發展。我的父親曾經給我上過一課，就在我的公司剛成立、處於最困境的時候，他來找我，要求我償還他給我的貸款。當然，他這樣做的目的，是要測試一下我的隨機應變能力以及我應對突發狀況的能力。在我匆匆忙忙為他搞到這筆錢之後，他笑著把它又還給了我，告訴我他並不是眞的需要這筆錢，他很高興看到我能夠有能力還清債務。」

在公司尚處於築底階段的那幾年裏，如何弄到足夠的資金和信貸，來滿足洛克菲勒的企業手頭數量巨大的業務需求，是一個最難以解決的問題。銀行是有限的，它們所能提供的貸款最大限額，遠遠滿足不了他迅速增加的需求量。有一次，一個銀行的行長在街上碰到了洛克菲勒先生，很嚴肅地告訴他，他的貸款數額太大了，他必須去和董事們親自面談才行。洛克菲勒先生回答道：「能夠見到董事會眞是太棒了，我正打算申請更多的貸款呢。」洛克菲勒先生又加了一句：「他從來都沒請我去過。」

隨著公司的不斷發展，威廉洛克菲勒精煉油公司和原來的洛克菲勒—安德魯斯精煉油公司合併後，於一八六六年成立了一個新公司。公司的股東為威廉洛克菲勒、洛克菲勒，和安德魯斯。後來，又在紐約建起了洛克菲勒公司，主要從事這兩個公司的出口業務。大約在一八六七年H・M・弗拉格勒和S・V・哈克尼斯來到了公司，於是，他們將先前所有的公司都進行合併，最後形成了一個名為洛克菲勒—安德魯斯—弗拉格勒的公司。人們在石油行業已經大撈了一筆，因此，這個行業已經是過度飽和了。開採出來的石油已經大於市場的需求量，即使洛克菲勒公司

不斷地開發國外市場，可仍然沒能使國內的生產量限制在消費需求之內。石油的銷售價格降到了生產成本之內，許多企業損失嚴重，許多人因此而破產了。還有一些人只要能找到收購者，就會不顧一切把自己的公司賣掉。整個行業面臨著一場毀滅。

一八六九年，洛克菲勒—安德魯斯—弗拉格勒公司被兼併成立了標準石油公司，公司的資產爲一百萬美金，由洛克菲勒出任總裁。他對自己經過深思熟慮後選擇進入行業從來沒有失去過信心。大火可能會讓價值不菲的工廠毀於一旦、重要的油田可能會在一夜之間枯竭，令高價購買的設備一文不值、銀行可能會拒絕爲這個不穩定的行業提供貸款、油價可能會下跌到災難性的水準、市場可能會膠著不前、外國油田可能會讓整個美國的產量相形見絀。然而這一切從來沒能夠令洛克菲勒先生動搖過。

三十年前，摩根就領悟到了用鋼鐵公司所採用的一整套方式去做生意的要領，並在自己的公司如法炮製。洛克菲勒是一個目光長遠、勇氣非凡、思維靈活的人，自然也會將這一系列經營理念引入自己的領域中。瀕臨破產的公司一個接一個被新成立的標準石油公司兼併，它的資產先是翻倍，隨後是幾倍的增長。公司的業務範圍一直在向東、向西、向南發展，打破了國界的限制，通過駱駝或人力的運輸，甚至將這種新型可以燃燒照明的材料，銷往了中國最邊遠的地區，並且爲當地的人提供了免費的油燈。

石油是一個高風險行業，一場大火在幾個小時內就可以讓一個工廠化爲灰燼，一個出油口會在沒有任何徵兆的情況下突然枯竭。所以，只有在全國各地開設工廠的公司，才有足夠的實力承擔這樣的風險；只有大的公司才能夠花得起幾百萬美元來改進設備、不斷擴大原有的市場範圍、降低生產成本；只有像標準石油那樣的公司，才能夠鋪得起幾千英里的輸油管道，省去桶裝原油極高的運輸費；只有這樣的公司才能建起那些隨時可能被丟棄的精油煉廠；只有這樣的公司才能造得起專供出口使用的昂貴油罐汽船，和負責國內運輸的油罐卡車；只有這樣的公司才能夠面對激烈的競爭，把代理商派到世界各地，去建立新的市場；只有這樣的公司才能克服每個公司都有可能面臨的突如其來的災難，定期準確無誤地提供大量的石油；只有這樣龐大的公司才有能力在全國提供設施，讓幾百萬個小型消費者直接從生產商那裏得到供應。

正如洛克菲勒先生在不動聲色中觀察到的那樣，「我們的公司並不是自發地在增長。我們並非什麼都不做就坐在那裏等著分紅。我們公司增長的理由和其他成功企業的增長的理由是相同的：我們基本的指導原則是正確的；我們公平地對待每一個人，並且能迅速應對突發狀況；我們研究事實；我們耐心等待機會同時也創造機會；我們不遺餘力、不惜一切代價生產最好的產品；我們不會目光短淺到用高不可攀的價格縮小自己的市場，相反，我們會不停地想辦法將價格降到最低，從而對更多的消費者起到鼓勵作用；我們決不允許成功或者暫時性的挫折令我們失去領導地位；我們總是異常謹慎保持良好的財務狀況，抵制一切讓標準石油公司股票上市的建議，因爲它有可能會給投機者帶來機會或引起股市的波動。我可以用更輕鬆的姿態來談論公司後期的成就，近幾年來公司的規模，已經發展到了讓人無法想像的程度，但是，我個人並沒有參與太多管理事務。九十年代初，我在五十五歲之前就已經退休了，從那以後只是非常偶然地才去視察一次辦公室。」

在這裏，我決不是要描述標準石油公司的成長歷史，而是希望以個人微薄的力量描述一下洛克菲勒先生的優良特質，讓大家瞭解到他是一個謙虛的人、講述他早期的奮鬥、他異乎尋常的勤奮和把握機會的敏銳度、他對全人類的同情心、他對自己手中的金錢抱有一種代管人的態度、他

深邃的洞悉能力、他用明確的態度揪出各種罪惡的根源，而不是僅僅去做一些緩解工作。我對洛克菲勒先生的評論也只能限定在我對他的瞭解之內，我並不是要對標準石油公司的每一件事或其中的某件事做出評判，也不想對那些遵循洛克菲勒先生諄諄教導的人說長道短。

然而，我卻可以說，而且我必須要說，在我所見到過的所有國內外的傑出人物中，沒有一個人像洛克菲勒先生那樣，在經商和慈善活動中擁有如此寬闊和深遠的見識；沒有一個人對如何利用自己的財富和影響力永遠造福人類感到如此地焦慮不安；沒有一個人表現得比他更具人道主義和同情心；沒有誰能夠像他一樣總是度人以君子之心；在對待每件事情上，他都沒有一絲一毫的傲慢與居高臨下；沒有人比他更平易近人，隨時打算著爲別人做一點有用的事情，或者對一個微不足道的人和孩子說一句鼓勵的話語。

洛克菲勒先生在他七十八歲大壽的前一天對我說：「老天留給我讓我能夠做自己喜歡的事情的日子已經不多了，可是，我不管走到哪裏，都能發現令人感到幸福和心滿意足的事情。我的兒子已經對我們一直以來努力的事業產生了濃厚的興趣，我們這個國度裏一些最崇高的人正在奉獻著自己的力量，他們中的許多人是商人，他們透過參與醫療機構、基金、和其他一些機構的活動，不求回報地爲這方面工作做著指導，對此，我感到無比的欣慰。」

23

西爾斯—羅巴克公司零售奇蹟的締造者
朱利葉斯·羅森沃爾德

現代最大的商業銷售奇蹟，開始於明尼蘇達州一個工作勤奮的車站站長，最初，他透過信函的方式銷售幾塊手錶。如今，這個公司每天售出的商品需要七十節車廂來向外運輸。

它在一九一六年的銷售額超過了一億四千萬美元，也就是說日銷售額幾乎達到了五十萬美元。全部商品都是零售，比如說一雙鞋、一套衣服、一條裙子、一台縫紉機、一塊手錶、一磅茶葉、一架鋼琴等等。每天一大早，郵遞員就會將七到十四萬封訂購信送往公司。

公司總部和各個工廠裏的直接雇員爲三到四萬人次，而間接雇員的數量恐怕就更多了。二十二年前，公司一半的股份價值爲七萬美元，如今，在沒有任何擴股的情況下，公司股票的市值已經增加到了一億四千萬美元，這還不算每年幾百萬美元的分紅。

所有的商品都不是通過櫃檯出售，每一張訂單都附帶著一張支票或郵政付款單作爲結算方式。該公司的文宣品遍佈整個美國，每年的印刷量遠遠超過了任何一家機構所發行的數量，就連《聖經》出版社每年的銷售量也沒能超過它。一九一六年，《聖經》的銷售量爲四千萬本。

說到《聖經》，前兩天我在芝加哥聽到了這樣一個故事，一個週末學校的教師在課堂上問他的學生：「我們的『十誡』是從哪里來的？」結果一個瑞典小女孩十分肯定地回答：「來自西爾斯—羅巴克！」

這下子好啦！小女孩一語道破天機，她所說的正是現代商業奇蹟——芝加哥西爾斯—羅巴克公司。

站在這個商業奇蹟背後的人不是別人，正是朱利葉斯．羅森沃爾德，他是該公司的總裁。

如果你稱羅森沃爾德先生爲「奇蹟創造人」，他會不高興，因爲他並不覺得自己做了什麼特別的事，他打心眼裏拒絕認爲自己獲得了什麼了不起的成就。

當我向羅森沃爾德先生表示，他獲得了斐然的成就時，他卻打斷了我的話，說道：「一個人的力量是微薄的，他無法執行自己或他人的想法。那些處在最高層的人物得到的讚譽往往最多，然而令他受到誇讚的那些理念，常常卻是來自於其他人的腦袋。如果沒有別人來實踐他或其他一些人的想法，那麼僅靠他自己又能做成什麼大事呢？眞正在做事情的，是圍繞在最高人物周圍那些有能力、並且願意爲他做事的人們。在建立西爾斯—羅巴克公司的過程中，我只發揮了很小的作用。」

一天，一個朋友和羅森沃爾德先生同駕一輛車子回家，此時正值西爾斯—羅巴克芝加哥主基地的下班時間，一萬三千名員工如潮水般湧出大樓。

這位朋友便問他：「羅森沃爾德先生，有這麼多人爲你工作是種什麼樣的感覺呢？」

他回答道：「爲什麼問這樣的問題？我從來沒有覺得他們是在爲我工作，我一直覺得他們是在和我一起工作。」

公司剛遷入現在這座宏偉的大廈時，有幾個行政人員看到他們總裁的地板上竟然沒鋪地毯，沙發前也沒有方毯，感覺很不習慣。所以他們幾個私下湊了錢，買了一塊非常華麗的東方地毯，然後走進總裁辦公室，表達了一番後，送上了這份漂亮的禮物。儘管他感到萬分的迷惑，但他仍然對他們表示了極大的謝意，並努力做出一副很開心的樣子。

這塊地毯就這樣緊緊地捲著，靜靜地立在牆角。一周過去了，又一周過去了，然後，地毯不見了！如果亞麻油地氈對他的員工來講很不錯的話，那麼對他也就很不錯了。

芝加哥的一位傑出人物向我說起羅森沃爾德先生時，說他是「芝加哥的最佳市民」。

朱利葉斯·羅森沃爾德最出名的地方就在於，他並不具有超人一等的經商能力，他也沒有敏銳的商業目光和嗅覺，作爲一個經商的人，他也沒有什麼明顯超越常人的能力。羅森沃爾德的偉大之處不在於他的企業，而在於他本人；不在於他有什麼，而在於他是什麼。他的個性、他的特徵、他的眞誠、他的誠實、他的民主、他的善於思考、他善良的心地、他對衆生的憐憫、他竭盡全力去幫助那些不幸的人們，不論膚色、種族與年齡。

在他的企業中，羅森沃爾德先生十分注重並致力於正確的經商原則。西爾斯—羅巴克規定，商品目錄表上對所售商品做出的每一條陳述與描述，都必須和實際物品完全一致，這些檢查對比工作由公司特別雇用的專家來完成。此外，公司還投入大量資金在各地設有實驗室，這些實驗室負責對每一件運到的商品用科學和化學手段來進行檢驗，只要是略有瑕疵的商品就會被拒收並立刻退貨。這條規定令許多商家在發貨之前一定要再三考慮他們的產品能否通過這種最嚴格的檢驗。任何客戶只要對所購商品不滿意，都可以退貨退款，來回的運費由商家來負責。所以，銷售人員一定要時刻謹慎，因爲承擔風險的人不是顧客，而是他。

每一種你能夠想得到的商品，大到平房小到鈕扣，都可以在西爾斯—羅巴克公司購買得到。平房也可以郵購？是的。

這些又是怎樣做到的呢？這家優秀傑出企業的成長歷程又是怎樣的呢？

三十五年前，明尼蘇達州的R·W·西爾斯還是一個年輕的火車站站長，那個時候他就有一種透過信件銷售手錶的想法。他的廣告做得巧妙而機智，所以他的生意也很紅火。他對自己許下諾言，等他攢夠了十萬美元，他就要退休。最後他做到了。但是連續半年的閒散終於讓他明白了一個道理：理想的生活狀態應該是有事可做，並不是無所事事。但是他已經決定了自己的名字在三年內不會出現在任何一份郵購訂單上。最後，他和一位名叫羅巴克的手錶製造商朋友簽訂了合

同，給新成立的公司取名爲A·C·羅巴克公司。到了第三年合同期滿之時，羅巴克這個名字已經具有一定的知名度，所以，羅巴克先生並不是合夥人，但公司仍然繼續沿用了他的名字，並改名爲西爾斯—羅巴克公司。西爾斯是一個敏銳、積極的商人，當公司遷往芝加哥時，他又在自己的業務範圍內增加了各種新品種，其中包括衣服。然而，所有的銷售仍然是透過郵寄實現的。

當時，朱利葉斯·羅森沃爾德在芝加哥從事服裝行業，他是希爾斯先生很大的一個供應商。對衣物的郵購需求量迅速擴大，沒過多久，當時只有西爾斯先生一個人的西爾斯—羅巴克公司的資金就跟不上業務的需求量了。最後他提出來讓羅森沃爾德先生入股。

羅森沃爾德先生深知看到機會並抓住機會的重要性。從很小的時候，他就表現出了非同一般的創新精神、企業家精神和勤奮。還沒滿十一歲，他就對商業產生了一種好奇心。他曾經在自己的家鄉挨家挨戶上門推銷過一些小物品，他出生於伊利諾州的斯普林菲爾德，父親在當地的一家製衣企業工作。他最擅長銷售當時很受歡迎的彩色圖片和彩色石印圖片。然而，他卻更願意老老實實去賺錢。比如說，他曾爲教堂的管風琴充氣，好讓女管風琴手隨時使用。

說起自己的少年時光，羅森沃爾德先生萬分感慨地說：「林肯總統紀念碑在斯普林菲爾德落成那一天，我銷售宣傳冊賺到了二點二五美元，這一切彷彿就是在昨天，格蘭特總統是我第一個親眼看到過的總統，也是我第一個見過戴著兒童手套的男人。」

那個時候，朱利葉斯已經不小了，他開始關注一些和服裝行業有關的問題了。十五歲時的暑假裏，他受雇於一家服裝店，這是他的第一份正式職業。

我問道：「你是怎麼花這第一筆錢的？」

他回答：「存起來了。」我注意到，他在回答這個問題時，略顯遲疑。

我繼續刨根問底：「那後來呢，你拿這筆錢做什麼了？」

「我把它都取了出來，然後用這將近二十五美元爲母親買了一套茶具，來慶祝她的結婚二十年紀念日。」

十六歲時，他離開了學校，進入了紐約一家名爲哈默斯勞兄弟的服裝批發公司，這家公司是他的兩個叔叔開的。他生活很節儉，等到他二十一歲時，就已經存了一部分錢。父親給他的一些資金援助後，他就在第四大道距離布羅考兄弟不遠的地方開了一家服裝零售店。雖然這裏不是金礦，但透過他不斷的努力，這個商店的利潤還相當可以。有一天，羅森沃爾德先生和一個專門生產男士夏裝的服裝廠業主談話時，這個生產商無意中說起：「我們至少有十六封訂購電報，而我們的產量卻滿足不了訂單的需求。」

羅森沃爾德先生繼續講述道：「他的這番話留給我很深的印象，他的訂單竟然多到了來不及生產！半夜裏，我醒來後再也無法入睡，就在那一刻，我突然意識到服裝加工是一個值得投入的行業，所以我決定賣掉服裝店，開始加工男士夏季服裝。」

他找到了同樣來自伊利諾州的朱利葉斯・E・韋爾來做他的合夥人，告訴他，在芝加哥還沒有服裝加工企業，所以這是最好做的一行。剛開始的時候，羅森沃爾德和韋爾兩個人既是生產商又是批發商，作爲初入行的人，他們需要克服許多困難，但是一兩年之後，他們的生意越做越大，並且有了很大的利潤。從一八八五年到一八九五年這十年間，羅森沃爾德先生對羅森沃爾德—韋爾公司的發展投入了全部的精力，後來，他退出後重新組建了羅森沃爾德公司，專門從事普通衣物的加工生產。到了這個時候，西爾斯已經成爲了他最重要的客戶。

一八九五年，羅森沃爾德同意以七萬美元的價格，和另一個人共同買下西爾斯—羅巴克公司

的一半股份。一開始，羅森沃爾德先生並沒有成為西爾斯—羅巴克積極的合夥人，仍將注意力放在他自己的公司上。這筆新注入的資金，使這個郵購公司的業務量在不到一年的時間裏擴展到了五十萬美元，西爾斯以個人的力量已經無法管理好這個公司了，所以，一八九六年，羅森沃爾德先生開始著手西爾斯—羅巴克的管理工作，他擔任公司的副總裁和財務總監。一九〇八年，西爾斯先生退休後，他成為了該公司的總裁，幾年之後，西爾斯先生去世了。

早些時期，西爾斯—羅巴克和其他一些郵購公司一樣，對自己的廣告措辭和商品目錄都不是十分挑剔，所羅列出的商品與實物也並不是完全相符。那個時候全國上下的商業道德標準普遍不如現在這麼高，羅森沃爾德先生告訴自己一定要提高商業道德標準。他的道德法典很快就轉化成了利潤。「誠實為上策」原則在這裏得到了充分的證明。

蒸蒸日上的西爾斯—羅巴克又引進了其他一些改進後的經商方式，它擴大了經營範圍，它開始自己設廠，現在工廠裏的員工已經達到了兩萬人次。它擁有最好的買家，並賦予他們幾乎是無限的機會。它延長了自己的郵購產品目錄單，尤其是全年供貨的商品，並增加一些季節性產品和特殊產品。它在不斷提高產品品質的同時，還採取了一條具有革命性的策略——不滿意就退款。這個讓人信心倍增的策略，令銷售量一次次創下新紀錄，從一九〇〇年的一千一百萬到一九〇六年的五千萬，到了一九一四年，銷售量一下子就竄到了一億美元，僅在最近的三年裏，銷售量就提高了百分之四十。

又有誰想得到，鞋子竟然也能郵購？但是這個設想已經在不久前得到了證實，月銷售量很快就超過了一百萬美元，這一數字大大超過了世界上任何一家零售商店的銷量。多數鞋子都是在他們自己的工廠裏生產出來的。

人們應該還記得西爾斯—羅巴克併購大英百科圖書公司的過程，以及它後來組織的一次圖書界規模空前的促銷活動。此次促銷活動爲一九一六年的銷售額貢獻了五百多萬美元。想出這個主意的人其實並不是羅森沃爾德先生，而是他的副總裁，另一個具有非凡能力的人艾爾伯特．H．洛布。

西爾斯—羅巴克工廠裏的勞動力節省裝置、作業系統和機械設備，都是我所見過的最好的，甚至一些最先進的汽車廠也無法與之相比。

羅森沃爾德先生並不像許多總裁那樣，把所有的權利都握在自己的手心裏。西爾斯—羅巴克公司裏的部門經理的權利範圍之大，是多數公司的部門負責人所無法想像的。公司鼓勵他們想出一些新辦法來，並讓他們放開手腳去嘗試，直到獲得結果爲止。

羅森沃爾德先生說：「我們要給別人做事情的機會。」

「我們給他們鼓勵，爲他們提供幫助來實現他們自己的想法。即使有時候他們也會偶爾犯錯，結果也比總是由一個人控制著整個公司要好。」

羅森沃爾德先生對雇員的舉止行爲要求十分嚴格。他給予全廠幾千名女工父親般的關愛，並立下了鐵一般的嚴格規矩，任何企圖利用職權之便打破規矩的男性雇員，不管他是多麼重要的人物，一概不會被原諒。雖然西爾斯—羅巴克爲職工提供的健身娛樂設備，是任何一個公司都無法媲美的，但是，公司卻禁止舉行能夠讓男、女工人熟悉起來的野餐，或其他社交活動。實際上，當你走近西爾斯—羅巴克廠區時，首先看到的是壘球場、網球場和其他的運動場地，廠房前面還有一座座美麗的花園。公司的餐廳有精良的烹飪設備，以低廉的價格爲工人們提供可口的飯菜，男工人和女工人在同一個餐廳吃飯，但不可以在同一張餐桌上進餐。

對於羅森沃爾德先生而言，餐廳的飯很豐盛，他也在餐廳吃午飯。有一天，一位參觀者和羅森沃爾德先生一起吃飯，這時他注意到一位男工人和一個女孩坐在一張桌子上吃飯，於是，這位總裁立刻就問怎麼回事。當他弄明白他們是同在這個公司工作的父女倆時，立刻找來餐廳經理，讓他另外安排一個桌子，這樣一來，像這種情況他們就既可以一起吃飯，又不破壞公司的規定。

幾年前，西爾斯—羅巴克公司的幾千名職工，就獲得了以發行價購買公司股票的機會，現在，他們手裏的股票價值已經翻了四倍多。或許，羅森沃爾德先生在和同事們的關係，最成功的地方就在於他的「雇員儲蓄和雇員利潤共享計畫」，專門研究這個專業的學生說這是一項前所未有的好計畫。簡單來說，如果某個工人將自己工資的百分之五投入到一個共同基金內，那麼他就有權享受到公司每年淨利潤的百分之五。在一般的利潤基礎上，通常工人們投入的是一美元，而收到的將會是兩美元。比如說，一個工人每週的工資爲二十美元，每週向基金裏投入一美元，那麼十五年之後，他投入的七百八十美元，就變成了三千四百二十八美元。三十年後，他投入的一千五百六十美元將會成爲一萬零五百六十六美元。工人基金對加入它的工人來說是十分有利的。

此外，所有年收入在一千五百美元以下的職工，都可以享受到「年度補助」。工人進入公司滿五年後，就可得到工資總額百分之五的年度補助，以後每多一年，補助就上漲一個百分點，也就是說，等到進入公司第十個年頭時，就可以拿到占工資總額百分之十的年終補助，從此以後每年都是百分之十。打個比方，一個每週工資爲二十五美元的工人，如果有十年的工齡，那麼他就可以得到一百三十美元的補助。第一次拿到年度補助的工人，同時還可以得到一枚金質徽章，到了第十年年底，還有另一枚徽章，第十五年、第二十年都有相應的徽章。公司裏不論是長期工人還是辦公人員，均佩戴著表示自己工齡的徽章，這份榮譽猶如佩戴著維多利亞十字動章的英國士兵。

羅森沃爾德先生在解釋自己引入雇員利潤共享計畫的初衷時說道：「奢侈是美國人根深柢固的罪孽。我們的計畫將讓一些工人重新感覺到將自己收入的一部分存起來是值得的，它鼓勵和幫助工人們積累一些東西，還可以讓他們摒棄一些沒必要的東西，對他們的個性也會產生良好的影響。過了幾年，如果他們想要取出自己的積蓄是完全可以的，用不著等到頭髮白了。在這裏工作五年後，如果一個女工想要結婚，她可以連本帶利取出自己的積蓄，男工人在滿十年工齡後，也可以自由取出自己的積蓄。」

「但是，不要以爲我們爲工人所做的一切都是出於慈善的動機，至少不完全是。我們讓工人利潤共享，讓他們擁有股票，或者低價爲他們供應午餐，給他們提供醫療服務，提供健身場所，假期等等，所有這一切都是因爲我們認爲它是一件好事，值得去做。」

羅森沃爾德先生這一番話聽起來有些公事公辦、冷冰冰的感覺，但不知爲什麼，也許是出於對他的尊敬吧，我總覺得他這些勇敢的話語，不能代表事實或全部的事實。我認爲他這些富於人道的做法，是出自他的內心而不是出於經濟利益。換句話說，這其中也包含有一些感情因素在內。

羅森沃爾德先生承認：「瀰漫在整個工廠裏的那種快樂氣氛，是讓我繼續管理這個公司的巨大吸引力之一。」

在我參觀整個西爾斯—羅巴克公司的過程中，我深深地被工人們那種顯而易見的快樂打動了。我看到一個正在不停地往印刷機裏送紙的年輕女工，我想這樣的工作一定枯燥之極，沒想到她卻微笑著回答：「不枯燥，我覺得就像是在玩一樣輕鬆。」

「那你的手不會覺得痛嗎？」

「不痛，你看我的手指頭，上面套著套箍呢。」

如果一個公司能夠擁有工人們極大的忠誠度和滿意度，即使是日復一日、年復一年重複同樣動作往印刷機裏送紙，她都感到工作像玩一樣輕鬆，心滿意足地做著這份工作，那麼這個公司勢必已經解決了一部分的勞資問題。

讓我再來舉一個例子，說明一下羅森沃爾德先生對待工人的態度，他感覺到，從某種程度上來講，他應該對職工的福利負起一定的責任。一九〇六年，當公司從芝加哥南部遷入現在的辦公樓和工廠時，羅森沃爾德先生非常擔憂周圍的沙龍會影響到工人們。有人以這種「家長式作風」不應干涉到自由成長的公民個人習慣爲由，提出了反對。但是，羅森沃爾德先生是總裁，他說了算。徵得大家的同意後，公司最後頒佈了一項規定，工人不許進入距離工廠八個街區內的沙龍，初犯者警告，再犯者開除。

有一個沙龍恰恰就在距離工廠的第八個街區上，爲了吸引來來往往的工人，它豎起了一塊牌子，在對著工廠的這一邊寫著「第一次機會」，而在對著外邊的那一面寫著「最後一次機會」。

羅森沃爾德先生在一九一二年八月十二日舉行了他的五十歲生日慶祝會。這次慶祝會上他總共爲各種有價值的機構捐贈了七十萬美金，其中捐給芝加哥大學二十五萬美元，爲芝加哥西區的猶太慈善機構捐助了二十五萬美元，五萬美元捐給了芝加哥附近的社會工作人員鄉村俱樂部，另外還捐給塔斯基吉的一些分支機構兩萬五千美元，這些機構包括郊區黑人孩子的學校。在一九一一年年初，他提出來要在美國的每一個區，都專門爲黑人建一座青年基督教協會會館，他個人出資兩萬五千美元，在五年內透過公共募捐的形式，籌集到剩下的七萬五千美元。已經有十幾個城市取得了籌建資格。

一九一七年三月，美國猶太救援委員會宣佈了一項決定，各大報紙都紛紛將這項決定，描述成爲有史以來送給猶太人最大的禮物。在此次募捐運動中，羅森沃爾德先生同意爲委員會提供募捐額的百分之十。也就是說委員會如果籌到了一百萬，那麼其中就會包括他提供的十萬美元，所以，此次募捐的一百萬美元中，有十萬美元是羅森沃爾德先生捐贈的。

在過去的兩三年間，他已經在郊區社區裏建了一百五十所小學校，主要集中南部一些極爲貧窮的地區。他的援助對象既不分種族也不分宗教信仰。羅森沃爾德先生是塔斯基吉委員會的理事，晚年的布克·T·華盛頓瞭解到只有他才是自己最忠實的支持者，這種支持不僅僅來自經濟方面，而且還幫他解決了許多管理和種族方面的問題。

在芝加哥時期的一個小插曲，讓我看到了羅森沃爾德先生樸實無華的做事風格，我認爲這件事在這裏值得一提。芝加哥一個教會的優秀領導整天事務繁忙，工作任務繁重。一天早晨，一輛嶄新的汽車停在了這位神職人員的家門口，司機走出來，他讓女傭告訴自己的主人，他的汽車正在門外等著他。他告訴女僕，一定是什麼地方弄錯了，他從來沒有訂購過汽車。然而司機卻堅持說，這輛汽車就是他的。調查清楚後，他才知道，是羅森沃爾德先生爲他買下了這輛汽車，並且還全盤包攬了汽車的保養費用。

羅森沃爾德先生是芝加哥猶太慈善協會的主席，還積極參與許多民政、慈善、教育實體舉行的各種活動。他還是芝加哥公共效率局理事會的主席，並在芝加哥和平協會裏起著重要作用。當威爾森總統選他爲新的國防委員會成員後，他立刻將自己大部分的精力投入到了華盛頓，日夜奔忙爲戰場上的美國官兵們配備物資。他對各種生產領域，尤其是服裝加工領域的詳盡瞭解和實踐

經驗，對於美國政府來說，具有無法估計的價值。

芝加哥大學有一座朱利葉斯・羅森沃爾德大廳，但這個大廳的命名是在未經許可的情況下進行的。他不會讓任何一座建築或任何一個機構以自己的名字來命名，就算它們是自己資助的也不行。但是芝加哥大學在命名這座大廳時，他正好在巴勒斯坦，所以他捐獻的這座大廳自然而然就變成了「朱利葉斯・羅森沃爾德大廳」。

我向他提議道：「西爾斯—羅巴克公司其實應該叫做羅森沃爾德—洛布公司才對。」

「不，不，不，」他立刻反對道，「我可不希望在墓地的裏面和外面都豎起一塊墓碑，人一旦離開這個世界後，馬上就會被遺忘。」說到這裏，他停頓了一下，然後繼續說：「或許，這樣是最好不過了。」

我在羅森沃爾德先生的辦公室期間，碰巧看到了溫馨美好的一幕。電話鈴響起，抓起聽筒，羅森沃爾德先生臉上立刻綻開了笑容，然後，他興奮地告訴我：「是我媽媽打來的電話，她馬上就會來。她已經四年沒有到這裏看過我了。」然後，他就一直不停地朝窗外張望，就在母親出現的那一瞬間，他像個孩子般立刻迎了上去。那一刻，他不再是西爾斯—羅巴克公司的總裁，他只是那個朱利葉斯，所有公司的一切事務都被他拋到了九霄雲外。

後來，他的一個同事透露給我：「每天早晨上班前，他首先要去看看自己的母親。不論他在辦公室多麼繁忙，每天從郊外廠區下班回家後，第一件事也是去看他八十五歲高齡、但身體仍很健康的母親。有一次，他這樣對我說：『上帝讓她多留在這個世上一天，就是多給我一份禮物。』」

朱利葉斯・羅森沃爾德是我所見過的最優秀的美國公民。

24

從日用品商店的夥計到礦業巨人
約翰．D．瑞安

「是他臨危受命，接管了這個企業。當時，政治腐敗猖獗，兩大礦業巨頭之間硝煙瀰漫，隨時會爆發一場更大的戰爭。企業之間充斥著競爭與敵對，個人小企業和勞工均不受到任何法律的管束。他首先擊敗了自己的政治對手，然後又買下了生意對手的全部股份，接著，他消除了各個分公司之間的嫉妒和分歧，最後他建立起了世界上最大的銅礦企業，日產紫銅一百萬磅。不僅如此，他還將這個公司發展成爲一個綜合性工業企業，其中包括許多重要的鐵路、煤礦、木材和日用品公司，同時它還幾乎是世界上最大的鉛礦、鋅礦開採企業。」

以上所總結的人就是約翰·D·瑞安，他是阿那康德銅業公司的總裁，該公司銅的產量占到了全世界的六分之一。此外，他還是蒙大拿電力公司的創建者，以及許多鐵路、工業、金融公司的負責人，這其中就包括了美國國際公司。光是他的各種頭銜就在《美國企業名人錄》中占了整整一頁。

這位親眼目睹了蒙大拿州日新月異變化的商人，「後來，他又全身心地投入到電力行業中，建起了今天美國效率最高的水電站，蒙大拿百分之九十五的電力都是由這個電站供應的。因爲他生產的電價格低廉，可以說是全美國最低的價格，所以，這一點在很大程度上促進了蒙大拿州的整體發展。」

「雖然人們總體來說並沒有意識到這一切，但有一個事實卻是不容忽視的，在美國鐵路電氣化的普及過程中，他比其他任何個人或組織做出的具體貢獻都要多。他率先徹底實現了自己公司的鐵路電氣化，他讓聖保羅出色地完成了整個洛磯山脈路段的鐵路電氣化項目的施工，這也許是他對人類文明和進步做出的最大貢獻。」

「他是怎樣成功做到這一切的?他透過各種辦法，小心謹愼地達到目標，他能夠做出正確判

斷。他完全是依靠個人的人格魅力，他能夠激起各個階層和團體的信心，勞工也不例外。他堅定不移地用公平合理的原則對待每一個人。」

我認爲自己對約翰・D・瑞安在業績等各方面的瞭解還是較爲全面的，所以，希望他能夠說點什麼，也好給予那些一心向上的年輕人們一些激勵或指導。

「不，」不料，瑞安先生卻舉雙手反對，「我沒做過什麼值得去談論的事情，也不值得年輕人去仿效。你不可以隨便用一個栩栩如生的故事，就把我描寫成一個在礦井裏穿著工作服、揮汗如雨的工人，因爲我從沒當過礦工。在學校裏我也不是什麼神童奇才，我也並沒有比其他許多人更努力。」

「那麼，我是不是應該認爲，你之所以能有今天，是因爲自己的影響力……」

「影響力？」瑞安先生打斷了我的話，「影響力對於一個年輕人來說是最大的不便之處，會讓他覺得自己不需要盡全力去做事情，這樣只能給他帶來壞處。當其他工人得知，某個人上面有人時，會用輕蔑的眼光看待他，這對其他人造成的影響也是不好的。而且他的工頭或其他領導要麼偏袒他，要麼把他放在他不能勝任的位置上。然而，如果老闆是個與衆不同的人，那麼他會很不情願提拔你，就算這種提拔是你理應得到的，他也會猶豫再三，因爲老闆不願意其他工人有這種看法，認爲老闆在優待他。所以說這種影響力對整個公司來說都是不利的。有些年輕工程師、大學畢業生或其他任何人來找我，讓我寫一封信，好讓他在我的工廠裏得到一份工作，這時候，我就會把以上對你說的話講給他們聽。」

本篇有關約翰・D・瑞安的人物特寫和其他類似的東西不大一樣。這其實是有原因的。在此之前，瑞安先生從來沒有在出版刊物前提起過他的職業生涯，這導致了許多有關他的文章裏都是些杜撰和虛假的東西，根本就不是事實。通常，他被人們描述成爲一個在礦井下幹活的很了不起的年輕人，由於他具有擺平西部礦區所有牛仔和礦工的能力，所以很快就在礦區名聲大噪。也正是由於他的這一特殊能力，他才被紐約的一些資本家看中，作爲最佳人選，派他去管理那些動盪不安的煤礦。他在那裏很快就施展出了自己的才能，所以，沒過多久就成爲了煤礦的經理。當政治家表現的不那麼守規矩時，他又用同樣的辦法漸漸制服了他們。後來，他又徹底戰勝了一度曾是蒙大拿銅業大王的F．A．海因策。因此，這位年輕的「烈騎」被任命爲標準石油公司礦產企業的總負責人。這就是那些想像力豐富的作家們筆下的約翰．D．瑞安。

要戳穿這些傳言似乎有點悲哀，但原因並非是這些和約翰．D．瑞安職業生涯相關的浪漫故事毫無眞實性可言。一個沒有任何經濟、技術、金融背景，只有一些旅行銷售經驗的年輕人，憑藉著堅持不懈和正確正當的才智，在尚未步入中年之時就擁有了好幾個銀行；成爲世界上最大的銅業公司的總裁；建起了美洲大陸最有影響力的電站；並被選爲多家大型的金融、鐵路以及工業公司的董事會成員，所獲得的財富或許已經達到了八位數，這些成就的本身不就是件傳奇性質十足的事情嗎？

但是，千萬別把這一切只看作是造化的無常。一切有因必有果。

我告訴他，人們常常把他說成一個十足的食人魔王、一個力大無比的「參孫」，只需要伸出一根小拇指，就能將那些不聽話的礦工全部擺平。他，瑞安是勇氣的化身，是男子氣概的出色典範。

「荒謬之極！」他再次打斷我的話。「我在礦上的時候，從來沒有和誰吵過架，我這輩子也從沒使用武力來征服過別人。」

那些為雜誌寫稿的作者，筆下所塑造出來的瑞安先生與他本人簡直截然相反，他其實並不具備其中任何一種英雄特質。下面我來講一下故事裏眞實的一面。

約翰・D・瑞安出生於一個採礦世家，他的父親是蘇必略湖區銅礦分佈區的發現者。約翰出生於一八六四年十月十日，在他出生後不久，他們就舉家從他的出生地密西根州漢考克遷移到了卡魯梅—赫克拉礦區。然而，採礦行業對他來說並沒有什麼特別的吸引力，他的父母希望他去上大學，然而他卻寧願開始工作。他的叔叔在密西根銅礦區擁有數家日用品商店，十七歲時，他進入了其中的一家。連續八年來，這位未來的銅業巨人就這樣待在櫃檯後面秤白糖、量布匹、打包，按照當時的習慣，每天工作十二小時。他的叔叔是當地商業界的一個領頭人物，瑞安從他那裏多多少少得到一些商場資訊，瞭解到一些經商的本質。但那時，他還沒有想過要成為一個元帥級別的人物。

由於健康問題，他的一個弟弟和妹妹都被迫去了丹佛，並在那裏生活。當時二十五歲的約翰決定也要留在丹佛，試試自己的運氣。然而，他的好運並沒有來得太快，兩個月過去了，他仍然沒有找到一份適合自己的工作。

對於生命中這段灰色的經歷，他是這樣描述的：「我在丹佛整整待了六個月，才找到一份適合自己的工作。但是，我的適應能力還是很強的。」那個時候，他是一名沿街推銷潤滑油的旅行銷售人員。從蒙大拿到墨西哥，他走遍了整個洛磯山地區，連續幾年都不曾體會過家庭生活的滋味。

我試探著問道：「當時的生活一定是艱難、沉悶的，是吧？」

「那是當然。那絕對不是一條安逸之路，也不是一種稱心如意的生活。但那時我還沒有結婚，所以對我來說，生活要比其他一些年輕人容易一些。再加上許多礦工都認識我的父親，礦工們的來往也很頻繁，我碰到了很多父親的朋友，這一切都對我的事業有所幫助。」

「在那段日子裏，我結識了一個名叫馬庫斯・戴利的好友，當時他的阿那康德銅業公司正處在成立階段，他是我的客戶，我在賣給他潤滑油的同時漸漸與他熟悉起來。」

和人們的普遍印象正好相反的是：瑞安先生未曾爲戴利工作過一天，在戴利有生之日，他也從來沒有在阿那康德銅業公司工作過一天。實際上，戴利不止一次讓這位來回奔忙的銷售員來阿那康德公司工作，但是都被瑞安拒絕了。所以，在瑞安三十歲時，他的月收入仍然在一百到一百五十美元之間徘徊。

三十二歲那年，瑞安和自己的同鄉內蒂・加德納小姐結婚，婚後的瑞安很顯然有了更大的志向，因爲當馬庫斯・戴利去世後，這位昔日的潤滑油推銷員竟然產生了一種要擁有戴利銀行股份的想法。他拿出自己全部的積蓄，又向朋友借了一部分，買下了所有小股東手裏的股票，這讓他的能力得到了全面的發揮。

作爲赫赫有名的戴利公司麾下金融機構董事會負責人，瑞安來到了蒙大拿州，這讓他有機會接觸到這一地區各個階層的人。他必須承認，在那段劍拔弩張的日子裏，他的確幹得很出色，因爲還不到三年的時間，約翰・D・洛克菲勒最勇敢的合夥人亨利・H・羅傑斯，就要求瑞安負責蒙大拿州聯合銅業公司的總體事務。

在美國，這樣的工作在哪里都不好幹。當時的聯合銅業公司有過幾次很嚴重的黨派鬥爭，所以，迫切需要同弗里茨・奧古斯塔斯・海因策做出個了斷，工人們的情況也很不穩定，隨時都有罷工的可能性，整個州處在動盪不安中，每個人都被劃分了陣營，要麼是站在聯合銅業這邊，要

麼就是在海因策那邊。

令人感到不解的是，瑞安在石油行業的所有行爲，都是和標準石油公司的人對著幹，他後來的一些活動也是如此。

一九〇四年，瑞安成爲了聯合銅業公司的最高管理人員，負責所有子公司的管理。他的工作既包括銅礦業務的管理，也包括對工人們的管理。瑞安接管後的第一次選舉來臨時，海因策陣營大敗而歸。瑞安總結道，不管怎麼說，海因策是一個光明正大的鬥士，他意識到自己已經一敗塗地，因此就坐下來用和平的途徑解決問題。

所以，瑞安就公開和海因策談判，要求收購他在蒙大拿的全部企業。而此時的海因策也無心戀棧，迫不及待想要出手，但是，他希望此次交易能夠留給人們這樣一個印象：他之所以同意將公司賣出，完全是對方妥協的結果。

聯合銅業公司決定徹底根絕一切與海因策有關的事情，並且不會接受任何可能會產生漏洞，因而給日後的管理帶來不便的談判。海因策和聯合銅業之間的這次交易，在美國礦業史和金融史上留下了重要的一頁，所以，我一定要說服瑞安先生講述一下當時這件事情具體操作的情形。

瑞安先生說道：「由於海因策強烈反對這次交易讓自己看起來像是被收購，而且他堅持要讓自己看起來是兼併人，所以，要想找到一個將海因策公司連根拔除的談判方式，著實很難。海因策曾經鄭重其事向工人們承諾過，如果能夠得到他們的支持，他願意爲他們戰鬥到最後一刻，所以，他十分害怕巴特的工人們知道他打算將整個銅礦都賣掉，簡直怕得要死。他永遠不會和我見面，除非是在最不正規的場合之下。我們從來沒有從同一個門裏進入過同一個房間，他從來沒到過我的辦公室，我也沒去過他的辦公室。每次見面，要麼就是在律師的辦公室裏，要麼就是在朋友的家裏。我們最重要的一次會議，竟然是在羅德島的普羅維登斯舉行的，因爲他當時住在紐波特，而我則住在紐約。不論是在紐波特還是在紐約，他都不願冒這種被別人看到我們在一起的風險。」

「從談判剛開始，我和海因策之間就十分友好。雖然有幾次差一點就談崩了，但是我們之間仍然以誠相待，他在言辭上從來沒有對我有過冒犯。」

「經過了六個月的協商之後，我們最終在一個晚上談妥了一切。那天，我們從晚上九點一直談到凌晨三點，終於在價格問題上達成了一致。」

一九〇六年，聯合銅業公司買下海因策在巴特地區（除列克星敦銅礦之外）的所有銅礦企業，列克星敦銅礦當時的債券尚在發行中，所以，海因策無權將其出售。海因策抽身離去後，各個銅礦內部的政治騷動也就漸漸平息了，因此在這種情形之下，瑞安就可以從政治運動中抽身，然後一心去發展聯合銅業公司裏新增加的企業。

我問道：「工人們有何反應？」

「一直以來，工人問題就沒有間斷過。但是，我總能把這個問題處理好，我們從未發生過罷工或工廠停工關閉事件。我們的銅礦沒有因爲勞工問題而耽擱過一天，工人們的工資很高，他們的服務也很好。我們的勞資關係是最令人滿意的。實際上，在我經營銅礦的那段時期，我所處理的事務中幾乎沒有什麼不滿、投訴事件。」

後來在蒙大拿州的確發生過嚴重的勞工暴力事件，但這件事是發生在世界產業工人組織和西部礦工聯盟之間，起因是爲了爭奪對巴特礦工工會的控制權。這次衝突引發了嚴重的混亂和無序，暴亂期間，礦工工會的大廳被炸毀，最後動用了軍隊力量才使該地區重新恢復秩序。這次暴

亂銅礦公司並沒有參與，矛盾雙方是兩個工會組織。聯合銅業公司最終解決了這個問題。聯合銅業公司拒絕承認任何一方的合法性，並公開設立了一個機構，這個機構到現在已經運行了三十五年，是有史以來持續時間最長的一個。

做爲對瑞安先生工作效率的褒獎，他被選爲阿那康德銅礦公司的總裁。

約翰・D・瑞安是美國極爲少數對一九〇七年「大恐慌」竟全然不知的商人之一。那一年的八月份，他得了嚴重傷寒，發著高燒，連續病了好幾個月，直到第二年的三月份才重新回到自己的崗位上，所以外邊發生了什麼事，他一無所知。瑞安這個聯合銅業公司頂樑柱剛剛恢復健康，另一位更重要的人H・H・羅傑斯卻病倒了。當時羅傑斯對自己在西部的這一「重大發現」十分滿意，開始對瑞安委以重任。他將瑞安召回紐約，讓他幫助管理自己在聯合銅業公司一些重要的日常事務。第二年羅傑斯去世，瑞安接替他的工作，成爲了聯合銅業公司的總裁。

瑞安的強項之一，是將聯合銅業公司所有分散的企業集中起來實行統一管理。這樣做提高了效率，可以有足夠的資金，來使每個公司得到進一步的發展和擴張。他有做大事的能力。

只對一個綜合的、強大的公司實施管理，要比同時操心六、七個更弱、更小的企業，要更容易也更划算。瑞安先生堅信：團結就是力量。

將幾個小企業合併成一個大企業是有特別原因的。在蒙大拿，每個小企業各自擁有一小塊可以開採的領地，就像一塊塊田地一樣，所以相鄰的銅礦之間，因侵犯對方的地盤所導致的糾紛時常發生。阿那康德持有幾個銅礦大量的股份，由於每個公司股東不同，所以沒有摩擦根本是不可能的。有一次，一件涉及到兩億美元的經濟糾紛被訴諸法律。

這個時候，瑞安的公正、能力和個人魅力，已經留給了礦區工人深刻的印象，當他著手開始想辦法理順這種混亂不堪的局面時，他完全有能力讓各種各樣的企業全歸阿那康德所有。這項工作需要用極為高超的策略技巧來完成。將海因策排擠出去後，瑞安嚴格禁止對先前的鬧事者採取任何形式的報復行為，他的這種寬宏大量，在當時就已經贏得了全體礦工們的信任和尊重。假如在那次事件中他表現出狹隘或者報復心理，那麼他永遠也不可能將各種公司統一在一起。

一九一〇年，聯合銅業公司的所有的子公司都被併入阿那康德公司，一九一四年，聯合銅業公司最終解體。

如今，阿那康德生產的銅礦占了全世界總產量的百分之十五；此外，它還是全球最大的銀生產企業；它出產的鋅在品質上是全球最好的；公司的冶煉加工過程是人們一致公認最先進的，這也是公司在近年來利潤大幅度提升所產生的效應。更為重要的是，阿那康德公司對其他礦產公司也進行了大量的投資，現在，美國各大公司它都有股份，同時它還在西非和智利也有投資。在所有海外子公司中，智利的公司最為突出，它也是一家工商業企業。

一九一二年，瑞安在美國西南部進行了一次業務大考察，其中「啓示銅礦」給他留下了最為深刻的印象。當時它才剛剛建成，瑞安對其進行了大量的投資，如今，它已經成為了世界第三大銅礦。對於這個銅礦的投資，瑞安可以說是撿了個大便宜，因為這個銅礦第一年的利潤就大大超過了全部的投資成本和設備成本。

要想說明瑞安先生所承擔的責任和取得的全部成果，以上的敘述是遠遠不夠的，他還是其他幾個重要金屬公司的負責人。

如果說一個人多種了一棵草、多栽了一棵樹，也被人們稱為樂施好善的人，那麼，一個對整個州的資源發展做出了巨大貢獻的人，絕對可以稱得上是慈善巨星了。雖然這種情況都是出於

賺取利潤的動機，並不是以慈善行爲和爲公衆考慮的精神爲出發點。雖然瑞安先生的家在紐約，大部分時間不得不在那裏度過，但他的心還在蒙大拿州。他建造了蒙大拿電站，花了六年的時間將它發展成一個高效率的大型電站，爲蒙大拿的工業、鐵路和商業，以低於美國其他州的價格供電，這無疑會爲他們帶來很大的優勢。也許這就是讓瑞安先生感到最爲滿意的事情吧。

有關跨越洛磯山脈全長四百四十英里的聖保羅鐵路電氣化的故事，人們也許早有耳聞，但只有鐵路工人和電氣化工人，才眞正明白這個奇蹟到底是怎樣被創造的。

約翰・D・瑞安是它的催生者。

蒙大拿電站建成並順利發電後，爲了方便位於巴特和阿那康德各銅礦之間的運輸，他決定要實現巴特、阿那康德和太平洋鐵路的電氣化。儘管這段鐵軌路程只有大約一百英里，但是卻承擔著極大的噸位。因爲這段鐵路是自有鐵路，所以，可以拿它來自由做實驗。當電氣化任務完成後，成本被降到最低，效率被提到最高。來自全世界的鐵路專家和電氣工程師共同分析研究了這個結果。聖保羅鐵路尤其難得，因爲要想讓火車拖著貨物越過洛磯山脈的坡度，幾乎就是一道無法逾越的障礙。現在，通過瑞安公司所提供的電力，這個問題已經得到了解決。

現在，蒙大拿電站爲長達五百五十英里的鐵路提供電力，而且，蒙大拿幾乎所有的礦井的用電，都是從這裏來的。它還差不多是整個州照明用電的來源。

事實上，蒙大拿電力公司所起的作用甚至超過了蒙大拿公用事業公司，因此，兩年前，國會將這個事實擺到他面前，並命令他說說看，他是否已經壟斷了整個州的供電行業。

「是的。」瑞安的回答令調查人員大吃一驚。「它的確佔據了整個州電力服務的百分之九十五。但是，這種壟斷並非對水力資源的壟斷，而是對市場的壟斷。它之所以壟斷，是因爲它能夠以最低的價格提供最好的服務，所以，其他的水電站或其他形式的電站才會沒有了生存空間。」

還沒等調查結束，調查人員就發現，蒙大拿州的人均用電量要比其他州或其他國家的人均用電量高許多。這一切都是瑞安企業爲他們帶來的福祉。

「水力發電的發展、鐵路電氣化、通過不同方式提高金屬冶煉工藝，這三個方面日後將產生的進步是今天人們所無法想像的。」瑞安先生的樂觀讓我難以忘卻，對於這方面的話題，他倒是十分的健談。在他的概念中，他早已將冶金、工業、運輸與人類文明視爲一體。一個商人，若不是多年來一直比普通人站得更高、看得更遠，他絕不敢做出這樣的大膽預測。

在美國國際公司的世界影響力和海外市場日益擴大之際，我向美國國際公司的某個創始人提出了一個問題，爲什麼瑞安先生會被選爲董事會成員，我想知道他的特別之處在哪裏。他回答道：「約翰・D・瑞安是美國最優秀的人之一。當然，他也是礦產行業裏最了不起的人之一，他適合從事國際性的交易。但更爲重要的是，他有非同尋常的經商頭腦。他不是個刻板僵化的人，他總是處在一種工作狀態下，考慮著新的計畫，然後就去實現它們。在他身上具備西部人典型的那種進步迅速和積極樂觀的精神，他將這一點和東部人擅長的金融與企業經營經驗緊密結合了起來。」

一九一七年年初，美國政府需要購買幾百萬磅的軍事用銅，政府代表後來透露，他們第一個找到的人就是約翰・D・瑞安。這位代表說，他的態度十分令人滿意，所以，他們只需要另外再找一個人，也就是丹尼爾・古根海姆，就能夠解決這個問題，後來，戰爭部門得到了肯定的答覆，他們將以不到當時市價一半的價格爲政府提供足夠的銅。這位代表對他們兩個人的評價是：

「所有的榮譽都應歸於他們兩人。」

這就是三十五年前還在推銷潤滑油，如今仍未滿五十三歲的銅礦名人的故事。怎麼樣，他的故事還不錯吧？

25

樂善好施的金融家
雅各布·H·希夫

雅各布・H・希夫是個很古怪的人。

他從來沒有雇用過私人秘書，每封信都是由自己親自回覆，通常首先引起他注意力的，並不是商業信件，而是慈善信件。

他從不剪輯報紙，而且也不看那些和他本人以及他的各種活動有關的文章。

當我發現，他已經被列入「美國最優秀三十三人」行列時，我對希夫先生說：「我希望能看一下有關您個人的報刊剪輯，還有那些有關您個人職業生涯的最佳掠影。」

希夫先生回答道：「我從來不保留那些和我有關的文章，我兒子或其他人那裏也不會有。」

我向他表明，如果沒有，我也只能表示遺憾。

希夫先生卻評論道：「你要寫一篇有關我的文章很容易，你不需要報刊剪輯，更不需要採訪我，我們本來就認識多年，你瞭解我的一切。」說著，他向我眨了眨眼，「如果你願意，我保證，我一定會讀你寫的文章。」

希夫先生能夠在美國商業名人大廳裏佔有一席之地，這也是以無懈可擊的事實爲依據的。

西部地區只有兩家最有影響力的私人銀行，在過去的三十多年來，希夫先生一直都是其中一家銀行的行長，他上任以來，做出的最有價值的貢獻就是完善建立了美國運輸系統，運輸系統對整個國家的發展和富強產生的作用不言而喻。

他的銀行爲許多個運輸和工業企業提供了大量的資金，華爾街上流行著這樣一種說法，比起別的美國銀行來，庫恩洛布公司做出的有益投資要多得多，投資失誤要少得多。這種說法是比較眞實的。

然而，作爲金融家的希夫，在慈善事業上的成就上卻大大超越了金融上的成就。對於慈善

工作，他不僅投入和奉獻了幾百萬美元，而且還投入了自己生命的一部分——他的精力、他的智慧、他的心思、他的時間，或許還有無數個不眠之夜。

當華爾街上北太平洋大恐慌的程度到達了最嚴重的時候，庫恩洛布公司的合夥人曾發瘋般地四處尋找希夫先生。那天，他沒有去辦公室，也不在家裏，更沒有和希爾曼先生一同去開會。最後，他們發現希夫先生竟然在蒙蒂菲奧里中心參加一個會議。當這位情緒激動的合夥人滿腔怨氣衝到希夫面前時，希夫先生冷靜地回答：「這裏的窮人比你們這些人更需要我。」

但他的崇拜並非像人們普遍認爲的那種猶太方式，而是一種公民意識。他的信條是：一個人從始至終必須一直是一個良好的、忠誠的市民，要帶著熱情，時刻準備著負起一個公民應有的責任。在他的帶動下，市民精神到達了一個更高的境界。他認爲，只有一個有價值的市民才可以成爲一個有價值的猶太教徒或天主教徒。公民精神高於一切。他爲公衆提供了那麼多服務，他爲教育做了那麼大貢獻，他一直堅持慈善捐助，他努力促進自己種族文學事業的發展，但他所做的這一切在他看來，都是一個合格公民應該做到的事情。

希夫先生的另一個特點是他對朋友忠誠不渝。他不是那種只在你風光時候才會和你結交的人。那些曾經和他有過業務往來的運輸、金融、商業、鐵路鉅子們，在後來始終都和他保持著堅定、密切、深厚的友誼。希夫先生是愛德華·H·哈里曼早期的財經支持者；隨著時間的推移，詹姆斯·J·希爾和他的關係越來越密切；紐約人耳熟能詳的賓夕法尼亞鐵路建造者亞歷山大·J·卡薩特，把希夫先生看作是一個全心全意的支持者，其他一些和他患難與共的、經得起考驗的朋友還有塞繆爾·雷、馬文·休伊特、查爾斯·W·艾略特以及詹姆斯·斯蒂爾曼。後來，就連銀行業中最大的競爭對手J·P·摩根也承認，希夫是一個影響力巨大的金融家，因此，每當金融界出現一些風吹草動時，他都能發揮積極的、穩定人心的作用，他是個值得信賴的人。

希夫是所有美國金融家當中參加過最多葬禮的一個。不論哪里有弔唁活動，他總是第一個跑去提供安慰的人。當然，他也從不會錯過向別人表示衷心祝福的機會。

雖然雅各布．亨利．希夫已經七十歲了，但你可能不會相信這是眞的。他騎單車快得能達到法定限速，他走起路來就連韋斯頓都不會覺得失望，希夫先生從來沒有想過要在高爾夫球場上打破記錄，也不想為此而拼命，他不打高爾夫球。他把自己健康、靈活的身體歸功於做適量的運動，大量的新鮮空氣和每天的「腿部運動」。

他出生於法蘭克福猶太人社區，這個地方算得上是金融家的搖籃，也因此而出名。他的父母既不是很富有，但也不很窮，而且他們都與銀行業無關。而他的家族裏還有另外一個分支，這個家族從事銀行業。所以，雅各布在很小的時候就被帶到了神秘的金融世界。然而當他步入成年後，卻顯得有些不安分。內戰結束後，他來到了美國，因為這是一片孕育著無限的機會土地。那一年，他十八歲。

他得到了一份銀行職員的工作，但是，他的才能和積極進取，絕不允許他就這樣長時間被固定在那裏。他很快就成為了巴奇—希夫證券代理公司的初級合作者，透過自己努力的工作和學習，他的腰包很快就鼓起來了。其實在那個時候，年輕的希夫就潛力十足，被人們公認為是未來的華爾街金融家。為了拓寬自己的經驗，希夫去歐洲待了一段時間。

回來後，他加入了庫恩洛布公司。當時的庫恩洛布就已經是一個很有威望的銀行了。不久後，他和該公司高級合作人所羅門．洛布的女兒特里薩．洛布結婚。那一年，他二十八歲。十年

後，洛布退休，他的女婿這時已經成爲金融界一個名聲顯赫的新秀，於是希夫先生順理成章塡補了這個位置。三十年來，希夫先生一直以高超的技巧、準確的預見力和誠實守信帶領著庫恩洛布銀行，在經歷了金融界的風風雨雨之後，終於躍上了美國、乃至世界上最優秀的私人銀行行列。

當券商愛德華・哈里曼開始涉及鐵路建造時，他既沒有資金也沒有經驗。但他卻擁有一貫正確無誤的判斷力、政治家的胸襟、藝術家的熱情和斯巴達一般的意志。是雅各布・亨利・希夫第一個看到了這位鐵路界的拿破崙闖入了競技場，成爲第一個在經濟上爲他提供幫助的金融家。

當時的太平洋聯合鐵路已經在連續的打擊之下而破產，幾乎成了一堆擺在枕木上的破銅爛鐵。沒有金融家敢對這樣的一個企業抱有信心。但希夫先生卻對美國的未來充滿信心，那時候他就已經看到了今天的美國。於是，他參與了對太平洋聯合鐵路的重組工作。當哈里曼意識到他是一個眞正的天才，前去敲門時，希夫將資金和洛布庫恩公司的傳統與聲望一併交給了他。如果沒有他的支持，像太平洋聯合鐵路這樣一個大型企業能否起死回生、鐵路沿途城市的經濟能否像現在這般繁榮，這還眞是個値得懷疑的問題。

當時太平洋聯合鐵路的股票廉價出售，哈里曼和希夫都大量買進，該股票在十年之內就爲當初購買股票的那些人帶來了大筆的財富。實際上，僅僅是每年派發的分紅就相當於當初的買入價。後來，南太平洋鐵路也被它併購，哈里曼—庫恩—洛布聯合企業成爲了美國歷史上最強勁、最有開拓性、最成功的企業。世界歷史上空前絕後的鐵路王國馬上就要形成了。

晚年的哈里曼每年的收入爲一千萬美元。一九〇九年哈里曼去世後，他留下了七千萬美元的遺產。其他的銀行家估計，希夫先生的財產比他要多出很多，雖然他爲各種慈善事業捐助的錢款多得無法估計。

俄羅斯對待猶太人的暴行，早已激起了希夫先生無法遏制的怒火，所以，日俄戰爭爆發之時，他積極支持日本，承銷日本戰爭債券。在他的大力幫助之下，將近兩億的戰爭債券被美國人購買。

作爲賓夕法尼亞鐵路公司的資助銀行，庫恩洛布公司一次就發行了一億美元的債券。正是這家銀行提供了足夠的資金，才能使賓夕法尼亞的鐵路最終通往紐約，才能建起像賓夕法尼亞車站這樣的現代奇蹟。希夫先生十分欽佩卡薩特先生這個大膽的夢想家，他用鋼筋混凝土最終將夢想變爲了現實。順便再說一下，在賓夕法尼亞鐵路公司和庫恩洛布公司長達數年的交往中，從來沒有過一次，哪怕是一點點不正當利潤，也沒有過造成巨大損失的財經建議，更沒有過任何證券操作上的失誤。

是希夫先生的公司將五億美元的賓夕法尼亞鐵路股票帶到法國，在法國證券交易所正式上市。這是一次困難重重的談判，但最終還是取得了互利於雙方的結果，非常令人滿意。戰爭爆發後，美國方面要求贖回這部分股票，最後大部分股票都被贖了回來。

庫恩洛布銀行還大力支持過其他的一些鐵路，其中有巴爾的摩—俄亥俄鐵路、芝加哥—西北鐵路、特拉華—哈德遜鐵路、伊利諾中部鐵路、太平洋聯合鐵路、南太平洋鐵路等。

希夫先生有幾個很有頭腦的搭檔，在這一點上，他眞的是很幸運。這幾個人分別是：奧托．H．卡恩、保羅．M．沃伯格（他的女婿）、傑羅姆．J．哈諾爾和莫蒂默．L．希夫。莫蒂默不愧爲名門之後，大有青出於藍勝於藍之勢。

對於希夫先生的慈善工作，我也有所瞭解。雖然希夫先生在捐助方面不惜一擲千金，但在日常生活中卻不會浪費一分錢。他的習慣也十分與衆不同，每次打開信件後，他總要把沒有寫字的

空白信紙留下來做便箋簿。毫無疑問，大多數年輕人在讀到這裏的時候，會忍不住被他這種行爲逗樂，但是，仔細想想，在如今奢侈浪費已成習慣的日子裏，這難道不是一種美德嗎？就連一個百萬富翁都沒有瞧不起節儉的習慣，那些並不十分富有的人又有什麼資格嘲笑節儉呢？也許正是因爲希夫具有小心翼翼將每一分錢都存起來的能力，才能讓他積累到幾百萬吧。

希夫先生是巴納德大學的第一任財務負責人，他還爲哈佛大學建起了「閃米特文學」博物館，在紐約建起了猶太人技術學院。他是赫希男爵基金的副會長，是美國猶太理事會成員。他還是蒙蒂菲奧里中心慢性傷殘人協會的主席。

在強烈的公民責任感的驅使下，他成爲了費城政治組織「七十委員會」、紐約市民組織「十五委員會」、維吉尼亞政治領導組織「第九委員會」的重要成員。因此，在後來的幾年裏，他又被紐約市長選爲市長特別委員會成員。他還被阿姆斯壯市長任命爲教育委員會成員。他是紐約商會的副會長，擔負著商會內部重要的職責。他一直計畫要建立一所商業學校，如果其他人也像他一樣肯爲我們的城市做一點貢獻，那麼，紐約恐怕在幾年前就有這樣的學校了。

大學、醫院、圖書館、慈善組織、紅十字會以及商會，都得到過希夫先生慷慨大方的饋贈。他的捐贈並不是像潑水那樣沒有明確目的，他的捐贈往往是一場及時雨，有的時候，這些捐贈是以每年一部分的形式給出的。爲了紀念他來到美國的二十周年，他並沒有把錢花在固定的一個部分，而是爲巴納德奉獻了一座價值五百萬美元的建築。

接下來，我要講的是一段悲劇故事。

希夫先生認爲美國的猶太人不應該自己將自己隔離在整個社會以外，他譴責一切有潛在可能的種族隔離行爲。他敦促猶太人首先要把自己看作是美國人，其次再把自己看作是猶太人。

一九一六年，他在一次演說中帶著強烈的感情，對來自部分猶太同胞的批評進行了反駁：「我們，和我們的父輩是一樣的，從沒有忘記過自己是猶太人。但是我們必須清楚，我們同時還是美國人。我們希望自己的後代能夠成為美國人，融入美國的社會。我們希望自己的孩子能夠讀懂我們自己的文字，懂得我們自己的律法和準則。但是，我們同樣也希望他們能夠用英語去思考，能夠讀懂英語，並接受美國的方式。」

希夫先生被其中一個忘恩負義的猶太同胞所說的話傷害得實在太深了，他覺得有些話已到了非說不可的地步了，所以，他聲稱從今往後，他「不會參加任何帶有猶太教性質的活動，包括猶太復國主義、國家主義、國會運動和猶太政治家的活動」。

不瞭解雅各布·希夫的人，永遠無法明白他心中所受的傷害到底有多深。說這些話的人本應該感激希夫先生對他們的幫助，然而，此時他卻成了他們批評、譴責的對象，這種無情深深地傷害了希夫先生。

他的這段經歷，讓人不由得想起晚年的J·P·摩根。在當時的「紐黑文鐵路大幹線案件」中他被人告發有密謀嫌疑。當時的摩根就像現在的希夫，都已經是七十歲的人了，卻要經歷這難以撫慰的傷心與難過。他病倒了。他不由得放聲大哭，傷心欲絕地哽咽道：「想想看，我活了這麼一把年紀了，卻被政府把我看成是一個罪犯，一個該去蹲監牢的人，這是什麼道理啊……」當年若不是查爾斯·S·梅林挺身而出，將責任全部承擔，真不知道摩根這位上了年紀的金融家是否還能夠恢復過來。

他們給希夫先生定的罪名是：紐約的猶太人該怎麼做，希夫不應該太過干涉。我很難肯定，希夫先生是否認真考慮過用正確的方式去做一件正確事情的必要性，或者，他是否曾經想到過，

他所擁有的權利已經足夠讓人們誤認爲他是個獨斷專行的人。說實話，我覺得他對新聞媒體和公衆所採取這種不多見的態度，不是十分的明智。也許他從未想到過這樣做會引起人們對他的誤解。

但我可以肯定的是，他是美國猶太人最好的朋友之一，多少年來，他爲美國猶太人付出的心血幾乎和自己的銀行一樣多；歐洲最傑出的猶太人都把希夫先生視爲全世界猶太人的最高領導，視他爲現代摩西（《聖經》中率領猶太人擺脫埃及人奴役的領袖）；若不是希夫先生這麼多年來爲他們出謀劃策、爲他們出錢出力、對他們進行規勸，美國猶太人在教育、慈善、設施方面根本不可能到達今天的水準；他默默地用自己的錢幫助了無數貧窮的猶太人、非猶太教徒、黑人以及白人；有相當大的一部分人熟知他的慈善活動，這些人對他有無限的熱愛。

簡言之，我可以肯定的就是，任何種族都會因擁有像雅各布·希夫這樣的人而感到驕傲。

一九一六年六月，紐約大學授予了雅各布·希夫工商理科博士學位，在頒獎典禮上，副校長斯蒂文森總結了希夫先生的貢獻：

「雅各布·亨利·希夫，在這片接納並養育你的土地上，你已在金融和商業活動中取得了有目共睹的成就，成爲了這個領域中的佼佼者。爲你的雄韜偉略和膽識、爲你的正直誠實和價值、爲你忠於知識、爲了你信守自己種族與宗教的傳統、爲了你超越國界與種族界限的無私奉獻，紐約大學決定授予你工商理科博士學位，你的名字將被列入我校校友名單。」

一九一七年一月十日是希夫先生的七十大壽，猶太人、市政、商業和其他一些組織都在爲這一天的到來做著精心的準備。但是以他的個性，他是不會參加任何紀念宴會的。爲了避免一切因他而起的忙亂，他在生日的前一天夜裏悄悄離開了紐約！

正當他打算溜之大吉之時，我恰巧來到了他的辦公室。我當然會問清楚爲什麼他會留下那些等著爲他祝壽的人們，獨自離開，他給出的回答充分表明了他的個性。

「有的人希望能夠像我一樣一生做了這麼多事，但他卻不具有像我一樣的能力。是上帝賜予我力量，讓我能夠爲其他人做一些事情，所以我毫無理由爲我應盡的職責，接受別人的讚揚和慶賀。」

在他七十大壽這一天，他的支票飛向了若干個有價值的組織。他到底捐了多少錢，他不肯透露。但是事後據被資助單位稱，總數到達了五百萬，其中有四筆每筆都是一百萬。

希夫先生做爲一個有價值的公民、一個有影響力的人物，在他生日這天，來自各行各業的人都向他表達了慶祝和讚譽，引用米切爾市長的話來說就是「城市的進步最主要來自於過去二十五年間的公衆運動」。《美國先鋒報》幾乎整版都登載了來自歐洲和美國傑出猶太人對希夫先生的讚賞和感激。《以色列贊格威爾》報用這樣的語言貼切地表達了人們的感情：「藉此生日之際，首先要祝賀這個世界能夠擁有希夫先生，其次要祝賀他本人來到這個世界上七十年。」美國財長麥卡杜對希夫先生的評價是，「金融家和利他主義者極爲稀有的結合」、「既是哲學家又是慈善家」、「一個有進取心的愛國者，總能將國家利益置於集體利益之上，有價值的事業中總少不了他」。另外還有一句話說的也很不錯，要想對希夫先生做出正確的評價，那恐怕就意味著要寫一部有關猶太人近四十年慈善史的書了。

歐洲戰爭的爆發給希夫先生帶來很大的震撼，同樣讓他震撼的還有另外一件事，希夫先生聲稱：「俄國革命可能是猶太歷史上最重要的一個事件，因爲從此以後猶太人擺脫了俄國人的奴役。」這件事也改變了他對猶太人民的未來所持有的看法。

俄國革命過後，希夫先生在一次講話中對聽眾說：「這幾周來發生的事情讓我想了很多，我感覺到，猶太人至少應該有一個自己的家園。這句話也許會讓許多人大吃一驚。」

「我說這樣的話，並不是要讓猶太人有一個自己的國家。我認爲在這樣一個首先是充滿自我主義、其次是不可知論、無神論和其他一些意識形態的制度下，根本就不可能建立一個猶太國家。我只希望猶太人能夠完成自己的使命，在這個世界上能有一方淨土，好讓猶太學術、文化得到進一步發揚，不要掉進物質主義的染缸裏，讓全世界的人民都瞭解到它的美好。」

「當然，最理想的地方就是巴勒斯坦。就算眞的會有那麼一天，那也不是一兩天或一兩年就能實現的事情，雖然說目前俄國的這場戰爭將這個目標又推進了一些。那麼，我們的職責就是要讓猶太文化的火種永遠延續下去。」

當美國猶太救濟委員會爲戰爭中的猶太受害者發起一項一千萬美元的資金籌備運動時，希夫先生向幾百名猶太人中最優秀的人物發出了晚宴邀請，他用打動人心的呼籲、用自己一億美元捐贈的示範作用，當場就籌到了兩百五十萬美元。他強調，爲了慶賀俄羅斯「承認猶太人通過革命獲得解放」，他要將自己這筆捐贈用於醫院的建造。

一九一七年夏天，希夫夫婦在紐波特度過。爲了表達對他們的熱愛，當地的發言人說了這樣一番話：「許多尊貴的客人曾來到過紐波特，對此我們深感榮幸。今天，又有兩位終身致力於慈善事業的客人來到了這裏，他們的到來讓我們再一次感到了無上的光榮。」

那麼，就用以上這的段話作爲雅各布．H．希夫這篇簡短個人特寫的結束語吧。

26

世界上最大的紡織及日用品批發零售商
約翰·G·謝德

「一直以來，您所遵循的策略是什麼？」我向眼前這位世界上最大的紡織及日用品批發、零售商發問。

他回答：「我們並沒有策略，我們只是有一些固定的原則。當原則正確時，也就談不上什麼策略之類的東西了，一切將會按部就班。」

說這番話的人是誰？你也許連他的名字都沒有聽說過。爲什麼呢，那是因爲在他身上，謙虛是唯一超過遠見的一項優點。

有一天，一個自幼在新漢普郡偏遠落後農場長大的年輕人，走進了芝加哥最大的一家商店，然後對商店的負責人說：

「菲爾德先生，我能在您的商店裏工作嗎？」

「你都會些什麼？」這位商店店主問道。

「我能夠大批量地銷售您商店裏的任何一種商品和貨物。」這個年輕人自信地回答道。

「那好吧，我可以給你一份工作，每週十美元。你現在就可以開始工作了。」

許多年之後，多數美國人心目中最偉大的商人馬歇爾・菲爾德被叫到了參議員委員會，要求他出示「丁力關稅法案」裏的必要證據，於是，芝加哥最了不起的商業巨人就以這樣的方式浮出了水面。菲爾德先生開始講述：「我手裏拿著一封信，我相信，寫這封信的人將會成爲美國最優秀的商人。」

每個人都驚訝得睜大了雙眼，難道說眼前站著的這位並不是美國最優秀商人？難道還另有其人？

人們帶著種種疑問將這封信從頭讀到尾，想看看信的結尾署名到底會是誰。署名是：

二十多年來，只有寫這封信的人才是馬歇爾・菲爾德公司眞正的、實際意義上的領導人。所有知情者都一致聲稱，馬歇爾・菲爾德公司的業務能夠不斷成長、不斷科學發展，最主要是歸功於約翰・格雷夫・謝德非凡的預見力、無盡的創造力、突出的實踐能力和首屈一指的想像力。雖然在一九〇六年公司的創建人去世之前，他在名義上並非該公司的負責人，然而在此之前的十二年，公司內部的實際事務全部都是由他管理。他的工作方式一直保持低調，所以，除了公司內部人員之外，很少有人瞭解事情的眞相。

這位新漢普郡的年輕人到來之前，商店的年銷售總額還不到一千五百萬美元。

如今，在謝德總裁的帶領下，馬歇爾・菲爾德公司的年銷售額已超過了一億美元。每年，他們要銷售一百萬件商品，做兩千五百萬次交易。在特價銷售的日子裏，從早晨八點半到下午五點半，每天前來購物的顧客多達三十萬人次。商店的樓層面積超過了五十五英畝，鋪在地板上的地毯長達三十英里。它的用電量相當於十五萬戶人家的總耗電量，在銷售旺季，商店裏的八十二部電梯十小時內運送的顧客，要比芝加哥南部和西部大都會鐵路二十四小時內運送的乘客都要多。每天都有三百五十輛卡車和貨車運送貨物，如果平鋪開來，這些貨物的覆蓋面積可達到三百五十平方英里。若是在假期忙碌的時候，還得另外再加五十輛卡車。在十二月份，光是零售商店每天要運送的貨物就多達十萬件。

在謝德總裁的手下，總共有兩萬名雇員。其中零售店裏包括一萬兩千五百名，批發店裏有四千名。

當時，公司在北加利福尼亞設有工廠，加工生產棉花和木製產品，從事各種布料的零售。同時他們還在伊利諾州的錫安城開有生產蕾絲、蕾絲窗簾、手絹、床罩的工廠；在芝加哥的工廠主要生產各種各樣的日用小商品。

正是謝德先生的預見能力使得公司看準了商業趨勢，才能使馬歇爾·菲爾德公司敢於大量生產自有商品；正是由於他的這一革新，才使得該公司一直保持穩定、健康的發展，而其他大多數大型零售公司卻因缺乏這份遠見力而紛紛破產。

幾年前，謝德先生就意識到中間商的好日子快要過去了，所以他宣佈，「我們的座右銘應該是『從工廠到客戶』」。或許，正是這位商業天才的這一舉措，才使馬歇爾·菲爾德公司擺脫了和其他零售商相同的命運。他追求無止境的創造天賦、原創的獨特設計，不斷地朝著馬歇爾·菲爾德「完美品質」的目標理念前進。

同時，它也爲謝德先生實踐自己的發明天分開闢了一個新管道，因爲對他來說，一個生來的商業領袖在經商活動中，參雜一些富有創意性的東西，就好比是一個藝術家在繪製一幅傑作中的想像力一樣，都能給人眞正的愉悅與滿足。我還從沒見過哪個雕刻家或畫家對待自己的大理石或油畫布就像謝德先生那樣，用令人感動的熱情和愛，去對待每一款貼有馬歇爾·菲爾德的商品。這些商品極爲普通卻極爲重要，比如說由公司設計的方格條紋布，和其他棉織物等。對於大多數人來講，一碼的棉布就是一碼棉布而已，沒有其他。但對他來說，一碼棉布體現著思維、藝術和創造力，他是全體工人爲之驕傲的產品。很明顯，和這些色彩鮮豔的棉織物一起織入的還有熱情

與智慧。

謝德先生不大愛講話，但是過了一會兒，他開始對這本介紹名人成長歷程的人物特寫專輯發生了興趣。在我們的談話過程中，他妙語如珠，給出了一些睿智的話語。

「你看牆上這些照片，」他指著自己私人辦公室牆上掛著的一幅幅看起來神情嚴肅的人物照片說：「他們都是菲爾德先生的合夥人。並不是每個人都是跟著他從基礎開始的。其中有兩個十分成功的部門經理，一個是從每週四美元幹起，另一個是從每週兩美元半開始。他們都不是上過太多學的人，但他們卻極爲聰明，很有洞察力，他們理應獲得這一切。他們帶著創新精神、奉獻精神和強烈的欲望去工作，工作的目的不僅僅是爲了自己能夠取得進步，而且還是爲了整個公司的進步。他們將企業的利益放在第一位，所以，公司繁榮了，他們自然也就發達了。」

「絕大多數的年輕人總是在考慮自己怎麼開始，而很少考慮自己最終要到達什麼位置，這差不多是大學畢業生的通病。多數大學生剛開始就希望得到高薪職位，卻從來沒有考慮過自己的最終目標。他們很少願意從起點低但終點高的方面去考慮。」

「大自然的法則早已規定好，人無法剛開始就到達頂部，一定要從底部爬起。正是因爲有這種從底部做起的必要性，我們才會給那些很棒的年輕人一個超越普通人的機會。」

「你若突然把一個人放在高層管理的位置上，那他必然會摔下來，摔得頭破血流。」

「馬歇爾·菲爾德的合夥人都有一個很明顯的共同點，他們學歷最高的也不過就是高中畢業，沒有一個是大學生。我嚮往高等教育，如果可能的話，我會選擇去上大學，雖然說當初如果我上了大學，可能就不會像今天這樣，在商界獲得一點小小的名氣。現在問題就出在多數年輕大學生進入工作單位時，心裏總想著自己是大學生，臉上的表情也不斷提醒別人，『我是大學生』，這樣一來，他就不願幹那些髒活累活。他也不願意從做生意的基礎部分學起。他們剛剛開始就盡可能去找賺錢最多的工作，而不是在一個極具潛力的公司裏從起步階段幹起。」

「和過去的衆多小企業比起來，如今的一些大企業爲年輕人提供了更多的機會，讓他們能賺更多錢。在過去，一個資產爲十萬美元的公司，每年能付給你一萬美元就算是很好的回報了，而如今，一個大的企業往往會有好幾個年薪在一萬到五萬美元之間的職位。」

「像我們這樣的公司最大的優點就是，它已經有五十年的經營歷史了。在過去的五十年中，沒有一個工人因爲不認眞工作被開除過，也沒有一個工人因公司不景氣被裁員。長期穩定的收入要比頻繁變換工作更有利於儲蓄。」

「如今這個世界並不缺乏機會，缺乏的是效率和對機會有所準備的人。一個效率高的公司在公司內部就可以找得到全部的辦公行政人員。」

「然而，另一個事實是，好的商店都是好的管理的成果。」

「一個蒸汽機壞了就會影響到整列火車的運行，同樣的道理，任何一個環節的效率低下都會影響到整個公司的經營。」

「一個企業光有規模是不夠的，重要的是一個公司的發展速度。如果一個企業只是依賴著誠實、有效的經營，服務於一方社區，那麼最好不要規模過大。」

「對於我們來說，只有一個中心思想，只有一個爲之努力的目標。我們把它叫做馬歇爾·菲爾德理念，這就是我們的理念——」

謝德先生說著，指了指掛在牆上的一幅畫框，畫框裏寫著：

馬歇爾・菲爾德公司理念

在恰當的時機，用正確的方法做正確的事；做事情一定要比別人做得更好；杜絕錯誤；看問題要全面；要充滿勇氣；要做別人的榜樣；因爲熱愛，所以工作；主動達到別人的要求；開源；堅信沒有戰勝不了的困難；要佔據天時地利；做事情要出於情理而不是出於不得已；只有達到完美方可感覺滿意。

「我們一直在將這些理念反復灌輸給雇員，那些無法接受或者做不到的人是無法在公司待下去的。每天都按照這些理念行事對個人和整個公司都有好處。所以，『服務』就是我們的全部目標。」

「每一個靠不懈的努力逐漸擴大的公司，都在不斷尋求效率最高的人來擔任公司的要職，所以一個公司最主要的任務就是要找到合適的人才，並將其安排在合適的位置上。如果一個公司能夠在公司內部培養、訓練出一些雇員來，讓他們擔當重要的職位，那麼全公司的員工就都有升職的機會，這無疑會讓全公司上下的雇員，都覺得自己在這個公司的價值能夠得到發揮。」

「有時候，很有必要和一個雇員講明理由，他現在的工作對他很適合，如果給他更高的職位，他很可能無法勝任而成爲一個不稱職的人。」

約翰・格雷夫・謝德的職業生涯沒有絲毫碰運氣的成分，也不是很隨意就走到了今天這一步，他的成功完全不是機會使然。從剛一開始，他就制定各種計畫和原則，朝著完美目標堅定不移地前進。他在出海航行之前就爲自己選好了一個目的港，然後駕駛著帆船直接駛向那裏。

他出生於一八五〇年七月二十日，出生地是在新漢普郡阿爾斯特德的一個農場上。他很小的時候就不得不在田地裏和穀倉裏幹勞力活。所在的農場地理位置偏遠，幾乎與世隔絕，而且處在半赤貧狀態。他沒見過世面，沒有開發智力的機會，也沒有得到進步的機會，所以，生活對他來說並不是十分美好。在那個時候，農場上沒有汽車，衛生間沒有浴盆，家裏也沒有其他一些現代家用設備。雖然說近年來，這些東西早已爲農村生活帶來了革命性變化。這個在農場上長大的孩子，對自己未來的生活之路做了認眞嚴肅的思考，最後他決定自己要成爲一名商人，一名誠實、勤懇、了不起的好商人。還不到十七歲，他就離開了父親的農場，前往佛蒙特州貝洛斯福爾斯的一個商店去工作，每週一點五美元管食宿。從一開始，他就覺得自己賣起東西來十分得心應手。

謝德先生告訴我：「我把第一年所賺的七十五美元幾乎全部存了起來，有種有了錢的感覺。」後來，他在自己家鄉的一個綜合商店，又找到了一份每年一百二十五美元的工作，但是，這一次他還得出每週兩美元的食宿費，交給一個照顧他日常生活的新英格蘭主婦。兩美元雖然不多，但他卻被照顧得很好。後來商店裏發生了一場大火，迫使他不得不重新另找工作。但是上帝保佑他，他被一個原來是競爭對手的商店以每年一百七十五美元的工資雇用。

謝德先生這樣評價道：「那個時候，我覺得自己已經走上了康莊大道。」等他二十歲時，他的能力已經是非常的突出了，佛蒙特州拉特蘭的一個紡織用品店，以當時最有誘惑力的價格得到了他。他的年薪爲三百美元，包食宿。

然而，拉特蘭最好的紡織用品商店的店主卻是班傑明·H·伯特，這位聲名遠播的商人早在那個時候就在經營原則與實踐方面遠遠超越了普通人。謝德，這個來自花崗岩之州的新人和他的能力，都沒有逃得過他銳利的目光。爲了得到他的服務，伯特先生開出了雙倍的薪水，並且還同意給他銷售提成。這裏的環境很適合他，他發現自己在心智上和經濟上都得到了發展。

然而他有更遠大的目標，拉特蘭這個地方並不是自己尋找的終點。他並不想做小地方的大人物，他要到更大的地方去檢驗自己的能力，一個能夠在激烈的競爭下，將他的全部智慧與能力發掘出來的地方。他對各種紡織品勤加研究，顧客的滿意能為他帶來最大的快樂，他生來就是一個優秀的推銷員。此外，他還有另外一件給他帶來足夠自信的武器——他存了一筆錢。

最後，他帶著極大的遺憾道別了他的導師、他的恩人伯特先生。直到今天，伯特先生的照片還擺在他辦公桌上。芝加哥是他的目的地。

謝德先生回顧他職業生涯中轉折性的一步時，這樣說：「我決心要在這座城市最好的商店裏找一個職位。我早就聽說過菲爾德・萊特公司，我發現這家公司是全芝加哥最好的，也是最大的一家商店。於是，我就做了這家公司的店長和銷售員，瞧，我現在還在這裏。」

談到他是如何在這個世界上最大的紡織品企業裏，從底部漸漸爬到頂部的話題時，謝德先生說得最多的就是他在五個月後的那次加薪。他是從一八七二年八月七日開始工作的，五個月後，合同中規定的每週十二美元變成了十四美元。謝德先生解釋說，這次加薪是出於他出色的工作。謝德先生補充道：「在我的整個職業生涯中，這次加薪帶給我的愉快超過了以後任何一次升職。」

「它讓我覺得能為菲爾德先生這樣的人服務是件開心的事。」謝德先生說。他不大願意談論他自己，倒是十分願意談論菲爾德先生。

進入公司後，謝德先生被直接安排在亨利・J・威林手下，這對他來講是一件幸事。威林先生是馬歇爾・菲爾德最有能力的一個合作人，從他那裏，謝德學到了許多優秀的品格和先進的經商方法。他精力旺盛，還不到四年的功夫，謝德先生就成為了蕾絲和刺繡日用品部門的負責人，那一年他才僅僅二十六歲。他所表現出來的種種才能——分析情況、看準趨勢、高超的銷售能力，誘使菲爾德先生將六個部門託付給他。不久後，他被任命為整個公司的銷售總監。這是一個責任重大的職位，因為他要負責管理整個公司每年價值幾百萬美元商品的採購和銷售。他從一個每週工資僅為十二美元的職員成為了頂級合夥人，擁有超高的收入，其間花了二十一年時間。

一九〇一年，公司股份制後，謝德先生在公司的地位僅次於馬歇爾·菲爾德本人，前者為副總裁，後者為總裁。大量的工作就落在了這位副總裁的頭上，而總裁本人則感覺多年來身心疲憊，他讓自己沉浸在放鬆休閒中，享受旅遊去了。幾年來，謝德先生一直是這個公司真正的負責人。所以，一九〇六年菲爾德先生去世後，他被選為總裁是情理當中的事情。菲爾德先生的職業生涯幾乎和他的繼任人謝德先生一模一樣，同樣是來自農場，同樣是在新英格蘭的商店裏開始做起，同樣是去了芝加哥成為了紡織品銷售人員，兩個人都遵循同樣的理念。菲爾德先生曾經說過，他選合夥人要的是才幹，不是資金。實際上，他的合夥人沒有一個為公司帶來過任何資金。

我問謝德先生：「那麼一直以來，您的一些主要原則是什麼呢？」

他回答道：「提供實用商品。盡可能在品質上領先其他商家。要不惜一切代價、克服一切障礙讓顧客滿意，這樣，他就會為你的產品做宣傳，這是最好的廣告方式。業務中盡可能嚴格執行現金交易，這樣會避免壞帳。努力瞭解新發展趨勢，並相應調節自己的經營活動。還有一點也很重要，要儘量為雇員考慮，這樣會激起他們對公司的忠誠度。」

謝德先生是芝加哥第一個引進週六半天假期的企業，他還宣導雇主和雇員都要從事健康有益的娛樂活動。「我認為高爾夫球是現代社會最大的一件幸事。」謝德先生對我說，「高爾夫運動可以讓那些身負重任的人從繁重的公務中解脫出來，人們在這種露天運動中不僅可以恢復精力，

還可以結識新的朋友，擴大社交圈。這一切不僅可以讓人的大腦得到放鬆，還能促進他們的博愛精神。」

從下面幾方面，我們不難看出馬歇爾・菲爾德的雇員擁有的優厚待遇：一個專有樓層的一大部分僅供內部員工使用；職工有專門的閱覽室，公司裏設有芝加哥圖書館的一個分館；公司還有醫務室和護理人員等；音樂、休息室、介紹紡織品加工生產過程的教育宣傳片等一應俱全；自助餐廳每天為三千名工人提供午餐服務。公司有一個一百五十人的合唱團、一個棒球隊和一個健身房。公司還為商店裏的年輕人們提供高等教育機會，並頒發相當於高中畢業的文憑。每年夏天，每個雇員都有一次帶薪休假機會，假期為兩周。公司鼓勵年輕人加入民兵組織。用一句話來說就是：馬歇爾・菲爾德公司提供的待遇，足以令其他公司的員工感到羨慕。

另外，謝德先生還是幾個鐵路和金融機構的董事。他並沒有逃避自己作為一個公民的職責，在這個問題上，他是這樣認為的：「現代社會的情況比較複雜，所以對於那些忙忙碌碌的商人來說，充分參與到公眾和公民活動的機會相對就少了一些，這難免讓人覺得有點遺憾。任何一個放任自流的公司都會走下坡，然而，我們卻採用了這樣一種組織方式，儘量讓那些有能力的年輕人多幹一些，好讓年紀稍大些的工人們免於加班加點。二十年前，下午不上班簡直就是一種犯罪，然而現在不同了，下午的時候偶爾騎車去一次郊外，去打一場高爾夫球，並不是什麼辦不到的事情，也不會被人看作是愚蠢的行為。」順便說一下，謝德先生不僅很擅長高爾夫球，而且還很會騎馬，在他著手開小汽車前，曾熱衷於騎自行車。

謝德先生對芝加哥青年基督教協會、對醫院、對其他一些有價值的事業做出了大量的捐贈，但是他在做這些事情的時候總是悄悄進行，所以，一般的公眾沒有多少人知道這些事情。謝德先生是一個極爲謙虛低調的人。謝德先生從小酷愛讀書，但卻苦於得不到很好的書籍。這段回憶一直留在他的記憶裏，爲了彌補這一缺憾，他爲自己的故鄉阿爾斯特德捐贈了一座圖書館，整座圖書館是用新漢普郡花崗岩建起來的。

謝德先生在事業穩定之前，一直保持獨身。一八七八年，他和自己的同鄉的瑪麗・R・波特小姐結連理。雖然他們沒有兒子，但是卻得到了「幾乎是最好的東西」，他們有兩個女兒，大女兒勞拉・謝德嫁給了伊利諾州芝加哥市森林湖的施韋普先生；另一個女兒海倫・謝德嫁給了芝加哥的里德。謝德在芝加哥的家建築結構獨特，就連建築學院的學生都歎爲觀止。

我將自己心中的疑問告訴了謝德先生：「爲什麼您始終沒有把公司的名字更改過來？」

他回答道：「我一直認爲，像我們這種歷史比較長一點的公司，公司的名字本身就已經成爲了一種無形的資產。如果能夠繼續管理得很好，每年都加強對公司的形象維護，那麼就算繼續沿用原來的名字又有什麼關係呢。」

不知你注意到了沒有，做得最多的人往往正是那些最淡泊名利的人。

27

始終幫助客戶取得成功的五金公司傳奇人物
愛德華·C·西蒙斯

「請問，您這裏是不是需要一個雜工？」

「你會幹什麼？孩子。」

「和我一樣大的人能幹什麼，我就能幹什麼。我的帽子應該掛在哪裏？」

「哦，我的孩子，如果你幹起活來就像你說起話來一樣痲利，那我們就用你。」

這個男孩名叫愛德華·C·西蒙斯，故事的地點是聖路易的一個五金商店，時間是一八五五年的最後一天。

當年的這個小傢伙的確是幹得不錯，他讓聖路易成爲了世界上最大的五金生產中心，業務量超過了紐約、芝加哥、費城和波士頓業務量的總和。他的五金店在二十四小時內平均每分鐘就能賣掉三把斧子、兩把折疊刀和好幾把鋸子，全年如此。它爲美國提供了大量的五金工具和刀剪工具，在此之前，這些工具基本上都要從歐洲進口。和平時期，每年都要有價值幾千美元的刀剪工具銷往英國、法國、德國、俄羅斯、亞洲、澳大利亞、南美洲、南非和世界上其他一些文明及半文明國家。他的事業十分成功，沒過多少年，他就雇用了全美國最多的旅行銷售人員。爲了解決發貨問題，他在公司的主基地建起了一個最大的鐵路運輸站，一次能裝六十節車廂。伯利恆鋼鐵廠並非只依靠查爾斯·M·施瓦布一個人的精力和智慧發展起來的，標準石油公司也不是洛克菲勒一個人的功勞，然而，西蒙斯五金公司卻完全是E·C·西蒙斯一個人的勞動成果。

他又是怎樣做到的呢？

他將自己全部投入到了公司的醞釀和發展中，親自上陣。他的全部活動都是以人爲本的，他還將這種理念灌輸給自己的銷售人員。他總能激起同事們對他的熱愛，他更能得到顧客的對他尊重，甚至是某種超越了尊重的東西——愛。

五十年前，他就是一個很有遠見的人，那個時候，有遠見的商人並不多。他敏銳的目光能夠看到需求方的變化趨勢，同時也能感覺到賣方的微妙變化。那個時候他就明白一個道理：顧客的滿意度是一筆財富。他也是第一個用這種理念來培養自己的銷售人員的商人，這個理念具體來講就是：對於顧客，永遠不要只把興趣停留在「我能賣給他多少東西」上，而是應該盡可能地幫助客戶獲得成功。西蒙斯的銷售人員常常爲零售商提供幫助，尤其是那些剛剛開始經營的零售商，這種幫助的價値往往是無法用金錢來衡量的。

他還首創了一句格言警句：「推銷員的首要任務是要幫助自己的客戶取得成功」，這已經成爲他公開的經商原則。他能夠看到未來的發展趨勢，他樂觀、機敏、積極，能夠爲人類不斷進步的文明和商業趨勢開闢新的道路，充當先驅者。

我對西蒙斯先生早期打基礎時候的一些事情比較感興趣，因爲這些事情往往更能說明原因，所以我問西蒙斯先生，誰是比較瞭解他的早期經商方式的人，沒想到他反倒問了我一句，你認爲會是誰呢？

一個在他手下幹了許多年，然後變成了他最強勁、最成功的競爭對手的人。

一個生命快要走到盡頭的人，竟然選擇讓自己最大的競爭對手，來描述自己的性格特徵和早期的經歷，那這個人一定是一個問心無愧、一個一生清白的人。

對，西蒙斯先生就是這樣一個人。

不要以爲老早以前商業道德標準和經商的實際做法就已經到了今天的高度，也不要以爲西蒙斯先生是在假裝聖潔或膽子太小，再或者思想境界過高，所以才沒有參與到當時那種混亂不堪的、氾濫成災的商業欺詐中去。

他絕不是個沒有魄力的人。那個時候人們唯一知道的經商原則和座右銘就是「能抓多少就抓多少」，而且，當時像「不滿意退款」、「公平交易」之類的改良型經商理念還頗爲新潮。西蒙斯先生早在二十幾年前就爲這種理念做出了貢獻。他的職業生涯跨越了新舊兩個時代。

一八三九年九月二十一日，他出生在馬里蘭州的弗里德里克，十歲前同上一代人一起從費城遷到了聖路易。他對口袋折疊刀情有獨鍾，他周圍親戚或朋友，沒有一個像他那樣不斷地擺弄折疊刀的。所以，當他十六歲離開家獨自找工作之時，他自然而然就去了能夠看到自己心愛之物的商店——出售折疊刀的蔡爾茲—普拉特公司，然後就引出了開篇時的那段話。這個公司是聖路易最大的五金商店，他第一周的工作，是將貨架上所有的貨物都拿下來清理乾淨然後再擺上去。他的工資是每週三美元，具體來說，他的合同是這樣定的：第一年爲一百五十美元，第二年爲兩百美元，第三年爲三百美元。他的打掃工作做得十分徹底，所以老闆常常誇獎他，就讓他做了一個跑腿打雜的人。每一次機會都能讓他加深對這一行的瞭解，再加上他對刀剪一類的東西生來就特別感興趣，所有這一切都爲他日後建立全世界最大的折疊刀工廠西蒙斯五金公司奠定了基礎。

等到他學徒工期滿爲止，他已經能夠在另一個名爲威爾森—利弗林—沃特斯的五金公司找到一份更好的工作了。他這樣做的理由是，在這個規模稍小一點的公司裏，他可以更快、更有效地將自己的能力和個性體現出來。下面是他剛去那裏不久和老闆之間的一段對話：

「利弗林先生，您能不能讓我來負責商店的鑰匙？」這把鑰匙是那種舊樣式的鑰匙，將近一英尺那麼長。

「你拿那把鑰匙做什麼？」老闆沒好氣地問道。

「因爲看門房的人來得很晚，我就是想多幹點活。」

「看門房的什麼時候來？」

「七點半。」

「那你什麼時候能來？」

「六點半。」

「好吧，如果你願意這樣做的話，那你就拿著吧，不過你很快就會感到厭煩的。」

他並沒有厭煩。相反，年輕的西蒙斯已經感覺到了機會正在悄悄來臨。那個時候，並沒有推銷員把貨送到顧客手上，只有顧客去找賣主。當時也沒有鐵路。商人們乘坐的輪船到達聖路易的時間正好是半夜，他們投宿在幾個大一點的旅館裏，這幾個旅館離公司只有三個街區之遙。幾個因城市噪音而睡不著的商人經常在早晨五、六點鐘就起床了，起來後喜歡四處走走，而這位時刻保持頭腦清醒的年輕職員本身恰好起床也很早。西蒙斯算準了如果他這個時候把商店打開，可能會有其中的一兩個會順便進來看看。早起的鳥兒有蟲吃。

就在第一天早晨，就有一個密蘇里人進了商店，他停下來看了看堆在門前的一堆碎石子。西蒙斯走上前去，禮貌地說了聲「早上好！」這位密蘇里人也很願意和他說話，於是，這位很敬業的年輕人巧妙地告訴這位來自密蘇里的商人，這是他第一次嘗試這麼做，他迫切希望能有點收穫。

等到看門人和其他人前來上班之時，威爾森—利弗林—沃特斯早已和這位密蘇里商人做成了一大筆交易，在以後的許多年裏，他們一直保持著貿易關係。

門口牌子上的公司名稱很快就改成了沃特斯—西蒙斯公司。這就是西蒙斯五金公司的前身。

而如今西蒙斯五金公司的建築物，加起來超過了紐約最大的勝家大樓。這個剛開始默默無聞的公司，到底是如何發展成爲今天這種規模的？這已經成爲了這段歷史的主要話題。

從很早開始，西蒙斯先生就學會了掌握各種五金工具。以此同時，他還學會了掌握人的心理，他知道如何才能夠牢牢抓住同事們和顧客們的心。是他第一個將專門的旅行推銷人員引進了公司。連續多年來，他雇用的銷售人員超過了全國任何一家公司，現在已經超過了五百名。他如何教育這些銷售人員，如何影響他們，如何激起他們的興趣，如何培養他們，如何給他們合理的回報，這一切都反映著他的個性和他的智慧。

他一直以來都是一個樂觀主義者，總是帶著一個大寫字母「O」。他從未間斷過給他的銷售員們寫鼓勵信，每週都要親自同他們進行一次長時間談話。西蒙斯的「每週一信」成爲了美國商業史上第一份公司內部雜誌，它字裏行間流露著樂觀、它言語間迸發出智慧的火花、它爲銷售人員提供了和客戶「閒聊」時的素材、它列舉了銷售時可能會碰到的種種分歧、它向銷售人員建議要有良好的生活和道德準則，這些話語從來沒有虛僞的腔調、它從來都不是一份冷冰冰的商業文件，而是一封溫暖人心的家書，讓人感到親切、爲之興奮，就好像是一位關懷備至的父親，幫助自己的孩子在這個世界上找到一條屬於自己的道路。

一位前銷售精英告訴我：「我們是多麼盼望他的每週一信啊，因爲我們早已經習慣這些信件了。就連西蒙斯先生自己也不會想到這些信對那些連續半年，甚至一年都在外工作的銷售人員究竟能夠發揮什麼樣的作用。在他的勸告之下，很多人戒了酒。他還教會我們，靠小聰明耍手段是不會長久的，每一次較量，最後勝出的總是誠實。」

「他用別出心裁的辦法激勵著我們。一八三七年大恐慌過後，整個貿易系統都毀掉了。我們這些銷售人員都失去了信心，我們簡直覺得就此放棄算了。我還清楚記得西蒙斯先生在他給我們

的信中講了一個古老的故事，有兩隻青蛙掉到了裝有牛奶的臉盆裏，怎麼爬也爬不出去。有一隻放棄了，最後就淹死了，另一隻始終不放棄，它不停地踢這個盆最後終於將它打翻了，這下子，它不費吹灰之力就跳了出來。這個故事當時眞的是深入每個人的心裏。」

「每個耶誕節，他都會在自己家裏爲我們舉行晚宴，那個時候，我們是將近五百人。這也是一次讓我們團結在他周圍的機會。他從來沒有老闆的架子，他就是我們中的一員，就像我們的兄長一樣，迫切希望幫助我們進步。」

銷售人員一直都和西蒙斯先生保持聯繫，告訴他客戶方面的消息。他在信中有時會告訴大家某個公司破產了，這樣的信雖然是非正式的，但它卻是出自內心的，西蒙斯先生是世界上最會寫信的人。他總是抽出時間來思考，很大一部分原因是他就像自己所說的「一隻早起的鳥兒」，另外，他還是一個伯樂，他十分樂意將機會給予那些有能力在任何方面獲得成功的人。

在早些年間，按照當時的習慣，商人們總是親自跑到聖路易去做季節性採購，西蒙斯先生都是親自出馬，歡迎他們來到西蒙斯五金公司，並且對他們示以適當的友善。他的桌子上總是擺滿了各種新奇小禮物，通常都是從巴黎或歐洲其他一些城市買來的。當他們啓程返回時，每一個光顧西蒙斯五金商店的人將被送上一份紀念品，當他打開禮物時，他將詫異地發現，自己的名字竟然被鐫刻在紀念品上！就在他們談話之際，西蒙斯先生悄悄將顧客的名字，和其他一些資訊寫在一張紙上，這種方法幾乎是百分百奏效。時至今日，他仍然在取悅前來參觀的商人的藝術上不停地動腦筋、花心思，他瞭解他們中大多數人的喜好、品味、興趣。他一定要確保前來參觀的客戶在逗留期間過得合意、有收穫，在某種程度上來講感到若有所悟。和那種例行公事的宴席和客套話比起來，客戶們往往更喜歡那種「心靈的大餐和推心置腹的交談」。西蒙斯先生是個很好的聆聽者。

在別人還沒有想到時，西蒙斯先生就在自己公司引進了利潤共享計畫。每年年終，銷售人員都要將自己的業績報告單交給西蒙斯先生，這時候，按照銷售比例，他們將得到一份慷慨的回報。每年年終，每個銷售人員的業績報告將被仔細核查，然後再根據核查結果發給他們額外的一些補助，銷售人員將這筆補助叫做「手氣」。一位年紀稍大一點的雇員告訴我：「我第一年剛開始時，『手氣』眞的很好，幾乎和我的薪水差不多。我當時簡直吃驚得目瞪口呆，但是，我很快就決定，自己一定要再接再厲得到最高的獎勵。」

爲了更方便實施自己的雇員利潤共享計畫，公司於一八七四年實行了股份制。這是整個美國歷史上第一家實行股份制的公司。雇員有機會購買公司的股票，並獲得豐厚的利潤。公司的資本從原來的二十萬美元一下子就增加到了四百五十萬美元，後來又增加到了六百萬美元。這樣的數字足以令當地最有實力的銀行感到嫉妒。

西蒙斯先生時刻掛念著自己職工和客戶的福利，這也讓他在另一個方面又一次充當了先驅者的角色。是他第一個有系統地安排公司的銷售人員住在自己所在的銷售區，融入當地社區生活，這樣一來，銷售人員就不再是長年流浪的人了。而且比起那些今天在、明天就可能會消失的推銷員來，當地的商人也更願意和自己所瞭解的、長期穩定的銷售人員打交道。

西蒙斯公司今天的一整套運作系統，就是在此基礎上演變而來的。它將整個國家劃分爲若干個銷售區域，並安排銷售人員住在那裏，熟悉當地的環境和居民，這其實是最合理也是最有效的銷售方式。每個銷售區域的總部都有一個銷售經理，銷售經理瞭解當地的商情，並且能夠講當地的語言，他負責親自接待當地的客戶，並處理一些訂購郵件。

西蒙斯公司的銷售人員對他們所在區域的農業、工業和社會情況十分瞭解，他們定期向公司匯報當地的收成情況、貿易趨勢和政策傾向等等，所以匯總起來後，整個國家各地諸如此類的資訊和情況都可以從中獲得。

在聖路易總裁辦公室的牆上，掛著一幅美國地圖，上面佈滿了彩色的圓圈。在圓圈中間貼著銷售人員的照片。圓圈所在的地方表示銷售人員的所在地點，圓圈的顏色表示該銷售員屬於西蒙斯的哪個分公司。圓圈後面的彩色箭頭則表示該銷售人員的業績情況。因此，這幅地圖能夠帶來一目了然的直觀效果。公司的整個系統已經發展到了n次冪效應。

公司一直在鼓勵員工的首創精神。有時候，這位公司創始人即使是不太同意一些人的意見，但他也會給他們一次嘗試的機會，他會這樣說：「我不完全同意你的看法，但是你可以試一下，也許你是對的，我是錯的。」然後他會全力配合員工，努力使這項計畫獲得成功。而且一旦取得成果，他定會給出獎勵。

三十七年前，西蒙斯就有勇氣花三萬美元來完成第一部《五金工具手冊》的編纂，這部手冊爲他日後的銷售帶來了一百萬元的利潤。現在，公司每年都要發行一本兩千五百頁的工具手冊，手冊裏收編了七萬條名稱，以及兩萬二千條解釋。手冊裏有詳盡的工具分類、描述和價格，以便零售商爲顧客提供簡潔明瞭的資訊。

「兵貴神速」是西蒙斯先生一向推行的方式。他希望能夠在收到訂單的當天就能結算、發貨。爲了達到這一目的，他幾乎動用了所有可能的設備和方式，從開封和密封的機器，再到機械傳送設備，將裝有貨物的箱子直接從包裝廠送到鐵路貨運站。實際上，確保發貨的及時性是一件十分關鍵的事，只有這樣才可以確保他的客戶能夠和郵購公司競爭時獲勝。西蒙斯公司不僅在聖路易自備批發部，而且在費城、明尼蘇達、蘇城、托萊多、衛奇塔也建了類似的批發中心。

後來，西蒙斯發現自己所購買的商品無法達到他要求的品質，於是，一八七〇年西蒙斯先生宣佈他要自己建立整條產線，生產品質最好的五金工具，所有的工具都採用統一品牌。他爲自己的產品取名爲「基恩庫特爾」並把它作爲註冊商標，現在「基恩庫特爾」已經成爲了全球聞名的一個品牌。

在此之前，五金行業有許多欺詐行爲，產品的價格高於其實際價值。那個時候西蒙斯做出的這個決定具有劃時代的意義，它爲整個行業帶來了一場革命，爲人們帶來了誠實經營的全新理念。

一個生產商提供給西蒙斯先生的斧子品質不是特別好，但是，他卻用十分粗魯的語氣回敬了西蒙斯先生的責問：「你買也得買，不買也得買，你根本買不到比這更好的。」西蒙斯先生可不喜歡被逼到死角，他喜歡將自己晚上思考的東西在白天變爲現實。

他講述道：「那天晚上，我怎麼也睡不著，就用木頭削了一把漂亮的斧頭模型，然後用鉛筆在上面寫下了幾個字『基恩庫特爾—E・C・西蒙斯生產』。這就是我們的註冊商標，和我們以品質取勝策略的由來，我們的公司也就是建立在這個理念之上的。」

我們的座右銘是大家衆所周知的，「時間會讓我們忘掉價格，卻讓我們記住了品質。」引進這樣高品質、相對價格也較高的產品需要勇氣和很大的決心，但西蒙斯先生最後勝利了。正如他常常提到的那句話一樣，「最終的結果是檢驗智慧的標準」，要建就建一個堅如磐石的企業，而不是在沙灘上建起一座城堡。

由於篇幅有限，我只能將西蒙斯先生的格言警句和座右銘選一部分在這裏列出，透過這些充

滿智慧的語言，我們也許能夠對他的經營之道略知一二。

「做生意其實就是在執行一種理念。」

「不論做什麼生意，速度是關鍵。」

「失敗與成功之間的界線，就在於我們是在做基本正確的事情，還是在做完全正確的事情。」

「團結就是力量，分散必然虛弱。一旦選定了一行，就要一直走下去。」

「每天臨睡前花十五分鐘時間回顧當天的事，然後爲明天做個更好的計畫。」

「永遠爲顧客著想。」

「一分勤奮相當於兩分聰明。」

「經商中，個性具決定作用。」

「最讓我感到開心的事，是讓原本貧窮的人在成爲我的銷售人員後，過上了富裕的生活；讓平庸的人變成銷售明星。」

「經商永遠要持有鼓勵的態度。」

「有爭端就要立刻解決。一個只肯佔便宜不肯吃虧的商人，永遠也難成大器。」

「如果有哪個同事或客戶陷入了困境，能幫就儘量幫他一把。」

「產品的品質、企業的自信和你自身的自信、人的預見能力和適應能力，這一切都是一個企業能否成功的關鍵。」

大多數靠自己白手起家獲得成功的企業家，就算是後繼有人，也會在自己身體條件允許的情況下能幹多久就幹多久。然而，西蒙斯先生卻不是如此。他早在一八七九年就從公司的管理中退了下來，把這一切交給他的三個精明能幹的兒子。他們分別是瓦蘭斯．D．西蒙斯，現在擔任總裁；愛德華．H．西蒙斯和喬治．W．西蒙斯，他們都擔任副總裁的職位。雖然如此，西蒙斯先生仍然還要給他們一些建議，和他們合作，仍然不時提出些看法。最近，他說過這樣一段話：

「我工作是因爲我熱愛工作。工作讓我有機會將自己六十年積累的經驗傳授給年輕人，讓他們少走些彎路。」

愛德華．C．西蒙斯已經爲美國的發展樹起了一個里程碑，他的幾個兒子也正在不斷朝這個方向努力中。如今，各種日用品價格都在上漲，而西蒙斯五金的價格卻始終沒有改變，這無形中就已經是一種降價了。他在這一點上比其他任何一個現有的商人都做得好，因此，他這一舉動著實爲人們帶來了好處，尤其是那些五金零售商們，他們一直將他的建議和忠告當作在夜晚指路的北極星。

在企業經營過程中，他們每天都按照西蒙斯所建立的原則去管理公司，同時，他們也在使用著西蒙斯爲他們創造的設備，這些設備在如今複雜的經濟環境中顯得更爲便利、更加經濟划算。當然，最終得到好處的還是終端用戶。

他已經將對人類的熱愛和幫助別人的欲望，用最實際的形式表現了出來，我們每個人都能夠在每天的日常生活中感覺得到。

28

獻身慈善事業的銀行家
詹姆斯・斯派爾

宴會主持人正在介紹紐約的國際銀行家、熱心公益事業的公民——詹姆斯・斯派爾。他詳細描述了斯派爾公司、他們的歐洲家族，以及這位年輕的金融家如何用數千萬美元支持科林斯・P・亨廷頓，以使我們的西部帝國結出纍纍碩果——使之橫跨中央太平洋鐵路和南太平洋鐵路——的過程中所起的積極作用。他回顧了斯派爾和他的同事們，是如何使歐洲慷慨地將大筆資金投入到這個年輕國家的發展事業上。他對斯派爾先生長達一個世紀之久的保護當事人利益的聲譽進行了評論。他讚揚了斯派爾先生所從事的公共福利活動，並以對斯派爾先生與生俱來的民主思想和人類同情心，進行意味深長的評論作爲結束語。

斯派爾先生起身反駁道，「這位尊敬的主持人儘管對我讚譽有加，但卻忘了提及我曾經做過的最明智事情。」

所有人都目瞪口呆。儘管他們中的大部分人都認爲主持人的介紹已經概括得相當全面了。斯派爾先生稍作停頓，接著說道，「我曾經做過的最明智的事情，就是選擇紐約作爲我的出生地。」

接著，斯派爾先生繼續講述一個來自西部的美國人，第一次在歐洲旅行的經歷。他和許多英國人一起乘坐在一輛前往凡爾賽的馬車。他想讓所有人知道他是一個美國人，這種心思是如此之急切，以至於他從口袋裏掏出一面美國國旗出來，並在雙膝上將之舒展開來。坐在對面的一位英國人，被此舉深深激怒了，他高聲譏諷地說道——所有人都能夠聽到——「某人看起來不可一世了，就是因爲他碰巧出生於一個特殊的國家。」這位美國人隨即回答道，「我並不是因爲生於美國感到特別自豪，而是爲所有沒有能夠在美國出生的那些人感到遺憾。」

過了四分之一世紀時，美國的各公司開始吹噓它們的那個令人肅然起敬的時代。幾個世紀

前，斯派爾家族就開始在法蘭克福贏得聲譽。到了十七世紀，詹姆斯・斯派爾的曾祖父就已經是一位非同尋常的人物了。隨後幾個世紀的歷史表明，帝國宮廷銀行家伊薩克・米切爾・斯派爾被法國扣爲人質，以保證向法蘭克福這座自由城市的人民所徵繳的戰爭稅得以支付。

斯派爾家族在美國建立之前就具有慈善精神。法蘭克福就有以十八世紀的斯派爾家族命名的慈善性建築。這個長長的記錄並沒有中斷，最近，斯派爾家族成員又捐獻了數百萬美元，用於教育和科學事業。因此，金融和慈善事業就深植於詹姆斯・斯派爾的骨子和血液裏了。

「金錢能確保幸福嗎？慈善家的生活就是幸福生活嗎？」我問斯派爾先生。

斯派爾動情地回答說，「不管你做什麼事情，都不要叫我『慈善家』或此類的稱謂。」「在美國有數百萬男人和女人正做著同樣的事情；事實上，有許多人比我們做的還要多。我相信這些人從慈善事業中，獲得了同樣多的幸福與滿足。那些有資格，同時又擁有比樂於花在自己身上更多金錢的人們，所具有的一大優勢——或許是最重大的優勢——就是，他們有更多的時間和金錢可以用於其他目的。在這方面我所做的所有事情，在很大程度上都歸因於我夫人的激勵和榜樣作用。」

全世界都知道，斯派爾夫人對於有價值的商業不但奉獻了金錢，還親身參與其間。她的同情心和所從事的活動，不但惠及兒童、窮人、失業者和其他不幸的人們，而且還擴展到不會講話的動物。作爲紐約婦女動物聯合會主席的她，在建立動物醫院的過程中功不可沒。許多窮苦的人在動物醫院爲他們的馬求醫問藥。馬匹可是他們家庭的麵包和奶油的主要來源。

在所有繼承了財富的人當中，詹姆斯・斯派爾有著我所知道的最民主的理想。他厭惡帶有矯揉造作、僞善和虛僞意味的任何事物。當時，他對勞動者的支持，令華爾街的某些巨頭感到震驚。他對於那些獨斷專行、心胸狹窄的領導人的肆意態度，常常引發人們的詬病。

但是，大量事實證明了其所持立場的明智。他的信念不是源自任何廉價的作為一個勞工朋友所給予的施捨，而是源自於其深刻的洞察力，和異乎尋常的遠見卓識。他比他的某些同行更能理解和把握人類的本質。他的視野非常寬廣，足以看到問題的兩面。而他與生俱來的正義感，促使他義無反顧地為他認為正確和公平的事情進行拼搏。比如，在州際商業委員會設立之時，他要求各鐵路不要抵制聯邦的監管。他支持郵政儲蓄銀行和包裹郵寄業務，因為他相信這兩種業務都將惠及整個美國，以及所有生活在美國的人們。

一九一五年，他以一名普通騎兵的身份在普拉茨堡服兵役，用實際行動展現了民主思想，以及樂於和各階層的公民同胞們並肩戰鬥的願望。正如一些新聞記者喜歡在斯派爾從一天極其繁重的工作中回來時所報導的那樣，他為此付出的代價不僅僅是出些汗水的問題。他認為普遍兵役制是使我們的公民團結起來的巨大力量，並讚賞伍德將軍的觀點，「機會平等意味著義務平等。」

斯派爾先生對美國高高在上的金融業，令自己無情地孤立起來的做法並不認同，因為他認為銀行家是半公共僕人。他也不認為透明度已經夠好了——他是使金融業提高透明度的早期堅定支持者。他認為最重要的是，要將所謂的人民群眾和各個階級團結起來，通過使之互相融合、瞭解和學習，來增進其相互理解。他幾乎傾盡全力為實現使富人與窮人、受過教育的人和未受過教育的人、外國人和美國人團結起來，這一主要的、處於支配地位的理念奮鬥著。

斯派爾先生在大學社區服務中心發表的一次講話中說，「人們需要相互瞭解和理解，以便能夠正確地看待，並同情相互間的環境和目標。一位著名的法國人曾經說過，Tout compredre c'est tout pardoner，意思是理解任何事情就是諒解任何事情。當你充分理解了導致另外一個人提出其

觀點的思想、環境和條件時，哪怕你不同意他的某些結論，也會更多地去理解他的感覺，更少地去對他橫加指責。衝突往往是由誤解所致。」

斯派爾先生感到，紐約人，尤其是紐約金融家們和人民過於疏遠了。比如，他認爲鐵路建設的監督員們，應當樹立一種對鐵路所覆蓋的疆域進行考察的觀點。前不久，當巴爾的摩&俄亥俄的監督員們聚首巴爾的摩時，他們在晚宴上受到傑出公民們的讚譽。斯派爾先生應邀講話時，他還說了下面的話：

「我們意識到，從某種意義上說，我們這些生活在紐約的人都是外鄉人，因爲我們不怎麼外出旅行，也不怎麼去觀察我們的國家，以及生活在這個國家男男女女們的狀況。不幸的是，對於紐約存在著一種錯誤的印象，而紐約人對美國的其他地方的情形也一樣不了解。像我們現在這樣對你們的拜訪，就是最好消除這種情形的辦法。我發自內心地感覺到，當紐約之外的美國人通過私人交往對我們瞭解得更多，他們就會發現我們既沒長角也沒長蹄子；就算我們這些紐約銀行家們是惡貫滿盈的動物，我們也有著和所有其他美國人同樣的心靈與感覺。」

一九〇二年贈與師範學院的斯派爾學院，是美國第一個將拓居工作和教育聯繫起來，並使校舍成爲社區的社會中心的實際計畫。斯派爾先生於一八九一年幫助組建的大學社區服務中心社團，是此處建立的最早的定居點。其目標當然是使各階層的人們團結起來以幫助所有人。一八九四年組建的互助儲金會也是出於相同的想法。斯派爾先生幫助籌集到第一筆十萬美元。他現在是該協會的主席。該協會的工作資金有一千一百多萬美元，它發放了貸款，使五百五十萬人平均每人獲得了三十三美元，自從其建立以來共發放貸款一點八五億美元。

正是斯派爾先生十二年前和德國建立了羅斯福教師交流專案，其目的同樣是要增進國際友好與理解。後來，斯派爾先生還出資使柏林的美國研究所維持下來，以充當在德美國學生與在美德國學生們的嚮導、學者和朋友。

美國安全設備博物館、美國平民基金會以及經濟俱樂部（他是該組織的主席）等組織，在使勞工和資本聯繫得更加緊密，並使得大家相互瞭解更加深刻的發揮了作用，這使得斯派爾先生對於這些組織保持濃厚興趣。

詹姆斯·斯派爾並沒有在豪門王族家中尋找伴侶，而是與埃林·L·洛厄里結爲連理。她當時在紐約經營一家茶館。她是威廉·R·特拉維斯的一個侄女，她的聰明才智、她的才華橫溢、她的機智幽默、以及她那顆對所有人都充滿善意的心贏得了斯派爾先生的愛。在那以前，她除了從事其他社會活動外，還在組織和幫助勞動婦女俱樂部方面發揮重要作用。多年來，斯派爾夫人一直是紐約最受愛戴的女性之一。

美國比德國具有更廣大的自由空間、更寬鬆的民主實踐環境、更大程度的機遇與平等，恰恰是這些因素使斯派爾先生決心在德國生活了二十一年後——從三歲到二十四歲——返回到美國生活。美國的斯派爾銀行的奠基人是菲利浦·斯派爾。他於一八三七年來到紐約，後來他的弟弟古斯塔夫斯·斯派爾，也就是詹姆斯·斯派爾的父親也加入進來。美國內戰爆發後，對戰時經費的需求急劇膨脹。和羅斯柴爾德（歐洲銀行家族）不同的是，菲利浦·斯派爾公司狂熱地將寶押在了北方，並在歐洲爲美國政府債券開闢市場方面，發揮了不可估量的作用。這種舉動可謂名利雙收，既展現了愛國主義情懷，又爲其公司以及海外的大批代理人們贏得了巨額利潤——按美元計算，該公司購入債券的價格僅爲三十六美分，這些債券後來漲到與票面價值相等的水準。正是一八六一年這個時候，詹姆斯·斯派爾在紐約市誕生了。他在法蘭克福接受教育，後來又在倫敦

和巴黎的國際銀行、以及斯派爾家族生活的小鎮裏歷史悠久的銀行內接受了全面訓練。

雖然斯派爾先生的父母親已經返回了德國，而且人們也想當然地認爲詹姆斯也會留在家裏，但是他卻下定決心要生活在星條旗下，因爲他的父親已經是一位忠誠的美國人了。二十三歲的時候，詹姆斯乘船前往美國，加入到紐約的斯派爾公司，並很快成爲其頭頭。

和他一起來的還有他的果敢。開始的時候，紐約有影響力的金融家們，很少注意或者根本沒有注意到這位乳臭未乾的年輕人。他們認爲他不過是個富人的兒子，不必去工作以增加其財富，而且對美國金融業的錯綜複雜性也不甚瞭解。那時，金融界的主要人物是J・P・摩根和傑・古爾德，以及偉大的鐵路建設者詹姆斯・J・希爾和科林斯・P・亨廷頓，這些人都在穩步向前發展，雖然後者沒有得到好的普遍的金融支援。

一天上午，一個看起來只是個孩子的青年的造訪，令傑・古爾德大吃一驚。可這位來訪者已經精心制定了一份，對當時正處於困境的聖路易——西南鐵路進行重組的計畫。傑・古爾德控制著初級債券，而斯派爾公司則被選爲一個委員會的成員，以保護德國持有的首批抵押債券。訪問還沒有結束，古爾德這位幹練的退伍軍人，已經對這位年輕的訪客有了更多的尊敬。長話短說，斯派爾先生的計畫最終獲得通過；碰巧的是，計畫的措辭令這位年輕銀行家的代理人們完全滿意。

亨廷頓很快就認可了這位年輕人的能力與勤奮。這位初來乍到的年輕人同時也斷定，亨廷頓本人以及他的南方太平洋鐵路和中央太平洋鐵路，非常值得繼續給予金融和道義方面的支持。這兩個人成爲了親密無間的朋友和合作夥伴。斯派爾家族不但從德國，還從其位於阿姆斯特丹和倫敦的分支機構中，提取數百萬美元投入到亨廷頓的產業當中，以使其具有堅實的金融基礎，並滿足其對政府的完全償債能力的需要。在當時，這被認為是了不起的事情。那時，聯合太平洋鐵路顯然要將其債務合併入美國政府當中，但斯派爾家族和C．P．亨廷頓認定，中央太平洋鐵路應全額償還債務。

麥金利總統已經被國會指派為一個委員會的主席，以解決這些鐵路債務。斯派爾向總統保證，中央太平洋鐵路一定會找到完整的解決方案。美國與歐洲間有著千絲萬縷的聯繫，這份必須在一定時間得到總統正式簽署的協議，到最後一刻還沒有準備好。斯派爾先生在所有東西都準備好時，立即帶著文件前往華盛頓。當他在路上時，一場暴風雪席捲而來。他的火車中途被困。克服了艱難險阻後，斯派爾先生終於在關鍵時刻來到首都。

除了勇氣外，斯派爾先生還具有判斷力。他對國際資本的駕馭，使其對美國交通運輸設施的發展做出了重大貢獻，斯派爾公司因此很快被公認為美國三大最具影響力的國際銀行之一。

「支持你的代理人，」斯派爾先生將之作為家族箴言，一直在諄諄教誨。一八九六年。當B＆O公司不履行協定之義務時，斯派爾公司透過購買他們出售的息票，在美國銀行界引入了一項新的政策。此舉後來被其他高階債券發行公司所仿效。在隨後的時間裏，部分地方因為推出了嚴格的法律法規，美國鐵路可謂禍不單行，使得美國運營里程的六分之一破產了。斯派爾公司不遺餘力地捍衛那些投資他們的人們的利益，並最終取得成功。

斯派爾的朋友們都叫他「吉米」，他是個樂觀的人。他對他的同事以及他的國家充滿信心。有時候，當他的許多兄弟銀行家們因為某些事情——比如在自由銀本位之爭，以及對鐵路公司和其他公司制定更嚴格的法律法規這類事情上——而灰心喪氣，對未來感到絕望時，斯派爾先生則一直保持著信心。一九一二年，他作為經濟俱樂部的主席在一次題為「我們的鐵路受到公正對待

了嗎？」的辯論中說道：

「美國人民熱愛公平競爭，並希望受到公平對待。讓他們瞭解所有這些事實，我相信我們能夠高枕無憂地信賴他們的判斷力和幽默感，最終做出正確和公平的事情。他們一直是這樣做的，因此他們在這件事上也會一如既往地這樣做。」

一有機會，斯派爾先生就渴望做其分內之事，將事實攤在公眾及其代表們面前。

譬如說，當聖路易和三藩市鐵路進入到全國範圍的破產進程當中時，斯派爾先生是如此熱切地使其投資人們受到公正的對待，以至於他放棄了每年的休假，親自來到密蘇里鐵路委員會爭取國家圓滿的解決辦法。他的行動非常成功，這使得他的股票持有人們在這次危機中全身而退。當有人對斯派爾公司在羅德島事件中所採取的行動提出質疑時，斯派爾先生則直接前往華盛頓，堅持去州際商業委員會，對所有關於其公司的誹謗予以堅決反擊。

不論其對手多麼強大，當其代理人的利益受到威脅時，斯派爾先生不會尋釁滋事，但也不怕戰鬥。他堅持認爲，對於銀行家和其他處於信託位置的人們而言，對不公正的攻擊忍氣吞聲是最不明智的，哪怕有時候保持沉默也是一種「尊嚴」的體現。但是，當他非常認眞地承擔起其責任與職責時，又以良好的幽默感和打破危機四伏僵局的技巧而聞名遐邇。

據記載，在一次關於非常重要的外匯上所提出的解決方案時，另外一方講了很多有關渴望「和諧」的話，但是，所列出的條款並沒有保護斯派爾當事人的利益。因此，當有人請他發表意見時，他回答說，只有將「傷害」從「和諧」中清除後，他才會支持「和諧」方案。

斯派爾公司曾經是，現在也完全是國際銀行。他們在資助南美洲項目方面處於領先地位，在玻利維亞和厄瓜多的情形都是如此；在迪亞斯和Limantour統治時期，他們向墨西哥政府提供了數百萬美元，在墨西哥這個有開發潛力但政治上卻不幸的國家建設鐵路；一九〇六年，當羅斯福先生任總統、塔夫脫先生任國防部長時，他們資助菲律賓的鐵路建設，後來將這些鐵路賣給了菲律賓政府。他們還向新興的古巴共和國提供了首批三千五百萬美元貸款，用於建立該國的信用。

正是靠著斯派爾家族所籌集到的資金，才使得倫敦地鐵系統發生了革命性變化。這個家族在美國的領袖埃德加．斯派爾爵士，是這個龐大項目的金融後盾，並成為整個企業的董事長。當要尋找一位能力出衆，足以承擔起這樣一個非常複雜、涉及面很寬廣的專案負責人時，詹姆斯．斯派爾通過擔保告知，他透過一位克利夫蘭的朋友物色到了合適的人選。此人最終為倫敦的董事們接受了。他不是別人，而是底特律有軌電車公司前任經理，後來成為新澤西公共服務公司經理的阿爾伯特．斯坦利。他現在是阿爾伯特．斯坦利爵士，並且成為勞埃德．喬治的左膀右臂之一，在英國內閣中擔任商業部長和貿易委員會主席。斯派爾先生為這一「發現」感到驕傲。

由於斯派爾先生所具有的寬大、博愛之胸懷，他並不重視種族、信仰或膚色方面的區別，因此在政治上是明顯無黨派傾向的、獨立的。一八九二年克利夫蘭大選時，他是德美改革聯盟的副主席和司庫，還是一八九八年出席印第安納州合理貨幣會議的商業代表團的成員，市民聯盟特許成員、控制坦慕尼廳的七十人行政委員會的積極成員，並且是斯特朗市長領導下的紐約市教育委員會的一名成員。

最近二十年來，他沒有擔任政治職務，卻將其大部分時間投入到教育和其他半公益的商業。在他們的簡約卻環境優雅、靠近斯卡伯勒─哈德遜河的鄉間宅邸，斯派爾夫婦經常招待成群的勞動婦女、教育協會的人士，以及其他活躍於人類服務的人們——一九一四至一九一五的冬季，斯派爾夫人作為米切爾市長的失業委員會婦女分會的主席，這些光彩照人的實踐活動，使得她在這

些事情上的興趣愈加濃厚。

斯派爾公司是紐約第一家爲其雇員繳納養老金的私人銀行。加入斯派爾的銀行是金融街一半雇員們的夢想，這在生活費用高昂的歲月裏尤其如此。或許是因爲斯派爾先生坐在他的父親曾經坐過的同樣一把椅子上，這件事和他爲雇員們著想一事有些聯繫吧！斯派爾大廈是紐約首批低層辦公大廈，也是建築傑作。它是模仿位於佛洛倫薩歷史悠久的潘多爾費尼宮建造的，該宮殿是由著名的拉斐爾建築師設計。

在斯派爾位於紐約第五大道的家裏有一些精美的繪畫。但是它們當中有一幅作品受到了特別優待。這是一幅斯派爾先生的畫像。此畫作並非由哪位大師所做，而是由一位在埃爾德里奇社區大學上藝術課的東部男孩所做，作爲禮物送給斯派爾先生的，以代表該機構及渴望知識的人紀念斯派爾先生二十年來所作出的貢獻。

29

「糖果先生」，金錢之王，花旗銀行神話的締造者
詹姆斯・斯蒂爾曼

「糖果先生」爲歐洲的、特別是法國南部的孩子們所熟知。他是孩子們的朋友。他的使命就是使孩子們快樂。

他是位熱情奔放的汽車旅行家。他在駕車方面的樂趣隨著一路前行時，在年輕人們的內心播撒快樂而大大增加了。他的汽車主要是爲了這個目標組裝起來的。車上安裝了一個架子，上面有一個大大的籃筐。每天籃筐內都裝滿特別製作最優質的巴黎式夾心軟糖。還有一些地方可以放其他許多小禮物。

當「糖果先生」的汽車從馬路上駛來時，位於里維拉鄉村的孩子們就會歡快地尖叫起來。汽車停下來，糖果先生就大方地向他們派送他的好玩意——叫做糖的小東西。

有時候，偏遠地區的孩子們對「糖果先生」並不是很熟悉，對於這位陌生人把車停下來，向他們派送別致禮物的做法難以理解。他們分析不出這個陌生人向他們慷慨派送糖果盒的動機，他們歡欣鼓舞地接受了驚喜時刻。

教區牧師、學校教師以及衆多貧困孩子的家長們，都知道「糖果先生」，並找機會對他給許多年輕人的生活帶來明媚陽光表示感謝。

「糖果先生」不是法國人，他是美國人。「糖果先生」就是詹姆斯．斯蒂爾曼。多年來他一直是美國最具影響力的國家銀行家、花旗銀行直布羅陀—萊克基金會的締造者，共同和摩根一起開啓了大商業時代，並且是在十九世紀最後幾年和二十世紀第一個十年期間，在改變美國的金融命運方面發揮的作用，僅次於摩根的巨頭。

美國大衆從未將詹姆斯．斯蒂爾曼看做是一位感情豐富的人；一位靠使成千上萬的孩子們幸福快樂，來尋覓主要樂趣的人；或者是一個出於愛國主義的動機，規劃開辦他的銀行，並使其祖

國成爲世界上非常前衛的金融與商業國家。斯蒂爾曼先生被那些對他不甚瞭解的人們，看作是一個冷酷無情、生活儉樸、剛正不阿、對社會活動不感興趣、慈善事業方面名不見經傳、一心只爲賺錢的人。

但是，實際情形是，他幾乎是我所遇到過感情最爲豐富細膩、渴望未來他的祖國及其機構的發展，而非爲一己之私利而去做事情的人。我從未見過任何比他更積極地使自己隱姓埋名，同時給其周圍的人們帶來聲譽的人。

的確，公衆對於斯蒂爾曼先生的誤解，在很大程度上是由於這種躲避媒體的追捧、避免任何形式的拋頭露面、一直默默無聞、深居簡出、不事事張揚的作風。這是他在整個職業生涯所恪守的一貫作風，並且自從他將美國花旗銀行總裁一職交接給弗蘭克・A・範德利普以來就不曾改變過。範德利普是幾年前由斯蒂爾曼先生遴選出的副總裁。

他的一位退休同事說，「斯蒂爾曼先生在工作時間穿著一件外套。他的穩重、他明顯的冷漠、他的矜持、他的霸道，在那時看起來是不可少的。如果他敞開大門，就不會有時間投身於他所從事的偉大建設性工作了。眞正的斯蒂爾曼是一個不尋常的人物。他是一位討人喜歡的夥伴。在工作之外的時間，他活躍得像個學生。並非如公衆所想像的，他不是個鐵石心腸的人，而是一直在體貼地爲其他人做著事情。他經常幫助年輕人，但做得是那樣平和，以至於沒有人知道。」

像斯蒂爾曼先生這樣一位成就卓越的人，結束其職業生涯時，都沒有給公衆足夠的機會去熟悉他眞正的自我及眞實的特質，還有那顆在外殼下跳動的心——一般認爲處於事業需要帶著這樣的外殼，其實是不必要的——似乎是件憾事。

當我勸說斯蒂爾曼先生，認爲他應當扔掉商業僞裝，讓公衆如同我一樣去瞭解他時，他回答說：「我樂於讓我的工作來證明自己。從商業意義上講，我在八年前已經去世，現在不再是公衆興趣的目標了。要寫的這些人是那些正在努力拼搏的人們。我不再是積極上進的員工；我唯一的願望是當追隨我的那些人感到需要我的建議時，我就會將我的經歷告訴他們。」

最後，我勸斯蒂爾曼先生再談一點。

「我關於銀行業的概念是，銀行的資源應當像將軍對待士兵那樣加以對待。」他就我的問題回答說。「你必須在儲備金方面處於強勢地位。你必須隨時準備好向任何需要的地方派出增援部隊。你必須將你的美元士兵投送到任何能夠創造最大利益的地方。」

「銀行對於國家的作用，相當於心臟對於身體的作用。銀行必須通過經濟命脈將資金灌輸進來，使這個機體有效地運作起來。如同身體要依賴心臟正常工作一般，一個國家的商業依賴於銀行的良好運轉。」

「我並不認爲銀行無足輕重。我也不認爲銀行只是賺錢的工具。我把銀行看做是實現人民福祉和國家繁榮昌盛所必須的某種東西。」

斯蒂爾曼先生已經預見到了上世紀最後二十五年工業的大發展，和合衆國在國際金融事業事務領域所註定要佔有的地位。他開創了銀行業的新時代。

當其他銀行紛紛減少其資金時，斯蒂爾曼先生卻大膽地增加了花旗銀行的資金，先於一九〇〇年從一百萬美元增加到一千萬美元；然後於兩年後增加到二千五百萬美元。沒有大型銀行就沒有大型商業。擁有巨額資本的銀行並非是與擁有數十億美元的公司相伴相生的。

斯蒂爾曼先生的大膽舉動在銀行界引起了震撼。其他銀行家並沒有看到，一場工業與金融革命即將來臨。斯蒂爾曼有著其他銀行業競爭對手所無法比擬的預見性、洞察力和判斷力。他敏銳

地覺察到，大型商業組織需要類似規模的銀行。一定要有足夠強大的銀行以支援這種產業結構。斯蒂爾曼所開創的先河當然為其他銀行家所仿效。一個接一個的銀行連續增加而不是減少了其資本。

斯蒂爾曼的成功舉措，連同其無與倫比的資本與商業聯繫，使其公司衝到了銀行業的最前緣。雖然斯蒂爾曼先生執掌該公司時規模還不及其他公司的一半——其一八九一年的存款額只有區區一千二百萬美元——但是兩年後，它成為紐約最大的銀行，存款額超過三千萬美元。和其他歷次經濟恐慌一樣，一八九三年的經濟恐慌使許多儲戶轉向了花旗銀行，因為在經濟不穩定時期，商業利益集團感到將錢存在花旗銀行，比存其他不穩定的銀行更加明智。斯蒂爾曼先生對於銀行如何運作有自己的明確而成熟的想法。一個基本的觀點是，首先，銀行應當非常強大；它不應當只具有法律所規定的最低額儲備金，而應擁有使其堅不可摧的黃金儲備。

他過去常常對他的同事這樣說，「銀行不是別的事物，而是一大堆債務。」當他處在了總裁的位置上時，就開始用黃金將銀行的金庫塡得滿滿的。一八九三年，當其他銀行向倫敦轉移黃金時，花旗銀行卻花錢遠涉大西洋將黃金買回來。一年內，斯蒂爾曼將花旗銀行的黃金儲備，從不到二百萬美元增加到八百多萬美元。因此，一八九三年經濟恐慌期間，花旗銀行表現得堅如磐石。到一八九七年時，其儲蓄額已經達到了九千萬美元，這是合衆國一個嶄新的紀錄。

斯蒂爾曼先生正發展成為一位銀行政治家。他不滿足於處理自己國家最重要的流通業務，而是把目光轉向了海外。為什麼不將美國花旗銀行的業務拓展到其他國家呢？由於國家銀行法的有關規定，不允許將銀行的分支機構建在海外，但是卻可以在世界上的重要國家建立有影響的業務聯繫。

斯蒂爾曼的一位退休員工告訴我，「我們現在見到的固定形式，早在十九世紀末期就已經爲斯蒂爾曼先生所預見到並規劃出來了。他預見到，這個資源富饒，能量無與倫比並且擁有無限野心的國家，註定要成爲全世界的金融中心。他看到，商業日益國際化。規模龐大的國際超級公司所賴以建立的基礎，就是由花旗銀行及其同盟銀行奠定的。」

「他還意識到，巨型公司聯合體即將問世，爲了應對這場革命，就應當建立規模更大的銀行。」

因此，斯蒂爾曼先生決心增加銀行資本的做法是最有遠見的。他維持高達百分之四十的黃金儲備的做法也是最有遠見的，儘管有時候有人表示反對——擁有如此巨額的閒置資金必然會減少利潤和分紅，因爲將黃金鎖在金庫內而不是用於增加利潤，這本身就是一種損失。但是，斯蒂爾曼先生所建設的是銀行的未來。如其所看到的，他所做的一切就是爲他所預見到的產業結構奠定基礎。他的座右銘不是「賺錢」而是「茁壯成長，一直朝前看」。

華爾街有一條諺語是這樣說的：「斯蒂爾曼所拒絕的貸款比其他任何銀行家都要多。」他之所以能夠誠心誠意地拒絕，避免其他公司陷入更深的債務當中，是因爲他透過將自己銀行的資本和剩餘額增加到四千萬美元，而樹立了令人肅然起敬的典範。

他曾經對許許多多想要透支的商人和製造商們說，「你們需要的是更多的資本而不是更多的債務。」

在其活躍的銀行執業期間，斯蒂爾曼不僅僅保持住了過去銀行運作模式的傳統——不但在他的社會和職業領域如此，而且在腦力勞動這個問題上也是如此，因爲今天的花旗銀行，在很大程度上是建立在由斯蒂爾曼精心挑選、並壘砌在堅固岩石之上一盞範德利普式燈塔。但在後來的歲

月裏，斯蒂爾曼先生變得老成了。儘管他過去曾經激發了人們對於銀行的影響力的尊重，可現在他卻贏得了他們的喜愛。一九一二年時，爲了紀念銀行誕生一百周年，他向花旗銀行俱樂部捐獻了十萬美元，各位董事又追加了十萬美元。

斯蒂爾曼先生更適合在大學工作，因爲他希望以此爲業。但是他父親當時病重，這迫使其放棄了所選擇的專業，進入了他父親在紐約公司的辦公室工作，並很快熟悉了他的業務。在很短時間內，他便和公司的高級合夥人威廉・伍德沃德成功交接。在伍德沃德於一八八九年逝世前，他和斯蒂爾曼先生相約在第二年從忙碌的商業活動中解脫出來，斯蒂爾曼先生實踐了這個約定。

斯蒂爾曼先生如何成爲花旗銀行總裁一事很有意思。

摩西・泰勒是那個時代紐約最具有影響的美國船主和商業大亨。他是花旗銀行的總裁。他和斯蒂爾曼的父親很早以前就是好朋友。斯蒂爾曼家族的孩子們過去經常聽到「花旗銀行」這個名字並對之充滿憧憬與嚮往。當他們要玩一種開辦「花旗銀行」的遊戲時，他的父親就會給他們拿來各式各樣爲他們製作的花旗銀行的遊戲幣。這種錢主要是供許多年輕人保存的，在許多許多年前就不再流通了，但依舊作爲一種儲幣，人們對它的珍視程度超過了黃金。這個標有「花旗銀行」字樣的盒子，如今已經成爲詹姆斯・斯蒂爾曼最珍愛的收藏之一。雖然其中的硬幣價値只和金屬的重量相當，但卻是用黃金也買不到的。

這個斯蒂爾曼小伙子所做出的最重大的決心是，當他長大成人後，就要成爲花旗銀行的一名董事。他不但在四十歲前實現了自己的夢想，而且在他四十一歲時被任命爲花旗銀行的總裁。

摩西・泰勒選擇由他的女婿珀西・R・派恩繼任總裁。他很快就發現銀行裏的詹姆斯・斯蒂爾曼有做爲董事的非凡才能。當派恩先生的健康狀況每況愈下時，斯蒂爾曼先生對從事銀行的經營表現出了濃厚興趣。他特別適合這項工作，以至於當派恩先生逝世時，各位董事們堅持認爲只有一個人可以取代派恩先生的位置。

斯蒂爾曼先生無意成爲一名金錢之王。他更願意在閒暇時去旅行、從事藝術創作、過一種優雅講究的生活。他希望有時間過這種生活。從嚴格的商業意義上講，美國花旗銀行總裁一職對於斯蒂爾曼先生來說是小事一樁。作爲一名商人他已經取得了成功，並且擁有不菲的財富。

但是情感因素發揮了作用。斯蒂爾曼在孩提時代就喜歡玩花旗銀行的遊戲幣；現在形勢需要某個人來引領該銀行的命運，處理該銀行貨眞價實的金錢。泰勒先生和派恩先生幾乎都如同父親般喜愛斯蒂爾曼。因此，斯蒂爾曼自己做出了對這份情感的回應。

但是，這項工作並沒有佔用其全部時間，吸引其所有注意力。現在，對銀行家們而言時髦的事情是當農民。斯蒂爾曼先生現在是一位蘑菇銀行家農民。在整整三十年前，他就建立了一個大型的牛奶場，自那以後一直經營著。

斯蒂爾曼還是美國快艇業的先行者。當前紐約快艇俱樂部那些佼佼者當中有些人還穿開襠褲的時候，斯蒂爾曼先生就已經是該俱樂部的副會長了。他負責快艇業務，並以一名退伍老水手的嫺熟技巧駕馭著這些快艇。他現在是許多快艇俱樂部的高級會員。

當自行車出現時，斯蒂爾曼先生又成爲該項運動的追隨者。現在，他對汽車同樣狂熱。

斯蒂爾曼先生的名氣在社會中根本不能用數字表示出來，他在美國內外所擁有的朋友人數之多，可能任何在世的美國人都只能望其項背。許多傑出的外國人都向他徵詢建議，其頻繁程度遠超過大衆的想像。

雖然現在他每年都有部分時間生活在歐洲，但斯蒂爾曼先生是位不折不扣的美國人。他是大

陸協會的眞誠會員，他父親和母親的先輩們都曾經在美國獨立戰爭中服役，這是他引以爲榮的一段記錄。

第一次世界大戰爆發以來，「糖果先生」從未遺棄他的法國小朋友們。他不再給他們發糖果，而是會同法國的權力部門制定了一份詳盡的計畫，藉此數千需要幫助的家庭在財政上獲得救助。一九一七年，普恩加萊總統宣佈，他已經收到了斯蒂爾曼先生開具的一張一百萬法郎的支票（合二十萬美元），用於救助那些獲得戰爭榮譽勳章的人們的孩子們。之後不久，斯蒂爾曼先生又出鉅資，發起了一場爲救助戰爭受害者籌集資金的運動。一九一七年，他多數時間都在法國度過，竭盡所能幫助這個偉大的共和國。在返回紐約時，他這樣描述法國，「他們絕對不會被擊倒。這樣一個英勇善戰、團結一致的民族是絕對不會被擊垮的」。

斯蒂爾曼先生說，「當你看到在法國所做的一切時，你就會忘記自身，忘記所有的事情，一心一意地想著去幫忙、幫忙、幫忙」。

但是，斯蒂爾曼先生不想對他做爲「糖果先生」所從事的活動進行任何評論。當我問他時，他淡淡地笑笑，說道：

「如果我曾經忽略了我自己的事情，那是因爲我愛這些孩子們。」

這還不是斯蒂爾曼先生爲法國及其青年們所做的全部。斯蒂爾曼先生感到，美國的建築師們成爲了世界上最優秀的建築師，主要是因爲向他們提供了無數到巴黎學習的機會，爲此，斯蒂爾曼先生捐資五十萬法郎作爲基金，以獎勵那些在建築方面表現出傑出的法國學生。這一國際舉動深入到法國人民的心中。「詹姆斯・斯蒂爾曼」這個名字已經被鐫刻在法國各個藝術學校的牆壁上，流芳百世。斯蒂爾曼先生也沒有忘記美國國內的學子們。有感於哈佛大學數千名學生沒有醫療設施，他在幾年前便讓哈佛擁有了足夠的醫療設施。

我問斯蒂爾曼先生，他的豐富多彩的職業生涯和休閒生活，教會了他什麼樣的生活哲學。

他回答說：「消除自我是哲學的最完美形式，也是幸福的最重要的秘訣之一。」

30

從工廠學徒工到美國最大的國家銀行總裁
弗蘭克·A·範德利普

「在你的整個職業生涯中哪一步是最艱難的？」

「脫掉我的工裝褲。」

這就是這位從前的農場男孩和機器工廠的學徒工的答案。今天，他是美國最大的國家銀行的總裁——該公司是正在拓展美國的國際商業與金融分支機構，分支機構遍佈很多國家的國際金融公司，同時他也是米德威爾鋼鐵與軍械公司總裁，還是傑出鐵路的董事和工業的建設者。弗蘭克·A·範德利普從貧窮的無名小卒，成長爲擁有財富與權力的人的歷程當中，有很多值得年輕的美國和成熟的美國汲取的經驗。這是靠堅忍不拔的毅力戰勝困難歷程，在生活的每個階段都富有激情與效率的歷程，公平處事與深謀遠慮的歷程。

我最近問範德利普先生，「你的經歷讓你汲取了哪些教訓？」

「權力不是別的，只是一種做正確之事的責任。因爲只有當正確地解決了事情時，事情才得到解決。不論一個人擁有的權力多麼巨大，如果他能公平、公正地使用這種權力，那麼他的舉動反過來將使其感到苦惱。」

「而且，年輕人爲了成功不但必須把全副精力放在工作上，還須花些時間去瞭解他的工作意味著什麼，和事情的計畫關係怎樣。」

過去，歷史是靠流血犧牲來書寫的；在將來，歷史則主要靠銀行與商業活動來創造。

當今的範德利普先生是美國最具殺傷力的金融家。他已經在頭腦中規劃一個資本額達五千萬美元的金融公司，該公司計畫爲美國的產品、美國的資本和美國人開發新的領域。美元從國家貨幣轉換爲國際金融工具，在很大程度上是其公司的傑作。在使紐約成爲堪與倫敦比肩的國際金融中心方面，範德利普先生的貢獻首屈一指。美國花旗銀行以其六億美元的儲蓄額躋身於全球六大

銀行之列。他在他的總裁辦公室所從事的業務，比世界上任何非政府銀行機構所做的都要多。

這就是世界所知道的範德利普。

有一個叫弗蘭克・範德利普的人並不為世人所知，他甚至從未向好友們提起過相關經歷。或許這位名不見經傳的範德利普所做的工作，與銀行家範德利普的成功有些關聯。這至少表明他為何能夠獲得成功。

這位名不見經傳的範德利普，即是沉默寡言的慈善家範德利普。

當他是芝加哥一名苦苦掙扎，要養活六口人的記者時，就在其出生地附近租了一塊地方，在夏季時將一批又一批的城市無家可歸者送到那裏住下來。耶誕節時，他和他的妹妹不是要「交換」禮物，而是和這些窮苦人圍成一圈玩貓捉老鼠的遊戲——這意味著眞正地做出自我犧牲。

到華盛頓的財政部工作時，他帶來幾個窮人小朋友，為他們找工作，在自己的家裏撫養他們。他們當中的一些人已經做出了成績。

他現在還將衆多有為的年輕人送入大學深造。

他自掏腰包，花了二萬美元在自己的地產上建了一所模特學校。那些能力出衆卻無法支付低廉學費的孩子們可以在這裏獲得獎學金。

花旗銀行對其雇員進行教育，並教授從傑出大學選拔出來的學生培訓課程的計畫，是一場至關重要的舉措。這也是從同樣的精神發展而來的。

一個朋友告訴我，當他和範德利普先生在懷特山上遇到一位窮困的、赤著雙腳的小男孩向這位銀行家求助時，他們是如何開車送這個小男孩的。車子停了下來，範德利普先生和這位小夥伴說著話。「範德利普先生那個下午的剩下時間都在琢磨著，怎樣才能使這個赤腳的小伙子擺脫沒有前途的環境，並給他一個機會以便使其在這個世界上活下去。」他補充說。

範德利普先生是著名商業領袖之一，這些人對培養人才比賺數百萬美元更感興趣。在他的青年時代，範德利普不得不使自己的意願適應環境。最終又不得不衝破環境的束縛。這位股票的先驅，他四十二年前出生在伊利諾州距離奧羅拉市不遠的一個大型農場裏。當弗蘭克家中三個孩子最大的也只有十二歲時，他的父親就去世了。生活的義務與責任早早地就落在了弗蘭克的肩上，因爲這個農場出產的東西僅能維持生計，他特別渴望學習知識，讀完了他爲數不多的幾本書。這些書包括一套完整版的莎士比亞全集，《天方夜譚》以及一些老掉牙的雜誌。

因爲偶然之事可以啓發職業靈感，因此他如何花掉自己賺得的第一筆錢很重要。在附近的一個小村莊裏貼著一張廣告，說的是花十美元就可以訂到五年的紐約《每週論壇》，額外還附送一本「韋伯斯特簡明詞典」。十美元的鈔票很快就寄走了。五年來，這個農村小伙子貪婪地讀遍了《每週論壇》上出現的每一行字。

上學時，他的數學是全校成績最好的，而在拼寫上卻是個笨蛋。當他十六歲時，農場由於抵押過分沉重被賣掉了，全家搬到奧羅拉。養活這個家庭的重擔落在了弗蘭克身上。因爲他的節儉的母親沒有動他父親的人壽保險，哪怕是要送弗蘭克上大學也不行。

他在一家金工工廠謀得一份差事，每天操作十小時機床可得七十五美分。他曾經說過，「我幹這份工作不是因爲這是我想要幹的工作，而是因爲這是我那時獲得的唯一一份工作」。

他立即開始研究他的新任務以及與之相關的事物。最令他感興趣的兩件事情是正開始在世界上創造光明的新興力量——電，還有製圖。他看到製圖員利用數學來製圖，就決心研究高級數學和製圖，但是既沒有夜校也沒有老師。然而，他透過付給一個人每小時五十美分——這是他每天

所得三分之二——他學到了幾何學和製圖。這個家庭迫切需要這五十分錢，因此範德利普變成了家教，教同工廠的其他人代數。

他的抱負推動他繼續前進，這位學徒工下定決心，無論怎樣湊集還是節省這筆費用，他都要上一年大學。他來到了伊利諾大學。斯克羅金夫人——一位典型的狄更斯小說中人物——收留了他，費用是每週二點二五美元——當然不是戴默尼科風格。他精心保存的現金帳本表明，範德利普做這一年學生的全部開支只有二百六十五美元！透過在週六當技工，他每週可賺得一點五美元；這筆錢可以支付他的大部分房費和寄宿費。

他有些失望，因爲這所學校不能給他上電的課程（當時在美國只有康奈爾大學開設這種課程），於是範德利普成功地學完了技術工程這門課後就打道回府了。他寫信給愛迪生想要份工作，但卻收到了一封鉛印的「無事可做」的回信。他感到失望，並責備了這位發明家。回到金工廠後，他的工錢提高到每天一點三五美元。不久前，工廠主管告訴他，要提拔他爲領班。範德利普沒有感到歡欣鼓舞，而是下決心直到在金工廠成爲比領班還要重要的人時才會停歇。

他斷定，通過郵寄進行的速記課程，可能會爲自己開啓一扇由技術工人變成管理人員的大門。「老師」從芝加哥給他寄來一本書，除了用紅筆糾正這位技工所犯的錯誤外，什麼也做不了。在操作機床時，這位年輕人練習著用粉筆在平滑的鐵板上寫速記符號。大蕭條來了，金工廠暫時關閉。但是範德利普不會讓自己閒下來的，他立即在一家地方日報社找到了一份工作——「可能是美國最窮的日報社」，範德利普先生曾經這樣稱呼這家報社。報社的所有者也是編輯，而範德利普被任命爲城市編輯、記者、收銀員和辦公室打雜員。他的工資是每週六美元——當他能夠從贊助商或顧問們那裏收到這筆錢時。他學會了寫作和打字。他的工資漲到了每週八美元，但收回來的錢常常達不到這個數目，而在某些悲慘的時候，他不得不白幹活。

約瑟夫・弗倫奇・約翰遜——紐約大學商業、會計與金融學院的院長——是在國內外大學受過教育的奧羅拉人。當他參觀他的老鎮時遇到了範德利普並且喜歡上了他，開始引導這位年輕的記者去閱讀經濟著作。後來，約翰遜先生給了他一份在芝加哥的調查局做速記員的工作。約翰遜先生是該調查局的主管。這個機構向股票經紀人、銀行家和其他人提供有關企業的分析報告以及其他有價值的資訊。範德利普在這裏度過了三、四年的時光，學會了分析公司帳目、抵押貸款、年度報告等等的事情。約翰遜先生一直是《芝加哥論壇》的金融編輯，範德利普成為其繼任者，是該機構活躍的領導人。

接下來，約翰遜使範德利普成為《芝加哥論壇》的一名記者。兩周後，他獲得了加薪，在一個月之內他幫助城市版編輯做事，不久後就成為了助理金融編輯，後來則成為金融編輯。範德利普在二十五歲時在這裏初露鋒芒。

他作為調查員所受到的訓練，使他能夠深入到金融問題的根源。查爾斯・T・耶克斯掌控著芝加哥公共運輸業的大權，正在掠奪著這座城市。範德利普不斷揭露其一樁樁惡毒的陰謀，直至整個城市都騷動起來。耶克斯將範德利普稱為他所遇到過的最可惡的敵人。

實際上，那時人們對企業的狀況一無所知，而企業走到公眾面前主要得益於範德利普所做的開創性工作。任何記者都不能參加年度會議。但是，這位富有活力的金融編輯卻想到了一個原始的、非常有效的點子。

他自言自語地說，「如果他們不讓我以記者身份進入，那麼必定會讓我以一個股民的身份進

入公司」。於是他馬上在當地的每一家公司買了一股股票。《論壇報》定期刊出了這些年度會議的獨家報導，而其「內部消息」則成為芝加哥人討論的熱點。其他報社花了整整一年時間才搞明白事情的原委。

一天晚上十一點鐘時——此時範德利普是《經濟學家》雜誌的部分所有人——他被從床上叫起來，並被告知馬上去菲爾・阿莫爾的家。當他跑著趕到那裏時，發現芝加哥所有的金融大員，如股票交易所的各位主管、所有銀行和其他機構的主席、摩爾兄弟、耶克斯以及其他名人都等在那裏迎接他。有人告訴這些震驚不已的金融作家，摩爾兄弟已經失敗，鑽石公司已經垮臺，股票交易所明天上午即將關閉，一場金融災難正威脅著芝加哥。他們要求範德利普來處理此事。

他答道，「好吧。我做此事有一個條件：在場的任何人都必須保證今晚不回答任何記者的問題。」他們同意了。

範德利普奔回《論壇報》辦公室，告訴城市編輯通知所有早報的編輯們：範德利普獲得了極端重要的獨家新聞，但是必須依據最嚴格的諒解備忘錄才能發表——

一、必須一字不差地按著範德利普所寫的內容發表；

二、允許他來編輯標題。

從來沒有人向報社提出這樣的建議。但是，除了一家報紙外，所有其他報紙都派負責人取走了這則新聞。範德利普讓他們站成一排，請求他們按著約定的條件去做。隨後，他一家辦公室接著一家辦公室地奔走，監督著這些標題。

範德利普後來承認，「這是我寫過的最糟糕的新聞報導。事實的通報不是以一種報紙所喜歡的方式告知他們的。股票交易所第二天將會關閉這件事，只是在報導的結尾處以一種含糊的方式提及的。但此事挽救了芝加哥，使之免於陷入混亂和災難之中。

當伊利諾國家銀行垮臺時，範德利普再次受邀去公佈這則消息。

在這段時期，範德利普的生活特徵是努力工作，馬不停蹄地進行研究，很少或沒有娛樂活動。每天上午十點三十開始一天的新聞工作前，他還要在芝加哥大學上經濟學、金融史等方面的早課。三十歲時，他還在上學！而且，他必須做許多外面的工作以彌補工資的不足，因為養活家庭的擔子落在他的肩上——他的祖母、母親、兩個姑姑、還有弟弟、妹妹都主要依靠他的工資過活。

當萊曼・J・蓋奇被任命為財政部長後，他邀請範德利普這位才華橫溢、人脈廣博的金融權威與他同行是情理之中的事情。他成為蓋奇先生的私人秘書，但是他使得自己變得重要，以至於數月後就升遷到助理財政部長的位置。蓋奇先生對透過郵寄方式和連綿不斷的政治上的牽線搭橋者，雪片般向他的辦公室飛來的求職信感到不勝其煩，遂將整個任命處的工作全權交給了由範德利普先生領導的一個委員會來處理。範德利普在華盛頓站穩腳跟後，這位從前的記者發現自己掌管著組成財政部的五千名雇員。他不喜歡肩上的責任，但更樂於享受這份經歷。一位作家將那時的範德利普描述為「慷慨大方、為別人著想、心胸開闊、意志堅定、不屈不撓、公正無私、寬宏大量」。而且，他還脾氣好、熱情、樂觀向上。

正是他在一八九八年處理二億美元的西班牙戰爭貸款時所展示的領導才能，使得範德利普贏得聲譽。他必須組織一個特殊的辦事員團隊。他在選拔和訓練這些人員並使統計工作系統化方面的效率如此之高，以至於儘管認捐額總數達到十四億美元，認捐人為三十二萬人之眾，他還是能夠在五個半小時之內宣佈，認捐額度將在四百美元處劃線，有些人獲得了他們認捐的所有債券，

而另一些人則什麼也得不到。一天之內塡寫了二千五百多個信封，每一位失敗的出價人都會在第二天上午收到一張他用來出價的支票。

範德利普的才華並非爲美國的金融家們所熟視無睹。美國花旗銀行精明的總裁詹姆斯・斯蒂爾曼告訴蓋奇，一俟範德利普結束在華盛頓的任期，他就想把範德利普請來。蓋奇先生和他的助手們猜想，斯蒂爾曼先生的腦子裏已經給範德利普留好了一個私人秘書的位置。但是一年後，斯蒂爾曼先生告訴范德利普，美國花旗銀行副總裁的位置在恭候著他。美國最大銀行的副總裁竟是一位一生中從來不曾在銀行工作過的報社記者！

當範德利普進駐花旗銀行時，便迎來了其整個職業生涯中最嚴峻的考驗。範德利普在這座古老的銀行大廈內一張空空如也的辦公桌前坐下來。第一天沒有派給他任何工作。第二天還是如此。第三天依然無事可做。同樣，在第四天他發覺自己完全賦閒下來。

在這家公司，他正拿著大筆薪水，卻沒有爲之賺得一文錢。

他感到很鬱悶，很淒涼，於是思緒回到了華盛頓。

一個主意在其腦海中閃現出來。

他要將美國花旗銀行變成政府債券交易中全國其他銀行的代表。

範德利普比任何人都更瞭解有關政府債券的事情。他知道，其他銀行會樂於從所有這些瑣碎的程式中解脫出來：購買債券，將其投入流通領域，存儲備金以涵蓋票據的發行等等。他開始口授一封通函送到電臺向全國四千家國家銀行播送。

有人通知他說，美國花旗銀行最令人驕傲的傳統之一是從來不曾要求開展新業務。

「如果你們以前從未設法開展新的業務，那麼現在是時候開始這樣做了。」他回答說。他繼續落實著他口授的通函中的內容，美國花旗銀行成爲其他銀行的銀行，並在全美構建起了最龐大的債券業務。

八年後，範德利普晉升爲美國花旗銀行總裁，這就是對他的獎賞。

當範德利普先生於一九〇一年來到花旗銀行時，其資本額只有一千萬美元，儲蓄額也不過一點五億美元；但到了範德利普成爲銀行總裁的一九〇九年時，該銀行的資本額就增加到二千五百萬美元，而儲蓄額也超過二點四億美元。最近，其儲蓄額已經突破六億美元，這是美國其他銀行所難以企及的。這些儲蓄額相當於美國全部流通資金的七分之一！

聯邦儲備法通過後，允許各家銀行設立分支機構。花旗銀行抓住了這個更加廣闊的發展機遇。很快，花旗銀行在彼得格勒、熱那亞、布宜諾斯艾利斯、里約熱內盧、聖保羅、聖多斯、巴伊亞、瓦爾帕萊索、蒙德維的亞、哈瓦那和聖地牙哥等城市建立了分行。其他幾個分支機構正在醞釀，同時在所有文明國家進行調查，目標是讓美國銀行遍佈世界各地。爲了支持該計畫的實施，花旗銀行獲得了國際銀行公司及其在遠東和其他地方分支機構的控制權。

大部份的美國人都希望看到美國成爲世界上最偉大的金融和商業帝國。一九一五年，範德利普先生成功地將美國最具影響力的資本利益集團整合成爲美國國際公司，以此作爲幫助實現其目標的工具。在這個資本額五百萬美元的公司背後，不僅有花旗銀行的財力和人力資源撐腰，而且有洛克菲勒家族、庫恩洛布公司和其他有影響的銀行和個人做後盾。

船舶是一個國家的鞋子。因此，美國國際銀行採取的第一項措施就是在國際商船公司、聯合水果公司及其九十艘汽船、太平洋郵政公司、造船廠等地獲得股權。在美國有史以來最廣泛的範圍內，這家新興企業正在將美國的金融與商業分支延伸到海外，並使美國國內設施得到強化的計

畫日益完善。

範德利普先生的遠大抱負之一，是使花旗銀行成爲未來新一代銀行家們的母校。第一步已經開始做了：從優秀大學中選拔最有前途的學生，來花旗銀行接受爲期一年的課程。在課程將結束時，這些學生會在外國分支機構和銀行總裁辦公室獲得一份工作。也爲銀行內的小伙子們和年輕人們開設此類課程。誠然，花旗銀行幾乎是一家大學一樣的銀行。

賺錢並非是這位銀行家的全部活動。他不會等到自己有了一百萬美元後才開始去爲其他人做事。

他認爲，每位公民都應當將自己最好的一面奉獻給國家，這種信念促使他接受了列契渥斯村（Letchworth Village）主席一職。當時，州議會建議隔離這些低能的、患癲癇病的人。他立即秘密地參與到這項慈善活動當中。前紐約市財政局長的妹妹布魯埃爾小姐花時間爲這類人員建立了標準的家園。

教育界、商業界和金融界的人們，對範德利普先生的無私奉獻給予肯定。他是卡內基基金會和紐約大學的財產託管人、麻省理工學院的終身財產託管人、並擁有數所學校的榮譽學位。商業界則授予他商會金融委員會主席之職。銀行家們則選舉其爲紐約清算銀行的主席。他時常被紐約的市長們選去參加重要的委員會。他傑出而持久的工作成爲美國貨幣改革的保障，而他在一九〇七年和一九一四年處理金融危機時的出色表現，使他贏得了整個金融界的敬意。

對美國來說更有意義的是，範德利普先生夜以繼日地工作，成功地籌集到二十億美元自由貸款。衆所周知，有一個階段支付能力瀕臨完全喪失的邊緣。在經歷了開始時的歡呼雀躍之後，當華盛頓被首批源源不斷的認購者沖昏了頭，並給出了這樣的印象：這些貸款很快就會被認購一空，故態復萌了。整個美國變得漠然。那時，紐約的傑出金融家們進入了該領域並創造了奇蹟。他們不但使金融界認識到這次任務的艱鉅性，而且透過他們的實例，透過他們發起的運動，透過他們發佈的廣告，透過活力、力量和勢頭，他們獲得了成功，並爲其他城市和地區樹立典範和先例。

範德利普先生是這次運動的眞正領袖。他到處向鄉村銀行家們和其他人發表振奮人心的、愛國主義的演講；他指導著整個運動的進程；他每天——經常在深夜——向報紙代表們提供資訊和想法；簡言之，他工作的努力程度，甚至超過了他在財政部任職時處理籌集西班牙戰爭貸款事務的那段日子。在整個運動期間，他很少有機會晚上回去與其家人團聚。他的工作在後來得到認可。當公佈了第二筆貸款時，範德利普先生應召前往華盛頓指導大衆認購事宜。他立即就在華盛頓住了下來。

作爲一名作者，範德利普先生佔有很重要的地位。他的《商業與教育》一書現在仍供不應求。書中包括翻譯過來的有關「歐洲的商業入侵」的系列文章。在整個美國，沒有哪位金融家的演講能夠像範德利普先生那樣激發人們的興趣。這不僅僅因爲他的地位，而是因爲他在洞察重大金融、商業運動和趨勢所展現的遠見卓識之聲譽。

或許範德利普先生取得非凡成就的最重大的因素，是他所具有異乎尋常的能力——激勵其他人跟他一起奮鬥，或者爲他效力。

範德利普先生非常強烈地摯愛著這個國家，他甚至沒有城市住房。他的家庭生活是在斯卡伯勒度過的，那裏風景如畫，引人入勝。範德利普夫人和他一樣對教育和慈善活動感興趣。他們育有六個孩子。

31

美利堅力挽狂瀾的銀行改革家
保羅・M・沃爾格

一群美國最著名的銀行家偷偷溜出紐約，搭乘一列私人火車，向南疾速飛馳數百里，只帶幾個隨從，來到一個荒涼的小島。在接下來的幾個星期裏，他們的行蹤處於高度機密的狀態，他們各自的名字都不准提。若不是隨從認出他們的身份，然後向全世界宣佈美國金融史上這一歷史篇章，所知之人將寥寥無幾。

我將告訴世界一個關於奧爾德里奇貨幣報告——我們新的貨幣系統基礎——形成的眞實故事。

保羅・M・沃爾格被世人普遍認爲是奧爾德里奇計量制的創造者與起草者，但實際上並非如此簡單。

奧爾德里奇委員會是由參議員納爾遜・奧爾德里奇所領導的，這一委員會聚集了當時美國最著名的學者。這一委員會的成員在一九〇八年春考察了歐洲各國。在所到之國，這些成員與顧問總是認眞勤勉地收集當地的銀行資訊，聘請最能幹的專家編纂最全面的資料。這些整理好的資料，在印刷與裝訂之後，即刻成爲一份獨一無二的金融資料。在進行了大量全面細緻的工作之後，委員會返回美國。整個國家都在翹首盼望金融界與政界都具有里程碑意義的奧爾德里奇委員會報告出爐。

在由歐洲與美國的專家作者與調研者收集的資料中，奧爾德里奇參議員並沒有想過要單槍匹馬從這紛繁複雜的資料堆裏完成這一「巨著」。

相反，他向以下人發出了秘密的邀請。這些人是：亨利・P・戴維森，J・P・摩根公司高級合夥人；弗蘭克・A・範德利普，紐約國家城市銀行總裁與前任財政部的助理部長；保羅・M・沃爾格，庫恩雷波公司高級合夥人；A・派亞特・安德魯，美國財政部助理部長。這些

人將與奧爾德里奇一道奔赴一段極爲重要而又秘密的旅程。戴維森之前曾做爲顧問，已經跟隨委員會到過歐洲；範德利普是銀行與貨幣組織公認的權威；沃爾格先生則是這方面學識最淵博的；安德魯此前已爲委員會做了大量工作。

在一段極端秘密的旅程之後，這群人乘坐的小船在遠離喬治亞州的哲基爾島上停泊了。

「決不能讓隨從知道我們的身份。」奧爾德里奇參議員謹慎地說。

「怎麼樣才能騙過他們呢？」其中一位成員問道。於是，他們就此進行了討論。

「有了，」一位成員說道。「我們只要彼此叫對方的教名，絕不叫彼此的姓，這樣他們就不知道了。」

大家同意了。

於是，這位享有盛名、經驗豐富的參議員，羅德島之王、美國參議院最有權勢的人搖身爲「納爾遜」；亨利・P・戴維森，這位美國歷史上最有才的國際銀行家則成爲了「哈里」；那位美國最大銀行的總裁則變爲了「弗蘭克」；而那位文靜而富有學術氣息的高級合夥人則被稱爲「保羅」。

納爾遜告訴哈里、弗蘭克、保羅、派亞特，他們要待在哲基爾島上，切斷與外界所有的聯繫，直到他們爲美國研究與制定出一份科學的貨幣系統。這一系統不僅要集中歐洲各國的精華，使之成爲一種典範，讓它不僅適用於歐洲面積小的國家，也能爲疆域遼闊的國家適用。

就一些大議題討論之後，他們決定起草一些大家都能接受的大原則。每個成員都同意將中央銀行作爲任何國家銀行系統的最佳基石。就這樣，一個個細節浮出水面，大家對每一細節都進行認眞反復的思考。在接下來超過一個星期裏，這些智慧超群者就這些重要問題爭論得不可開交。

他們一天並非只是工作五到八個小時，而是沒日沒夜地在忙碌。每個人都將自己最好的一面貢獻出來。負責計量的眞正裁決工作主要是由弗蘭克主持，偶爾也會由保羅執行。

他們離開的時候，也是靜悄悄的。這一劃時代的奧爾德里奇報告的作者們彷彿一夜之間從哲基爾島上消失，然後神不知鬼不覺地返回到紐約。

當國會開會時。奧爾德里奇這位德高望重的參議員卻病倒了。他召集最信任的朋友——哈里、弗蘭克、保羅來到華盛頓，與他一道爲這份進入參議院的報告寫份簡介。

在這時，這些金融家彼此仍互稱爲「弗蘭克」、「哈里」、「保羅」，而參議員直到臨死之前仍是「納爾遜」。後來班傑明．斯特朗二世被人經常問到這事，原來他加入這一「第一名字俱樂部」時所用的名字是「班」。

我想清楚地表達一點，上面所有的這些資訊不是從沃爾格口中得知的。我想，他與這個小組的其他成員在讀到上面這些文字的時候也將會感到十分震驚。雖然，在具體每件事上的細節可能不是很精確，但是箇中的主要事實卻是毋庸置疑的。

保羅．M．沃爾格是眞正讓銀行改革在這個國家成爲可能的人。他在接受歐洲的國家與國際銀行的鍛鍊之後，我們國家與時代嚴重脫節的貨幣系統讓他極爲震驚。

「美國金融系統所處年代的位置，大約與歐洲在麥第奇家族的年代相仿。我們從巴比倫國王漢摩拉比所處的年代的磚頭可知，莊稼收成的銷售與類似的交易是如何進行的。我甚至認爲當時的磚頭所有權的轉移，比現在美國銀行系統變賣的貶值紙幣更爲容易，即便事實並非如此。」

這段話是沃爾格在一九〇七年所寫的一段讓人難堪的話。但他並非只是一味地批評，而是耗盡自己所有的才智，希望能找到治癒的妙方。

在經過內心激烈的掙扎之後，沃爾格才決定參與進來。他天生靦腆，不願在公衆場合露面或是出現在報刊之上。他對自己的英語運用水準還沒有完全的自信，覺得自己還是一個外國人，而非自然的美國人，所以他有點擔心顧忌。他提議的改革方案的價值、可行性以及適時性，被他的朋友們所認知，於是他被推上前臺。這催促他放棄個人的顧慮，履行與自己興趣不相投卻又迫切的公共義務的一個原因是，他意識到這個國家的金融狀況，正處於搖搖欲墜的火山口上，若不挽救，恐墮落深淵。

在一九〇七年一月，他砲轟了這個系統。他發表了《我國銀行系統的缺陷與困難》的精心之作。隨後，他又發表了《關於改革中央銀行的一項計畫》，又引發了一場轟動。在接下來的幾個月裏，他不斷遊說，到處演講，發表文章，直到貨幣法案正式成爲法律的一員。他是中央銀行積極的宣導者。早在一九一〇年，他就意識到這其中存在巨大的障礙。他建議成立「美國聯邦儲備銀行」，其中最重要的原則就是要體現當時的法律，讓儲備中央化受到各方平衡權力的制衡，以及對改良型的商業本票進行再貼現，以此來把原來流通性低的期票變成匯票。這是沃爾格不斷強調的兩項最重要的改革，這兩項改革現已寫進了歐文—格拉斯法案。

把沃爾格視爲美國這片土地上首位國家與國際銀行原則的權威，這絕不是對其他美國銀行家的不敬。

沃爾格對貨幣改革的真誠與熱情，可從以下事實窺見一斑：他主動放棄五十萬美元的年薪，接受作爲聯邦儲備局成員的一萬兩千美元的年薪。

保羅·M·沃爾格到底是怎樣的一個人呢？爲什麼他要主動地做出這麼巨大的金錢犧牲？他是如何贏得作爲銀行權威這一獨一無二的聲望呢？他到底有著怎樣的歷史呢？

這一故事不同於典型自強成功的美國故事：出身卑微，早年困頓，最終卻是凱旋歸來。保羅・M・沃爾格並沒有什麼激勵他向前的因素，他出身富有家庭，但他卻決定克服這一困難。幾個世紀以來，沃爾格家族在德國商業享有名望，特別是在漢堡地區。他們家族涉足銀行業可以追溯到華盛頓擔任美國總統期間。沃爾格的曾祖父在漢堡成立了沃爾格與沃爾格銀行，從此開始了家族的銀行事業，外人不允許成爲其會員。外人其實也沒有進來的必要。沃爾格家族的父輩總是注意培養其兒子們學習與擴大業務的能力。

沃爾格在這方面的鍛鍊可以說是最全面的。他出生於一八六八年，在十八歲時從大學預科畢業之後，他在出口公司工作。他的興趣是做研究，而不是學習簡單的物物交換行爲。他的工作包括給一捆捆襪子、衣服及其他物品貼上價格標籤，隨時注意碼頭上的貨物往來，其他的工作也是對體力的要求勝過腦力。但漢堡的碼頭是鍛鍊這位日後名揚國際銀行家極佳的熔爐。各國的船隻與人員從這裏來來往往，各類階層的商人在碼頭這裏川流不息，人們操著各種口音，不同的國家的特點在這裏一覽無遺。這位出身高貴、敏感而又富於才氣的年輕人並沒有對此感到畏懼。沃爾格家族沒有生產懶漢的傳統，當然，他是不會打破這個傳統的。

兩年這樣嚴苛的商業實踐經驗讓他有資格進入家族的銀行，開始學習他之前在各國往來的碼頭上所見的貨物交易初步的理論知識。接下來，他被派到英國這一世界金融樞紐學習具體的操作。在兩年的時間裏，他在倫敦衆多的銀行與貼現公司中的一間開始工作，正是這些公司的業務，才使英國在長達一個世紀的時間裏保持成爲國際銀行業的中心。在股票經紀人辦公室工作了幾個月之後，這一職位對這位未來的銀行家沒有什麼吸引力，因爲他對股票投機沒有興趣，但這卻讓他的倫敦之旅獲得更加豐富的經驗。

法國是沃爾格接受鍛鍊的下一站。在這裏，他擴展了自己對銀行具體操作的知識。在返回漢堡之後，他完成了自己的銀行方面的教育。在一八九三年，他被派遣在世界各地進行考察。在遊歷了印度、中國、日本之後，他踏上了美國這片土地。在這裏，他邂逅了一位讓他傾慕的女子，這次偶遇註定改變他未來人生的走向。

在返回漢堡之後，他被接納爲家族企業的一員。這並不出人意料，看看他所歷經的商業磨礪：他曾在世界兩大著名的金融中心獲得過一手的經驗，而且還廣泛認眞地遊歷世界各地，他對自己專業進行全面的研究。對於國內外的銀行家，在融資方面所提供的服務價值的認識，他的印象尤爲深刻。

兩年後，他返回美國，與尼娜・J・羅布小姐結婚，她是庫恩雷波公司高級合夥人、已故的所羅門・雷波的女兒。隨後，他們每年都要返回美國一次。在一九〇二年，他加入了岳父的國際銀行公司，這是由於其岳父母的身體抱恙，想讓女兒在身邊陪伴。

加入美國國籍的念頭一開始並沒有進入沃爾格的腦海。此時，他在自己的祖國已經是有頭面的人物了，他是漢堡地區立法機構的一員，也擔任著解決商業糾紛仲裁機構的成員。他儼然成爲漢堡金融界冉冉升起的明日之星。

在華爾街不斷進行著猖獗的金融玩火的行爲時，沃爾格當時不在紐約已有一個月時間了。活期借款——也就是銀行借給人們的貸款——其利息竟會飆升到百分之二十之高。沃爾格對此驚訝的目瞪口呆。這樣的事情是絕不會發生在英法德等國的銀行系統裏的。爲什麼偏偏會發生在這裏？影響著一切事情？

他馬上坐下，寫下了一篇解釋這一問題出現的基本原因的文章。然後，他就把這篇文章束封起來！

「我不想成爲那些來到這個國家只有幾周，就反過來對這個國家說三道四的人。」這是他給出的解釋，這也是他性格的一個寫照。

這篇文章接下來的四年裏都沒有發表。在這期間，沃爾格在美國金融界樹立起自己的威望。沃爾格的公司支持哈里曼的鐵路發展計畫，讓整個國家都在屏息靜觀，接下來的舉措是多麼大膽、冒險而又具有獨創的計畫。賓州鐵路公司，作爲庫恩雷波公司的客戶，投資數百萬美元，在自然條件惡劣與地理位置不佳的地方開發鐵路，其方法就是讓鐵路通過隧道穿過曼哈頓島。另一個強有力的鐵路系統必須要有資金的支持。工業企業不只需要關注，還要有數以百萬計的美元。

沃爾格知道這些事情存在的困難，也能很有技巧地處理。但他仍是學習銀行原則的一位學生、研究者或者是調查者，而不像典型的「華爾街銀行家」那樣，一隻眼睛注視著自己的桌面，另一隻眼睛則時刻盯著證券報價機。沃爾格公開表達了對投機行爲的反對。他對一位銀行家的概念是：銀行家必須要具有無可爭議的正直感，其主要任務是通過供應足夠的資金與信貸，來使商業之輪運轉起來。

當產生一九〇七年危機的陰雲在逐漸聚集之時，未雨綢繆的政府也開始重新關注起銀行改革的事宜。沃爾格與其他的銀行家及經濟學者，聚集在哥倫比亞大學愛德溫·R·A·塞里格曼教授家裏，共同探討不容樂觀的經濟前景。沃爾格在討論中闡述了自己的理論，這引起了大家的關注。

塞里格曼教授敦促沃爾格發表他的觀點。沃爾格表示反對。

塞里格曼持堅決態度，最終說服了沃爾格。

這位學識淵博、擁有對銀行業第一手的知識及實踐經驗、熟諳歐洲各國銀行系統的銀行家，而且他還有著時間與機會學習深入這個地域遼闊的民主國家。因此奧爾德里奇參議員把他納入幫手之一也就自然而然了，因此當民主黨上臺執政準備貨幣立法之時，他們邀請沃爾格作爲指導也是順其自然的事情。他們發現沃爾格有著巨大的能力，卻又能根據實際情況來改變自己的建議，而非愚昧地堅持一蹴而就地完成整個改革。

「這是本屆政府最佳的任命」，威爾遜總統任命沃爾格爲聯邦儲備局的成員，被人們這樣評價。

在一些華盛頓政客們的眼裏，所有的「華爾街銀行家」都是一個樣，他們就是一群魔鬼，一群沒有靈魂的餓狼，總是想吞噬別人的財富，總是想盡陰謀詭計，握緊拳頭，勒住人們的咽喉。他們對沃爾格亦是抱以一貫的蔑視與憤怒。他們想讓他出醜，然後再拒絕對他的提名！他們要讓整群「貨幣托拉斯」幫派臉面丟盡。

沃爾格對此感到很是憤怒。他已同意放棄美國最著名的國際銀行高級合夥人的高額薪水，被迫放棄與紐約商業朋友的友誼。他決定從鐵路、工業、金融甚至是慈善等機構辭職，原因很簡單，他希望自己的例子能激發別人投身公共服務。他堅信在這個緊急時刻，愛國情懷應該被放在更重要的位置。

他自願做出的這種犧牲遭受的只是猜忌與譴責的攻擊。

若沃爾格拒絕威爾遜總統的邀請函，他一度能獲得一百萬美元的收入。

最後，他同意面對自己的質疑者，前提條件是：他的那些與這次提名無關的商業夥伴，不能列入討論的範圍內。

在接下來的兩天裏，他被一片質疑聲包圍，許多完全是侮辱性的。以下是一個例子：

「你想成爲這一委員會的一員，若你被最終確認，你代表著什麼？」一位參議員這樣問道。

「代表這個國家以及這個國家的未來。」沃爾格不卑不亢地回答。

即便之前那些質疑聲最響亮的對手現在都意識到，沃爾格的確是代表著整個國家及其未來，而不像那些懷著陰謀動機的華爾街小集團一樣。

爲了改良這個國家金融系統的工作及其組織，沃爾格孜孜不倦地工作著；他不遺餘力地向公衆啓蒙一些銀行原則；在那些讓美國擺脫經濟危機的關鍵時機裏，沃爾格在與政府部門合作中，做了大量極爲寶貴的工作。現在回過頭想一想，華盛頓在過去一年乃至之前，有著沃爾格這般能力超凡的人掌舵實在是國家之大幸。

一九一七年四月，沃爾格在芝加哥商業俱樂部發表的一篇名爲「論政府與商業」的演講中，分析了當前的世界形勢。此次演講旨在希望商界與那些被政府選爲履行監督責任的人員之間能進行有效的合作。

在演講中，沃爾格說：「在未來的國家裏，特別是戰後的歐洲，在工業的許多領域裏，最有效的發展還是要靠政府的大力支持，而這只能存在於政府眞正握有所有權及操作權的企業裏。比起以往，爲了應對戰爭所帶來的沉重的經濟負擔，各國將建立更加牢固的工業與金融聯盟，以因應各國爲了實現最高效、經濟與節約的目的，而不斷完善自己的金融體系所帶來的激烈競爭。

「在未來這樣的一個世界裏，我們應該要有自己的一席之地，這需要我們建立健全的組織以及堅定的領導能力。在我們的民主體系裏，這不能因爲政黨的更替就發生變化。而要達成這一

目標則需要成立一個公正、持久、獨立於黨派之外的、由這方面專家組成的機構。這些機構應該既要有不偏不倚的觀點，又要有富於建設性的商業見解。他們必須要能充當國會及相關工業的顧問。他們必須要打破政府與商界之間相互的猜疑與偏見的藩籬。他們必須要抵制任何個人或是集團的敲詐或侵犯，無論這些是資金、勞動力、搬運工或是託運人，債主或是借款者，抑或是共和黨還是民主黨，他們都應該維護人民的利益。」

「在未來，我們有效地處理經濟上難題的能力，在很大程度上取決於我們能否發展壯大擁有足夠專業知識與獨立人格的商會與委員會。只有當政府與人們充分認識到這些機構的重要性，這才會變得可能。這樣，我們國家中最有才幹的人將願意做出個人犧牲，為公衆服務。」

「在定義自由最重要的特徵時，亞里斯多德曾說：『既要管理，又要接受別人的管理。』在兩千年後的今天，這句話蘊含的思想光芒仍照射著我們。沒有管理的自由是混亂，沒有人們合作的政府是專制的政府。既要管理又要接受別人的管理，才是眞正自由存在的唯一可能形式。在這種觀念之下，沒人受到管理，又沒人不受管理。我們既一起管理又相互為彼此服務。我們都為一個主人服務。這是每個熱愛自由的人都不會羞於為他服務——我們服務自己的國家。」

對沃爾格本人來說，為國家解決一個棘手的銀行問題，比賺取一百萬更讓他感到滿足。他完全放棄了賺錢的念頭，辭去了國內外所有的管理職務及高級合夥人的職務。

他家裏的裝飾可以說是華盛頓地區最富有藝術氣息的，他仍然維持著懷特・普萊恩斯的老住宅。在這裏，他與自己的妻子、孩子度過許多愉快的週末，共享天倫。

費利克斯・M・沃爾格，與他的哥哥一樣，也是庫恩雷波公司的高級合夥人。他做了許多慈善事業，特別是對美國德裔的群體。在這方面，他得到自己的妻子的大力支持。

在一九一七年六月，沃爾格獲得紐約大學頒發的商學博士榮譽學位。

若有更多富有才智的美國人能放棄只專注於賺錢的念頭，而讓自己全身心投入到爲社會服務中去，美國這片土地將成爲一個更爲廉潔、治理更好，人們心情更加舒暢的國家。

32

汽車銷售王國的國王，資本運作的第一人
約翰·N·威利斯

在美國金融史上，還有其他的奮鬥史能夠比得上這個嗎？

當時，約翰．N．威利斯作爲艾爾邁拉地區的汽車銷售代理，到處尋找資金。由於歐弗蘭特生產的汽車遲遲不能按時交貨，威利斯感到越來越不安，這是發生在一九〇七年十二月那些黑暗的日子的事情了。他急匆匆搭乘開往印地安納波里斯的火車，前往歐弗蘭特公司的總部。他在星期六晚上到達。星期日早上，經理語氣冷淡地對他說：「到了明天，我們公司就要落入破產案產業管理人的手中了。」

「你不能這樣做！」威利斯語氣強烈地反駁。

「我們也只能這樣了，」經理重申道。「原因很簡單，昨晚，我們用支票支付了工人們的工資，現在銀行沒有足夠的資金來應對明天早上工人們的兌款。」

「你們還差多少錢呢？」威利斯問道。

「大約三百五十美元。」

在那些讓人記憶深刻的艱難日子裏，印地安納波里斯的銀行無法支付現錢。正如當時美國多數的城鎮，這個小城也只能用臨時憑證作爲暫時的解決之道。但在明天早上，銀行開門之前，威利斯卻必須想盡一切辦法籌集三百五十美元的資金。

威利斯偶爾經過老格蘭德酒店，他停下了腳步，逕直上去酒店職員身旁，出現了以下這段對話。

「在明天早上之前，我想借到三百五十美元。」他這樣對櫃檯後面的年輕職員說。

「祝你好運。」職員哈哈大笑。

「什麼？」威利斯反問。

「我說：『祝你好運。』」職員重複道。

「但你必須要幫我弄到這筆錢。」威利斯語氣堅定。

「別做白日夢了！」職員回答道，仍舊以爲威利斯是在開玩笑。

威利斯拿出賓州威爾斯波羅地區一間小銀行的一張三百五十美元的支票，語氣堅決地告訴職員：「在明天早上這裏銀行開門之前，我必須要拿到這筆現金。」這位職員又笑了。

「這張支票有問題？」威利斯質問道。

「沒有。但問題是，你到哪里去拿三百五十美元的現金呢？我現在不能從銀行裏拿出一分現金給你。」

從那時開始，威利斯就想著如何進行籌錢的計畫。他告訴職員馬上凍結任何進入辦公室的任何一分錢，收集酒店所能收到的任何一分錢，清空酒吧間的收入。「在我們拿到這筆錢之前，絕對不要向任何顧客兌現錢。」威利斯這樣警告說。業主在得知這筆錢需要如此緊急的原因之後，就馬上意識到事情的重要性。在午夜時分，威利斯收集到一大堆一美元硬幣、五十美分、二十五美分、十美分及五美分的硬幣，這些硬幣上面則是厚厚的一疊一美元的鈔票，還有許多二美元、五美元與十美元的紙幣。

在第二天清早，他將收集到的一大堆錢放到銀行櫃檯前，償還了歐弗蘭特公司的債款，薪水也得以按時支付了。

在八年之後，這位歐弗蘭特公司的救世主，因其在公司的股票而獲得了八千萬美元的收益。

當然，在那個決定性的星期日裏，區區的三百五十美元並不能讓歐弗蘭特公司起死回生，這只能防止當時在星期一可能出現的危機。

威利斯告知公司在一個星期內遠離所有的債主，他馬不停蹄地趕到芝加哥，儲備足夠的金錢來應對接下來星期六的薪水支付。在接下來五個星期裏，他在印地安納波里斯、芝加哥、紐約這三座城市不停往返，想盡一切辦法為公司籌措資金。那時的歐弗蘭特公司的建築只是一座三百英尺長，八十英尺寬的鐵皮大棚，配備陳舊的機械設備，沒有製造一輛完整汽車所需的足夠材料。通過不斷地遊說與勸說，威利斯終於獲得了足夠的材料，讓公司能夠生產出足夠的汽車，讓公司運轉起來。

沒有銀行會理睬這家公司——沒有一家銀行願意貸款給這家公司。債主總是不斷地吵著要還錢——這家公司欠債八萬美元，而其帳頭上只有不足八十美元。

但是，威利斯已經決定要躲過這場災難。即便公司只有很少的運轉資金，但他自信自己仍能讓公司重新運作起來。他承諾可以供應五百輛汽車，並且為公司支付了大筆的押金。

最後，他說服了一位從事木材生意的老商人借給他一萬五千美元的現金，這不足以償還八萬美元的債款，也不足以購買原材料、支付工資與薪水。但這讓威利斯心頭為之一振，於是，他讓公司的律師起草一份關於如何償還貸款的方案。根據方案，威利斯將要即時支付十分之一的貸款，還要向其他要求償還部分款項的債主進行分期付款。他手中的一張王牌是提供優先股。這一草案裏就體現了這一點。

但世事難料，他的這位木材朋友改變了主意，說自己不想冒那麼大的風險。在逆境中，威利斯再次展現了自己的足智多謀，他說服了這位商人借給自己七千五百美元。但原來的協定規定要向那些難纏的債主支付一萬五千美元。這樣，威利斯一下子就進退維谷了。但過了不久，他只是簡單地修改了一下協議，若是債主要求還款，這「不能超過一萬五千美元」。

當主要的貸款者聚集在一起討論時，他們的立場顯得很堅定，他們有人覺得這個協議中一些條款具有侮辱性，但威利斯很從容地處理了這些。他具有多年銷售員的錘煉，從銷售書籍到自行車，直到今天的汽車，這些他都一一經歷過。他流利的口才、真誠以及對汽車產業美好的未來的信念，打動了那些主要的貸款者，他讓他們相信自己公司的前景。最終大多數的貸款者接受以優先股代替全部債款的條款。

威利斯只花費了三千五百美元就成功解決了歐弗蘭特公司八萬美元的債務。然後，在沒有任何金融負擔的狀況下，開始了整個公司的重組。

在與製造商及其他向歐弗蘭特公司提供配件的供應商打交道的過程中，威利斯同樣展現了自己的融資能力與技巧。他召集了公司最大的四大供應商，要求他們向歐弗蘭特公司提供他們生產的配件。威利斯描繪了公司美好的前景，讓他們相信向歐弗蘭特公司提供額外三個月的供應對他們是有利可圖的。

這些供應商馬上表示同意。藉此時機，威利斯向他們提出了一個妙計。

「我希望你們，」他說，「能夠幫助我們重建本公司的信用。我會讓別人知道你們對我們公司充滿了信心。以後若是還有懷疑者，我們將讓他們找你們。任何對向我們貸款猶疑不決的機構，我們將讓他們與你們對話。你們將負責說服他們，相信我們一切正常。」

這充滿獨創性的金融手段取得非凡的效果。

在一九〇八年一月，歐弗蘭特公司的重組工作完成了。威利斯擔任公司董事長、財務主管、總經理以及銷售經理等職務。在這一年的九月份，公司已經製造了四百六十五輛汽車，以每輛一千二百美元的價格出售。公司最後獲得五萬八千美元的淨利潤。

在接下來的十二個月，在這五萬八千美元的基礎上，威利斯成功地製造並銷售了四千輛汽車，總價值爲五百萬美元。最後，公司獲得一百萬美元的純利。

在講述威利斯日後的成功之前，我們有必要講講約翰・威利斯剛開始是如何對汽車行業產生興趣的。這是一個相當有趣的故事。

以下，我將以威利斯自己的話來講述：

「當時，我在俄亥俄州的克利夫蘭的一座摩天大樓的一個窗戶向外觀望，這是一八九九年的某一天。我看見有個四個輪的東西在街道上穿行，它的前面沒有馬匹在拉。從我所站的角度來看，它像極了四輪馬車。我立刻自言自語地說，『這個機器將超越這個國家所有的自行車』。當時，我還在自行車行業裏工作。我立志要儘快進入這個新興行業。後來，經過調查，我發現這是一輛溫頓牌子的汽車，但我沒有機會去研究它。當年，整個美國的汽車總產量不足四千輛。第二年，我所居住的艾爾邁拉地區的一位醫生買了這個牌子的汽車。」

「我仔細地檢查這輛汽車，後來我買了一輛皮爾斯牌子的汽車，這個汽車牌子的公司現在正在製造皮爾斯・阿洛汽車。這輛汽車的結構類似於四輪汽車，在車的後軸有個水壺形狀的法國製造的發動機。這個發動機的馬力只有二・七五匹，一輛好點的摩托車現在都有四匹馬力了。這輛汽車的檔位很低，一個小時只能爬兩到三英里的山路。它的軸距很窄，整個車身也比現在的福特汽車要小。」

「我於是到布法羅去找皮爾斯先生——那時，我已經是皮爾斯・阿洛牌子自行車的代理了。皮爾斯先生告訴我，他們正在對汽車進行試驗。我與他一起就汽車行業討論了兩到三個小時。我讓皮爾斯先生向我承諾，當他們生產出第一款汽車後，要賣我一輛。」

「不久，我就以九百美元獲得一輛汽車。我將這輛車作爲樣本，不斷檢測其性能。在那個年頭，每個人都對這樣的測試感到不安，我也只銷售了兩輛而已。第二年，我的銷售量翻了一番，達到四輛。後來，我成爲了蘭博勒汽車與皮爾斯汽車品牌的代理人。在接下來這一年（一九○三年），我的銷量飆升到二十輛。正如你所想的那樣，當時的汽車產業所處的階段，與現在的航空業的發展的階段一樣，這是一個需要不斷攀登與大量先驅性工作的行業。」

「我知道這個行業是充滿著盈利空間的。我急切地想進入汽車製造企業。到了一九○五年，汽車製造商很容易得到訂單，但汽車卻很難製造，市面上對汽車的需要難以滿足。此時，汽車製造商變得很專橫，他們這時就是富有威望的領袖。」

「我當時就想，要想賺大錢，就必須要靠製造汽車，而不是在銷售汽車。但我並沒有足夠的金錢，也沒有製造方面的經驗，我也不是一個機械師。我想，我最擅長的就是要成立一個大型的銷售公司，正如以往我在自行車行業時的做法。我獲得了一兩個公司的全部產量的銷售代理權，然後，我就以批發的形式賣掉這些汽車。這樣，我就漸漸進入了製造汽車領域。」

「所以，在一九○六年，我成立了美國汽車銷售公司，總部設在艾爾邁拉，負責銷售總部設在印地安納波里斯的美國—歐弗蘭特公司生產的所有汽車。我必須要支付大筆的押金，因此我必須要省吃儉用，盡可能地節省金錢。在那時，歐弗蘭特公司已經成立運轉了六年，其最好的銷售年份是一九○六年，總銷售量爲四十七輛車。」

「在一九○七年十月的恐慌爆發之前，我們的銷售公司得到合同，負責供應五百輛歐弗蘭特牌子的汽車。當時，我做得不錯，急於想擴大生意範圍。」

「於是，我前往印地安納波里斯，簽訂經銷馬里恩牌子汽車的合同。那天晚上，在返回紐約的路上，我感到很開心。當時，我拿起一份晚報一看，發現紐約信貸公司已經倒閉了，人們的恐慌情緒開始蔓延，這眞的是青天霹靂啊！」

「在這場商業風暴來襲之際，我決定靜觀其變。但歐弗蘭特公司的業績開始出現奇異情況。到了十二月初，前景變得極爲黯淡，我決定前往印地安納波里斯調查事情的原因。」

歐弗蘭特公司的困境最終證明是「塞翁失馬，焉知非福」。公司的一時困頓證明是他日後發跡的開端。

在那時，威利斯的人生經歷已十分豐富多彩。他生於一八七三年，出生在自然環境不錯的紐約卡南代爾地區，而非「含著金鑰匙」出生。在他童年時候，他就很喜歡與自己小同伴進行一些小的交易。他的口袋裏好像總有一些可以「銷售」的東西。他第一次的嘗試是將馬腳上掉落的轠繩撿起來，然後賣出了十幾個夾具來夾緊這些轠繩。接下來，他又買了兩打的夾具，很快就銷售一空了。當他再大一點，比如在十一或十二歲左右，他與自己的父親訂立了協議，他每個週六在磚頭與瓷磚工廠工作，可以獲得二十五美分，在每天放學後工作一兩個小時就可獲得額外的一些錢。但即便是這麼長時間的工作，也沒有讓他失去對商業的興趣與愛好。

當時，在他所做的事情裏，他幾乎都能取得成功，除了一件事。爲了更好地利用自己的課後時間，他做了圖書代理商，這是他專長的「加菲爾德的生活」。但回報卻並不能讓他對自己的賺錢能力感到滿意，於是，他放棄了這個工作。

在別的孩子還穿著童裝長褲之時，他就已經有了上述的一些經歷。

當時，他的一位好友在一家洗衣店工作，當時還小的威利斯就對這種賺錢手段感到很有興趣。在十六歲之前，他說服了自己的父母，讓他與自己年輕的夥伴在三十里之外的塞尼加·福爾

斯地區開間洗衣店。他的父母希望自己的孩子能在洗衣店嘗一下生活的艱辛，寄望孩子寄宿在外的生活能讓他打消對商業的興趣，從而專心回到自己的學業上來。他們相信不到一個星期的時間裏，他就會夾著尾巴乖乖回家了。

這位從洗刷盥洗盆與整理燙衣板走出的「未來之星」很快就發現，他們的「事業」遇到了阻滯，但他們還是憑著頑強的毅力堅持到底。

那時，他們幾乎沒有什麼金融方面的知識可言。最大的「合夥者」也只有十八歲。某天，當他們得到一張六美元的支票時，他們根本不知道該如何將其兌換成現金！威利斯最終鼓起勇氣，把這張支票拿到銀行。那裏的人根本不理睬他，銀行的工作人員也沒有要給他兌錢的想法。但威利斯有著三寸不爛之舌以及奉承的個性。當他最終走出銀行大樓時，他的口袋裝著六美元的現金。

在那年年底，他們成功地把洗衣店經營到一個盈利階段，他們又賣給了別人，每人獲得一百美元的純利。在這時，威利斯感到了遺憾，自己沒有接受過更多的教育。於是，他返回家，抱著努力學習考上大學的決心，並想成爲一名律師。他學習上的表現不錯，而且還在一間法律工作室裏工作（其中的一個夥伴是羅亞爾・R・斯科特，現在他是威利斯——歐弗蘭特公司的日常事務管理者）。後來，他的父親去世了，年輕的威利斯不得不放棄自己的大學夢想。

自行車當時已經面世了，他看到了自己作爲一名自行車銷售員的天賦，知道這是一個很有前景的行業。從賣掉的洗衣店得來的一百美元，他買了一輛牌子是「新郵件」的自行車作爲樣板，他適時地成爲了該自行車製造商的當地代理。此時，他又勸說自己的朋友投資新型的「平安」牌自行車。在十八歲的時候，他已經組建了一間銷售公司，開了一間商店，在其後面開了一家維修店，生意很是紅火。於是，他就在卡南代爾的主街道開了一家更大的營業機構。他幾乎可以免費地做廣告——掛在當地酒店的來賓登記處醒目漂亮的看板，介紹著威利斯的產品，這個廣告只花費了他三美元，相比於日後以二百五十萬美元鉅資為歐弗蘭特與威利斯—奈特汽車的費用，這簡直是小巫見大巫。

「我當時無疑是在走在一條光明的康莊大道，」威利斯在回憶起自己年輕時的經歷這樣說。「我可以賣出無數輛自行車。但我犯下了一個錯誤，就是容易輕信別人。我發現賣出自行車是一回事，回收資金則完全是另外一碼事。現在看來，只有一八九六年那時無序的貨幣流動的風暴才能將我打垮。那是我人生中經歷的最美好的事情。因為這件事給我了一個深刻的教訓，讓我開始有了商業嗅覺。」

作為波士頓機織物與橡膠公司的銷售員，他不得不四處奔波。他努力工作，省吃儉用，準備用自己的錢重新投入商界。他的顧客當中有艾爾邁拉裝備公司，這是一家體育用品企業，換了四個老闆，接連破產了四次。當克朗代克淘金熱四處蔓延之時，這家企業的老闆迫不及待地想離開。老闆很高興地接受了威利斯的五百美金的現金，賣掉了價值二千八百美元的股票。威利斯立即安排了一位經理負責管理這家企業，馬上為這家公司的營運注入了新的活力。之後，威利斯一直做著原來的工作，直到一天，當他來到卡南代爾，他遇上斯科特。斯科特問他的公司運行的怎樣。威利斯開口就對自己的公司大加讚譽。但在看到當天的晚報之後，他不得不面對自己企業失敗的命運。

雖然感到萬分震驚，但他並沒有感到畏懼。威利斯決定自己親自管理自己在艾爾邁拉的公司。他開始專營自行車，並逐步取得了成效。在接下來的八個月裏，自行車的總銷售額達到了

二千八百美元，其中一千美元是純利潤。後來，他逐漸向自行車的批發經銷方面發展，最後取得一個工廠的全部自行車產量的代理銷售權，在不少的地區建立起了自己的代理機構。年度商業額達到五十萬美元——這對一個年僅二十七歲的年輕人來說可是個不小的創舉啊！

接下來就是汽車與金融業的時代了。

約翰．N．威利斯的衆多工廠以及銷售機構的員工有七萬五千人之多，這一數目在世界範圍的汽車企業裏排第二。他也是世界上擁有這麼龐大汽車企業的第一人！

在一九一六年上半年的六個月裏，威利斯—歐弗蘭特公司製造並銷售了超過九萬四千輛汽車。在一九一七年度裏，預計每個工作日的產量將接近一千輛。

在歐弗蘭特公司的基礎上，威利斯不斷拓展業務，獲得了對其他重要企業的控制。在一九〇九年，他接管了波普—托萊多公司，後來又把歐弗蘭特公司的總部轉移到托萊多這一地區。在那裏，他的汽車工廠雇用了超過了一萬八千個員工，僅在奧托萊特電力公司工作的員工就超過二千人——兩年前，他購買這個公司時，當時只有區區的四十二個員工。他還是艾爾邁拉莫羅製造公司的董事長，同時還控制著一家重要的橡膠企業，同時，他還是其他一些企業的幕後老闆。

每天，威利斯掌管的工廠爲大約八百到一千班次的列車提供補給。

威利斯—歐弗蘭特公司的有價證券的市值大約在六千五百萬美元左右。其中年度分紅就達六百一十萬美元。在獲得了柯帝士航空公司的控制權，與獲得了一筆戰爭用途飛機的大訂單之後，威利斯就大步跨進航空領域，並且成爲這一行業的風雲人物。航空業未來的走向誰也無法預知，但威利斯就想成爲這一領域的先驅者。而就在十年前，他還在爲支付歐弗蘭特公司員工的工資，爲籌措三百五十美元而搞得焦頭爛額。

但今日的威利斯仍是以往那個具有民主作風、自然的、略帶孩子氣的他，依舊精神奕奕，神采飛揚，正如當年他去銀行努力將那六美元兌現時一樣。財富並沒有沖昏他的頭腦。他今日的成就得益於其經年累月的勤勉工作——直到醫生告誡他，若他不放棄這種生活方式，到歐洲休閒一番的話，他將成爲療養院的一名「囚犯」。當一戰爆發的時候，他與自己的妻子及女兒正在乘車環遊法國。他的豪華汽車被徵用去了。威利斯不僅沒有感到憤怒，在他離開歐洲時，他向協約國訂購了數千輛運貨卡車做爲補償！

現在，威利斯仍舊勤奮工作。在組織與安排好自己的企業之後，他會忙裏偷閒，乘坐二百四十五英尺長的豪華蒸汽遊艇——以威利斯太太的名字命名的「伊莎貝爾號」——去遊玩一下；偶爾也會去打下高爾夫球；一邊欣賞風景，一邊去打獵。他收集的名畫是當時西方世界最著名的。他既享受自己的工作，也享受自己的娛樂時間。我還從不知道哪位如此富有的人，仍過著如此從容的生活。

在參觀位於托萊多的占地百畝的威利斯—歐弗蘭特公司時，在這幢耗資一百萬美元的現代大樓上，可以俯瞰美麗的威利斯公園，這是這座城市對這位著名人物的一種紀念。在參觀期間，我有機會與一位男職員聊了一下。

「威利斯先生不像一位老闆，」他告訴我。「他對我們總是很友善的。一天早上，我雙手拿著厚厚的信件上樓梯，我無法開門。威利斯先生看見我，他說：『年輕人，等一下。』他幫我開了那扇門，又爲我開了另外一扇門。他總是樂於做這樣的事情。」

威利斯公司從沒有出現過罷工的情況。

33

從「鄉巴佬」到世界上最大的零售商
弗蘭克・W・伍爾沃斯

一位赤腳的美國農民子弟決心要丟下手中的犁耕，成爲一名銷售員。他沒有經驗，顯得青澀、笨拙，一看就知道是個「鄉巴佬」。儘管他非常努力，但還是沒有哪個商人願意爲他的工作支付工資。但他有決心與倔強的性格，他寧願在沒有工資的情況下進行工作，僅僅是依靠自己之前辛辛苦苦賺來的五十美元來存活。他下一份工作的工資不僅沒升，反而被減，這證明了他在銷售東西方面有多麼的失敗。儘管他自己也同意老闆所說的，即自己並不適合當銷售員，但他內心卻沒有放棄，他一直在心中堅持著。

今天，這位「鄉巴佬」成爲世界上最大的零售商。

以下是他在一九一六年的銷售業績：五千萬雙針織襪，八千九百萬磅糖果，二千萬張樂譜，一千二百萬根安全火柴；九百萬個兒童玩具，四千二百萬箱口香糖，一百七十萬個奶瓶；一千五百萬塊香皂；五百萬張唱片，五百萬個夾髮針，五百五十萬捲蠟紙——這包起來的三明治足夠餵飽一億七千萬人之多；還有五百萬個通用插頭；二百二十五萬盒針織物及刺繡紗線。

還有：

他的顧客超過七億人之多，平均每天有超過二百二十五萬個顧客光顧。

櫃檯交易的金額（不包括那些通過郵遞的方式所得的交易）數目超過八千七百萬美元。在一九一七年，這一數目將突破一億美元，這代表著一共發生了十五億次單獨不同的交易。

在美國人口超過八千人以上的地區，他都開有商店。

截止一九一七年一月，他在美國與加拿大地區的開店總數超過九百二十間。

他控制著英國七十五間商店，並計畫在整個歐洲建立上百間商店。

他雇用的員工人數在三萬與五萬之間。

他擁有的商店的資產爲六千五百萬美元，市値還要超過這個數値幾百萬美元。他是世界上最高建築物的唯一主人，爲此，他從自己的口袋掏出一千四百萬現金現在，你知道他是誰了。

「你的理想是什麼？」我這樣問弗蘭克·W·伍爾沃斯，五分與十分錢商店的創立者。

「在世界上所有文明存在的地方，都開上自己的商店。」這是他的回答。

當伍爾沃斯立定決心去做一件事情時，無論前路有多大的困難，佈滿多少讓人沮喪的荊棘，或是剛開始遇到多大的阻滯，他都會勇往直前。

「你的商業原則是什麼？」我問道。

「讓顧客覺得他們在與你做交易的時候，他們是在省錢。友善地對待自己的員工，這樣他們才會帶給顧客滿意的服務。我們做的是薄利多銷。」

「那你覺得對自己獲得成功最重要的發現是什麼？」

「當我放下自己高傲自大的思想之後，我做的就一定能比別人好。學會讓別人承擔責任。若是我時時懷著事必躬親的想法，我就不可能取得巨大的成功。一個成功的人應該選擇那些富有才幹的職員去工作，給予他們權力與責任——我們擁有世界上最優秀的商業人才，他們充滿活力，而且精於自己的本行。」

「那你是如何與九百多間的商店進行聯繫的？你是如何判斷在哪裏應該設立新的商店呢？」

「在美國與加拿大這兩地，我們都有一個共識。我們時刻關注著哪個城鎮在增長，哪個城鎮在停滯，哪個城鎮在萎縮。人們的流動方向的彙報，我們都一清二楚。然後，我們試著分析接下來的動向。例如，當美國鋼鐵公司決定建立在印地安納州的加里地區時，在五十戶人家搬到那裏之前，我們已經趕到了，選好最佳的地點，然後就等著人口的遷入。其實，這是很容易預見的。然後，我們每個月就與從美國與加拿大的所有的九個區域召集的代表進行商討。我們關注著整個地區的整體動向。我們時刻關注這兩個國家的時局。有序的組織與合作可以說是我們成功的重要原因。」

「你不是在紐約第五大道公共圖書館對面購買了大塊地皮，這可是時尚區的中心啊。你這一創新的舉措，不是完全脫離了你以往的商業做法嗎？」我問道。這一問題是最近新聞報紙經常諷刺的。

「我們都是大手筆行事的，」伍爾沃斯帶點不耐煩的語氣回答道。「其實，問題出在紐約人們沒有足夠的眼光。幾年後，第五大道將成為類似芝加哥的主街一樣。芝加哥主街有很多商店，其生意交易量也比現在的第五大道要多。我們位於第五大道的商店，將比在其他地方開的商店耗資更少。七年前，我們在賓夕法尼亞州的栗子街開了一間商店，現在這條街成為了全國最昂貴的街道。我們的商店就在考德威爾公司、費城的蒂芙尼公司旁邊。現在，這家商店獲利頗豐。同樣的情況出現在波士頓市的華盛頓大街、三藩市的市場街、聖路易的華盛頓大道。許多人認為只有窮人才會光顧五分、十分的商店。這在十五年前的確如此，但在那以後，所有人都不斷地光顧這些商店。」

「某個晚上，紐約一位著名律師的妻子跟我說，她每週都要逛一下我們位於第六大道的商店，而且每次都要為自己、孩子及孫子們買些東西，她在一年之中的消費總額超過六百美元。這絕不是一個特例。我們能夠以比其他商店更加低廉的價格出售商品，這是因為我們購買商品的數量十分巨大。每年，我們都需要不同商品的製造商全年的所有產量，這樣，他們的工廠就可以開

足馬力，全年運轉。因此，生產的成本被降到最低，這樣，我們以十分錢賣出的商品，別的商店就要以二十五美分的價格出售。我們九百個商店的經銷成本只占了成本中很小的比例。」

當我問及伍爾沃斯最親密的一位同事，伍爾沃斯先生最顯著的優點是什麼時，他即時的回答是：「遠見——這是他讓身邊所有的人不斷震驚的一點。其次，我想就是他的勇氣了。他總是有像一頭蠻牛的衝勁去工作，他還有激發別人努力工作的能力。員工們的忠誠，他對員工們慷慨與貼心的關懷，這在很大程度上都是取得成功的重要原因。」

與福特一樣，伍爾沃斯對向別人借錢有著強烈的厭惡。在他開自己第一間商店的時候，他曾向別人借過三百美元。自從他還清這筆錢之後，他就再也沒有借過一分錢了。在興建高達六十層的伍爾沃斯大樓時，也沒有借過一分錢，他不想讓被別人催促還貸款，讓自己感到丟臉。在早年經營時，若他向別人借錢的話，他可能更快地拓展業務。但他寧願腳踏實地，穩步前進，而不願冒進魯莽地向別人借錢。

伍爾沃斯與福特都預見到，向大眾提供有價值但又價格低廉商品的廣闊前景。他們都清楚地知道，通往百萬富翁的道路，是由系統的規劃與吸引大量的顧客鋪成的。在開始創業之時，他們都遇到讓人心碎的障礙，都受到缺乏資金的困擾；他們都展現了非凡的決心、耐心與堅韌；他們都不願意讓自己或是自己的企業任由銀行家與金融界的擺佈。他們都在自己的行業裏取得了無與倫比的成就；他們都有還沒達成的遠大目標，他們對未來前景的想像不受束縛。在美國，他們成爲了各自領域最著名的人；他們都在拓展國外的市場，作爲覆蓋全球市場的第一步；他們都是從貧窮的農場躍升爲百萬富翁。

他們倆的一個不同點是，福特是位製造商，伍爾沃斯則不是——「我們不會製造任何東西，我們也沒有這個打算。」伍爾沃斯說。

伍爾沃斯是如何取得成功的呢？

這是第一次伍爾沃斯先生願意接受採訪，詳細地闡述他早年的奮鬥史。他並不喜歡談論自己，但他最後被說服了，願意談論自己艱辛的奮鬥史，這是因爲他希望自己的經歷能夠激勵與鼓舞年輕人，讓他們勇於面對人生的困難挫折。在一開始講述的時候，伍爾沃斯先生就以最坦誠的態度，開誠佈公。他以自然、不加修飾的言辭，將自己的尷尬與初次失敗娓娓道來，沒有絲毫的掩飾。他沒有將自己說成是英雄，也沒有將自己自詡爲「殉道者」。他只是將自己的經歷說出來。他的自傳是典型的美國式歷程。

以下是根據伍爾沃斯先生講述自己奮鬥的經歷、自己的雄心壯志、失敗以及最終取得成功的歷程整理出來的，下面是沒有修改過的訪談文稿。

「我沒有出生在一個富有的家庭，因此，我也不需要克服金錢給年輕人帶來不思上進的影響。我生來有一副好的身體，因爲從一四五〇年之後，我的祖先世代都是自耕農，這是家譜學家後來告訴我的。我出生在紐約以北羅德曼地區的一個農場。在我七歲的時候，我們搬到了紐約的大本德這個地方。當時，我們真的很貧窮——貧窮到在氣候嚴寒的時候，我都不知道穿上大外套是什麼滋味。我從來都不知道怎樣溜冰，因爲我從來沒有錢去買溜冰鞋。一雙牛皮做成的長統靴穿了一年，或者說是半年，因爲在另外六個月裏，我都是赤腳的。我的父母與祖先都是虔誠的遁道宗信徒，至於從何時開始信奉，我不得而知。我從小就在嚴格的教義下成長——認爲跳舞是一種罪惡。」

「冬天，我在學校上課；夏天，我在田地裏勞作。在農場裏，沒有哪些農活是我沒有做過

的。通常，我在乾草場上汗流浹背地勞動，我能夠聽到附近的孩子在玩壘球。我唯一有機會玩球的時候是在冬季學校的休息期間。一個男孩在農場上成長其實更有優勢，這不僅在於農活鍛鍊他的體質，更在於在農場生活，你缺少對外界的瞭解，這並不像城市的孩子，他們的見識太多，通常不加分辨地接受許多壞的事物。」

「在十六歲的時候，在從公立中學畢業後，我在水城的一間商校學習了兩個冬季學期。我一直的夢想就是成爲一名鐵路工程師或是一位商人——坐在櫃檯後面。我與弟弟經常坐在那張老舊的晚餐桌，將桌子背靠著牆壁，在房子裏四處搜查可以放上去的東西，然後就玩開商店的遊戲。那時，我是多麼羨慕那些可以坐在農村商店櫃檯後面的年輕人。我對農場沒有一點興趣——對農活感興趣的人——一般來說，都是城裏人，而他們在這方面卻很糟糕。」

「在我上完了商業課程之後，我就想辦法在商店工作，我把一頭母驢賣給了一位木材切削工人，然後前往七里之外的迦太基地區，到處去詢問商店，尋找工作。沒人想要我，他們中的一些人甚至不想與我說話。但這只會更加堅定我在商店工作的決心。」

「大本德火車站站長在貨棚的一角經營著一間規模很小的零售店，我決定爲他工作，獲得銷售商品、車票與作報告的相關經驗，還有其他簡單的一些工作。我成爲了車站站長助理——沒有薪水。這是我離成爲自己鐵路工程師這一理想最近的一次。」

「你知道，當時我是在沒有薪水的情況下自願去工作的，因爲我想獲得經驗，去學習知識。現在的年輕人並不願意這樣做——他們想在一開始就在薪水最高的位置工作。這是一種極爲短視的行爲。」

「雖然我們在貨棚的零售店每天的銷售額只有區區的二美元，這份工作卻有一個好處：我不僅能夠認識車站的人，還能見到在車站的人流沿著這條線上上下下，這條沿線不足五十英里，現在成爲了紐約中央系統的一部分。在步入社會的時候，盡可能多認識朋友，這是很重要的，我們還要讓別人知道自己的能力。」

「在這時，我一直想在一間普通的商店裏工作。我的弟弟當時能夠在農場上勞動了。所以，我可以離開農場，自己到外謀生。我的一個叔叔願意每個月付給我十八美元，讓我幫他在農場勞動，這還包括吃住的費用。儘管，這對當時我的來說是一筆很大的錢，我眼前一時也沒有什麼事情好做。但我還是決定盡自己最大的努力成爲一名銷售員，無論工資有多低，只要我能吃飽就行。在這時，我已經差不多二十一歲了。所以，我在商界起步的時間是相當晚的。」

「當時，丹尼爾．麥克尼爾在大本德經營著一間鄉間商店，他知道我急切想要在商店裏工作。他說想讓我爲他工作，伙食與他們一樣，但他不能付給我工資。他說一定會盡力幫我在水城迦太基地區找份工作，因爲那裏的前景比較好一點。我永遠也忘不了他的善良與對我的幫助。有些人在成功之後就忘記了那些幫助過他們的人，我絕對不是這樣的人。我清楚地記得在那些艱難歲月鼓勵過我或是幫助過我的每個人。」

「每天，麥克尼爾都會去城鎮，到了晚上，我就去找他詢問有什麼新聞。一天，他告訴我說有個人在水城開了一間衣服商店，這個人想見我，並想問一下我是否喜歡這工作。我說：『很好啊。』但在我內心裏，我一點都不想在衣服商店裏工作。但在當時的情況下，我急於抓住任何一個機會。這其實是一間不錯的商店，但在水城最好的是奧格斯堡—莫爾的乾貨商店。麥克尼爾說我要等幾天，讓他看看是否能讓我進去那裏工作。我跟他說，這就是我的最高理想——進入一間乾貨商店裏工作。」

「我迫不及待地盼望著麥克尼爾先生從水城的歸來。當他告訴我說奧格斯堡先生願意見我一面，當時我眞的喜出望外了。第二天，你們肯定都知道我來到了水城了，這時候已是一八七三年三月中旬了。」

「當我走進商店時，他們告訴我說奧格斯堡先生正抱恙休養在家。我就問別人他的住所，然後就去拜訪他了。奧格斯堡先生在見到我時，他這樣跟我問好：『你好，年輕人。你想要什麼？——一份工作？』當時，我是一個瘦弱單薄的青年，留著金髮，穿著農民式的衣服。他接著問以下的問題：『你喝酒嗎』、『你抽煙嗎』、『你會做壞事嗎』。我告訴他自己每個週六都要去教堂做禮拜，也沒有與那些做壞事的人混在一起。麥克尼爾先生說：『你太沒經驗了，也顯得太稚嫩了。』，他的這句話讓我內心一沉。他接著說，下午他會去商店，到時我可以去見一下莫爾先生。事後證明，莫爾先生的話讓我很是沮喪。最後，他們兩個人輪流問了一些問題。當時我就想，自己可能是從農場走出的最沒經驗的人了。他們並沒有掩飾我沒有絲毫的銷售能力的看法。莫爾先生的話讓我徹底絕望，他說：『若是在商店裏有什麼卑微的工作，你都必須要做。你必須要洗窗戶，早起去掃地板以及做各種清潔工作，還有各種髒活你都要去做。在我們最終可以信任你接待顧客之前，你必須要做好這些事情。這可能是你人生中最艱苦的一份工作。』」

「我想我能做好，」我回答道。「你們打算給我多少薪水？」

「你不會還想要薪水吧？」莫爾先生帶點反問的語氣對我說。

「若是沒有薪水的話，我不知道怎樣存活啊。」我爭辯說。

「這個我們倒不關心。」他馬上回答道。「你應該在沒有薪水的情況下工作一整年做爲學費。當你上學的時候，你還要交學費呢！我們可沒有讓你交學費啊！」

「你們可以想像一下當時我所面臨的困境：當自己的夢想就在眼前，彷彿觸手可及，但是卻突然遭到當頭一棒。當時我就是處於這種情形，我既想做任何事情，但卻沒有工資拿。正當他想要拒絕我的時候，我說了一句：『請等一下。我沒有薪水的這段時間要持續多久？』」

「至少六個月。」他說。

「我叫他等一下，直到我弄清楚自己可以帶上多少東西。在一個小時後，我又來到莫爾先生身邊，我跟他說我在另一個地方工作可以拿到三點五美元的週薪，在十年裏，我就可以積攢下五十美元——這些錢都是很零碎的。我說自己急於見到他們，我自己也願意在沒有薪水的情況下工作三個月，前提是在第四個月裏，他們要付給我三點五美元的薪水。他們說我的這些要求是沒有道理的，說我必須要爲自己的學習『交學費』。我一直這樣堅持，最後，他們竟然退讓了，說『我們將看看你是否有能力做好這份工作。』他們讓我在下個星期一早上上班。我向他們解釋說，自己在那天不能早點到，因爲我必須與自己的父親一道前來，他帶著一大包的馬鈴薯，就是爲了節省三十三美分的鐵路車票。」

「離開自己的父母，獨自闖蕩世界，自己獨自面對這個充滿不確定因素的世界，這是我一生中最讓自己感到悲傷的經歷。這時是一八七三年三月二十四日，天氣寒冷，朔風凜凜，地面上結了三英尺厚的大雪。當雪橇拖著我們前進的時候，我看到母親在門前一直佇立著，直到消失在我的視線裏。」

「在經過一番努力之後，我們終於穿越茫茫大雪，將這一大袋的馬鈴薯帶走。當我們到達水城時，已經是上午十點半了。我把自己的一包衣服放在寄宿的地方——在那個年代，根本沒什麼大禮服之類的東西——然後，我就去報到了。我一下子就見到了奧格斯堡先生。」

「年輕人，你的鄰居都沒有穿有衣領的衣服嗎？」他這樣問我。「沒有。」我回答道。「也沒有人打領帶嗎？」我再次回答：「沒有。」「你的這件法蘭絨襯衫就是你最好的衣服嗎？」他接著問道。「是的，先生。」我說。「嗯，那你最好現在到外面找一件白色的襯衫、有衣領的衣服及一條領帶，接著你就來上班吧。」

「我接著將自己重新整理了一下，在我回到商店的時候，奧格斯堡先生已經去吃午餐了。沒人能告訴我該怎麼做。我只是在那裏閒著，覺得自己像個傻瓜一樣，等著要做一些事情。一些職員盯著我，不時發出嘲笑的聲音——在他們看來，我就是一個來自農村的傻瓜，只有法蘭絨的襯衫穿，沒有衣領與領帶。至少，這是我想像他們當時的想法——後來，他們告訴我，當時他們眞的是這樣看我的。當大多數的職員去吃我們今天稱之爲「午飯」的時候，一位老農民走上來，對我說：「年輕人，我想要一筒線。」我根本不知道線放在哪里，於是，我就去找莫爾先生，當時他正在桌子上忙著其他工作。「就在你鼻子的下方，年輕人。」他回答時，連筆都沒有停，眼睛也沒有抬一下。我從自己前面的一個抽屜裏找到了許多筒線。「我想要四十碼的線。」農民說。此時，我才知道原來線也是有碼數的。我在抽屜裏到處亂翻，都無法找到四十碼的線。於是，我又去找莫爾先生。「在你前面抽屜的右邊。」莫爾先生的語氣有點尖銳。「我找不到啊。」我不得不這樣回答。「果然不出我所料。」他在離開自己的桌子時暴躁地說，然後他就給我看看那些正確碼數的線。之後，他又回到自己的桌子上。

「這個線多少錢？」農民問道。糟了，這回還得去問莫爾先生。這個線的價格是八美分，這位農民拿出了一張十美分的紙幣。「莫爾先生，我到哪找零錢呢？」我不得不這樣問。「來到桌子面前，寫張票據。」莫爾先生這樣命令我。我拿起一張空白的票據，試著看看自己能否也做得了。但當時的我實在是太笨了。「莫爾先生，我想我不會啊。」我不得不這樣坦白。「把票據給我吧，我將示範給你看。」他說。然後我問道：「我要去哪裏拿零錢呢？」「在那裏就有現金，難道你沒有看見嗎？」莫爾先生不耐煩地回答。

「不久這位農民就離開了，接著另一位農民來問道：『我想要一雙露指手套。』『莫爾先生，我們的露指手套放在哪裏啊？』『就掛在你鼻子下面的右邊。』。這些手套就在那裏，但我竟然會看不到它們。這位農民在試戴了好一會兒，終於決定挑選一雙過時的家用羊毛手套。『多少錢？』他問道。我告訴他我也不知道，自己說要去問一下莫爾先生才知道。『這些手套多少錢？』。此時的莫爾先生可能對我的打擾已是忍無可忍了。他極爲不耐煩地說：『你沒眼睛嗎？沒看到那裏有個標籤嗎？沒看到標籤上面有價格嗎？』。這雙手套的價格是二十五美分，農民在付錢的時候，拿出了一美元的鈔票。」

「這一次，我知道了如何寫票據，到哪裏去找零錢了，所以，我就在沒有打擾莫爾先生的情況下順利地完成了這次交易。我學會在貨品的哪個位置找價格標籤。我總是在專心地仔細地觀察。」

「隨著時間的推移，我再也沒有從任何人口中獲得一句安慰或是鼓勵的話語。我不知道別人對我的工作是否感到滿意。爲了清楚這一點，我找到了店主，告訴他自己可能眞的不適合商業的經營。我這樣說並不是想眞的離開，而是想獲得別人的一點鼓勵而已。但店主卻回答說：『若你不認爲自己能在這一行業取得成功，那你最好還是儘早放棄。』我肯定是不會放棄的。雖然其他職員總是不停地嘲笑我的無知，還總是不讓我站在櫃檯前面，這樣我就只能在晚飯時候，才能站一下櫃檯。他們的這些行爲讓我的生活變得很不順意，但我一直堅持著。只有一個年輕人對我很

好，他就是巴雷特，他後來成爲一名很富有的商人。我們一直是很要好的朋友，直到他前幾年去世。」

「我心已決，一定要堅持下來。我試著分析自己的強項。我的結論是自己是一個很糟糕的銷售員，但我會裝飾商店，陳列商品以及將窗簾掛好。我發現莫爾先生有句話說的很對，那就是在第一年裏，自己不可能有什麼作爲。我無法像優秀的銷售員那樣招攬顧客與銷售產品。但當一切走上正軌的時候，我發現顧客自然就找上門了。」

「在兩年半之後，這家商店的名稱改爲莫爾—史密斯商店。此時，我的週薪只有六美元。當我聽到另外一家商店招收員工，我就去應聘。但當我看見商店裏面的東西亂七八糟地擺放時，我決定要一個高的薪酬，希望對方會拒絕我。我要求週薪十美元的工資，出我意料之外的是，這位名叫布希內爾的店主居然同意了。他說：『好吧。那你什麼時候過來上班啊？』我接受了這份工作，擁有了這份相當高工資的工作，我覺得自己有資本可以結婚了。」

「但是，我發現這家商店與我之前工作的那間完全不一樣，工作十分乏味。我嘗試著將商店弄得整潔點，讓它在顧客眼中更有吸引力。同時，我還拉好了窗簾。有一次，當我花了許多時間弄好窗戶的裝飾之後，布希內爾先生沒有讚揚我，反而訓斥我說：『把這些東西都拿掉。我們不需要裝飾窗戶。』我被要求只要負責銷售商品，而這正是我的弱項。」

「在那裏工作了幾個月之後，一天，他在地下室找到了我——我必須要在地下室裏與另外一個年輕人睡在一起。這個年輕人腰上掛著一把左輪手槍，防止有盜賊的光顧。布希內爾先生不留情面地對我說，商店裏有很多的比我還小的少年，他們的銷售業績比我還好，而他們的週薪也只有六美元。我說如果讓商店裝飾的更有魅力一點是否會更好一點呢，我說自己可以做這方面的工作。但他回答說：『我只想你好好賣東西。』

「之後，他將我的週薪減至八美元。」

「這對我是一個巨大的打擊。我覺得自己面對著一個冷漠、沒有溫情的世界。之前，我認爲莫爾—史密斯商店對我很嚴苛，但比起布希內爾來說，他們簡直就是天使。我感到極爲沮喪，自己也曾一度想要放棄。我寫了一封信寄給了母親，信中充斥著自憐的話語。母親回了一封世界上充滿著最多愛意的信給我。在信中，她給我許多鼓勵，最後在信的結語時，她寫道：終有一天，我的兒子，你將成爲一個富有的人。儘管我覺得當時她對我所做的一切根本不抱任何希望，但她對我的信念卻讓我心頭爲之一振。我一直在與這種低落沮喪的情緒作鬥爭，直到自己差點因病死去。當神經衰弱襲來的時候，我瀕臨死亡的邊緣。在接下來的一年時間裏，我無法從事任何工作。在這段身體糟糕的日子裏，我終於確信了自己眞的不適合從事商業。」

「在我身體逐漸康復的時候，一個人急於想要出售他的四英畝農田，他的要價是九百美元。當時我沒有那麼多錢，只能借到六百美元，然後再寫了一張三百美元的欠條。我與妻子開始養雞、種馬鈴薯以及種植一切可以賣到錢的作物。在努力經營了四個月之後，我接到莫爾—史密斯商店的電話，他們說要找我。他們毫不猶豫地給我提供週薪十美元的待遇。他們想讓我重返那裏，助他們一臂之力。」

這是對我之前努力工作的第一次正面肯定，這重燃了我內心的信心。我覺得自己的努力開始收穫果實了。我想，自己能夠回歸有賴於之前永不放棄的決心。我的妻子暫時仍然留在農場裏，她每隔兩個星期就來看望我，這種情況一直持續到我們租到房子。之後，我們在水城買了一幢有三個房間的房子。在第一年的年末，除了借給自己生活艱苦的父親二十美元與醫生的費用，以及

我們第一個孩子出生所需要的所有費用之外，我們積攢了五十美元。當時，我們的生活眞的可以稱得上是省吃儉用——沒有一件奢侈品、沒有娛樂活動、沒有去任何演出、沒有假期。我從早上七點一直在商店工作，直到晚上十點鐘才下班。從一八七七年之後，我就一直在這家商店工作，直到一八七九年二月，我在紐約的尤蒂卡開了屬於自己的第一間五美分的商店。」

「接下來的故事，你們都很清楚了。」

伍爾沃斯的第一間商店開張之後，並沒有取得預想的銷量。他是如何沉著應對著這些挫折的經歷是値得大書特書的。一位從西部過來的旅行者告訴莫爾與史密斯，在一八七八年，「五美分商品」在那裏極爲暢銷。他建議這家商店從積壓的存貨裏，買進盡可能價格低廉的商品，讓這些商品與一些特殊用途的商品混在一起銷售，做一個展示會，讓顧客知道所有商品的價格都只有五美分。於是，莫爾前往紐約，買了差不多一百美元的五美分商品。等到集市的那一天，他們公佈了這一獨特的銷售方式——伍爾沃斯現在都還有那次銷售傳單的複製版。諸如縫紉機台板、其他的檯子與櫃檯都堆滿這些五美分商品，其數量之多在水城是史無前例的。在幾個小時內，這些貨物被搶購一空。在接下來的週六，繼續複製著這一行爲，這樣「五美分商品」的熱潮迅速席捲水城以及周邊城鎭。許多人都認爲這是通往財富的快捷之道。

在這時，莫爾先生已經很看重伍爾沃斯了。他要求職員們去尋找來開「五美分商店」的適合地點。當伍爾沃斯說自己沒有足夠的資金時，莫爾先生同意借給他價値三百美元的商品。第一間伍爾沃斯的五美分商店裏，五美分商品的總額就是三百二十一美元——十美分的商品之後也在商店裏銷售。

商店的經營失敗了。這種熱潮在過分狂熱之後，開始逐漸消退。他帶著少許痛苦的經驗從尤蒂卡回來了。伍爾沃斯覺得自己現在只能在莫爾—史密斯商店裏重新開始工作了。就在這時，莫爾先生再次給予他支援。這次商店的選址是在賓夕法尼亞州的蘭開斯特，這個地點是由伍爾沃斯選擇的。商店一開門營業，就取得了成功。

不久，在全國各地冒出來的五美分商店都相繼經營失敗。此時，伍爾沃斯是唯一一位還在這一領域存活的人。正是憑著他的勇氣、毅力與高瞻遠矚，這家商店堅持了下來。正是他身上散發的這種堅忍不拔的信念，讓他當年在貨棚裏可以免費地爲別人工作；正是這種信念讓他可以在水城沒有工資的情況下爲別人工作三個月；正是這種信念讓他在早年不斷失敗的陰影，一次次勇闖商界；這種信念激勵著他不能在失敗面前低頭，儘管別人都已被失敗征服了。

在蘭開斯特那間商店開業不久，他就於一八七九年六月在賓夕法尼亞州的哈里斯堡又開了一間商店，讓他的弟弟C．S．伍爾沃斯擔任經理。這一冒險舉動沒有取得成功，最後不得不關門大吉。但伍爾沃斯現在比以往任何時候都更爲自信。他發現自己一生所鍾愛的事業，同時覺得自己母親的預言很有可能成爲現實。

「在一八八〇年中期，那時我已經相當富有了。於是，我決定享受第一次假期。」伍爾沃斯深情地回憶說。「那時，我有二千美元的財產，這筆錢看上去比現在的二千萬美元更多。事實上，我覺得當時的自己比現在更加富有，因爲我意識到成功的喜悅與滿足。我回到了老水城，我受到當地人們英雄般的歡迎。」

在回到蘭開斯特之後，他覺得自己必須爲自己的弟弟找另一個職位。於是，他把弟弟安排到位於賓夕法尼亞州的斯克蘭頓市的一間銷售五美分與十美分的商店裏工作。現在，他那位已經是百萬富翁的弟弟仍在那裏工作。過了一段時間，伍爾沃斯的雄心壯志讓他決定把業務拓展到費

城。但在那裏開業三個月之後，商店虧損了三百八十美元，他不得不撤出這一地區。

此時，伍爾沃斯開的五間商店裏，有三間以失敗告終。這一經歷足以讓許多滿懷上進的人感到心灰意冷。但伍爾沃斯豈是等閒之輩。當他的表弟西蒙・H・諾克斯在一八八二年找他，說要進入商界。伍爾沃斯決定與他進行對等的合夥，在賓夕法尼亞州的雷丁開商店。這間商店現在還在原來的那個位置，仍在經營著。諾克斯在兩年前去世，死前他已是一位百萬富翁。伍爾沃斯再次進入哈里斯堡，與那裏的商店進行競爭。他與另一個人同樣是以合夥的方式開店，這間商店現在仍是生意紅火。在新澤西州特倫頓地區的商店，同樣是以這樣的方式開張營業的。通過與自己商業夥伴合夥的方式，伍爾沃斯發現自己可以適當地依靠自己的生意夥伴。正是靠著這一方法，他開了一間又一間商店。

儘管在費城有一定的經驗，但伍爾沃斯對於如何解決在大城市的運作問題，仍是感到不安。他在紐華克開了一間規模較大的商店，但在經過六個月不成功的經營之後，不得不以關門告終。位於紐約的艾爾邁拉地區也同樣不給五美分與十美分商店「熱身」的機會。

伍爾沃斯在嘗試開二十五美分商店的努力最終也以失敗告終，剛開始是雷丁地區，接著是蘭開斯特無情地「拒絕」這種創新。於是，他決定還是堅持五美分與十美分商品的經營。在這時，他已經習慣了逆境與挫折。就像歐洲大陸上的將領一樣，他總是在想著不斷拓展自己的業務。當某一點的阻力大時，他就會很從容地繞過，從而攻擊那些阻力稍小的方向。

在一八八六年，伍爾沃斯沒有在紐約開商店，而是在錢伯斯大街的一〇四號租了一個很小的辦公室，租金是每月二十五美元。他在這裏夜以繼日地工作，既要管理好帳本，又要爲自己所有的商店進貨而忙碌，還要在全國各地到處奔波，考察最適宜的開店地址，親自回了每封來信。在第一次大病之後，他的身體從沒有完全地康復過。而現在，他一人在紐約的辦公室裏孜孜不倦地工作。他的體重降到了一百三十五磅，儘管他看上去仍然比一般身高的人來的健碩。在爲成功奮力拼搏之際，他得了傷寒症。在八個星期裏，他都無法從事工作。

「這次經歷教會了我一個道理，」伍爾沃斯說。「在這之前，我還是一直認爲自己應該事必躬親。但我還是喜歡記帳，但經過努力，我終於放下自己的自大——拋棄了以往認爲自己在進貨、展示商品、經營商店，或是其他事情都做得比自己的同事做得好等等的這些想法。這是我眞正成功的開始，這讓我可以大展拳腳地拓展自己的事業。之後，我的精力就集中於一些重要事情上——諸如企業的前景、發展規劃，指示下屬，將權力與責任下放，樂於對企業一般事務進行監管。許許多多的商人一直都沒有克服自己的心中的自大情結，他們什麼事情都要自己來，結果他們只能爲一間小店疲於奔命。

「做生意就像一個雪球：剛開始的時候，一個人能夠輕易地將其推動。若是不斷向前推，雪球就會越滾越大——如果你不繼續地滾它，它將很快就會融化。任何商業都不能長時間地停滯不前。若是任其發展，其趨勢必然是難以控制。」

「在一八七九年到一八八九年這十年裏，我只開了十二間商店，但我發現商店的數量越多，我就可以給予顧客越多的優惠。我不會借貸去拓展業務，這種觀念讓我能夠腳踏實地，不會妄想一步登天。在一八九五年，我們在布魯克林開了第一間大型的商店，商店從一開業就獲得豐厚的利潤。然後，我們就到華盛頓、費城、波士頓這些城市開店。一八九六年十月，在波士頓開店一個星期之後，我們就在紐約開店。一些夥伴認爲我冒這麼大的風險實在是瘋狂之舉，但我卻並不這樣認爲。在一九〇四年，我們的業務拓展到了西部地區，以芝加哥爲該地區的總部。在一九〇

五年，我們將這些店合併為一家私人企業，其價值已達一千萬美元。在一九一二年，當商店數目增至三百間左右時，我們與西摩・H・諾克斯公司、F・M・卡比公司、E・P・查爾頓公司、C・S・伍爾沃斯公司與W・H・莫爾公司合併，這樣，我們的商店總數達到了六百家。

伍爾沃斯的一大特點是他強烈的感恩之心。對於那些在他艱難日子幫助過他的人，他都心存感激。他的第一位雇主W・H・莫爾先生現在成了這家市值六千五百萬美元公司的名譽副董事長。在伍爾沃斯事業起步的階段，莫爾與史密斯曾經給予他極大的幫助，他與他們倆一直是最好的朋友。

在一九〇九年，伍爾沃斯研究在歐洲開店的可行性。在那裏，他花了整個夏天的時間在英國的主要城市組織開店的事宜。因為伍爾沃斯將全世界都看成是他可以開拓的市場。在未來的日子裏，伍爾沃斯海外的業務發展將可能獲得更大的發展。

下表這些資料顯示了伍爾沃斯公司發展。

不起眼的五分與十分硬幣之前是否想過自己可以累積出這麼龐大的數目呢？

「為什麼你要斥鉅資興建世界上最高的大樓呢？」我問道。

「有幾個原因。你知道小孩子的課本上有講到世界上最高的建築

年份	商店數目	年度銷售額
1912年12月31日	611間	60,557,767美元
1913年12月31日	684間	66,228,072美元
1914年12月31日	737間	69,619,669美元
1915年12月31日	805間	75,995,774美元
1916年12月31日	920間	87,089,270美元

嗎？」伍爾沃斯在回答時露出了得意的笑容。「最近我的秘書收到一張從太平洋沿岸寄來的明信片，那張卡片上的位址寫著：寄往世界上最高的建築物。一封從德國寄過來的信上面什麼都沒寫，只是寫著機構的名字與『伍爾沃斯大樓』，上面沒有提到哪個城市或是國家。我曾注意到在歐洲發行的一份商業報紙上，伍爾沃斯大樓成爲了美國的象徵，上面甚至沒有標出這幢大樓的名字。也許，我的想法（指興建世界第一高樓）並不像許多人想的那麼愚蠢。」

伍爾沃斯興建世界上最高的建築物的念頭，讓自己的商店遍佈整個世界的雄心壯志，以及在戰勝一切艱難險阻之後取得最終勝利的動力，這部分原因可以說是受到「那位科西嘉小矮人」的無盡激勵。伍爾沃斯的私人辦公室對拿破崙「帝國餐廳」進行了惟妙惟肖的模仿，裏面陳設著名的大鐘與許多獨一無二的物品，裝飾著他的辦公室。整間辦公室的輝煌宏偉的佈局讓其他地方黯然失色。在紐約第五大道的宮殿式住所裏，他擺設了世界上最精妙的音樂演奏器具。在設備齊全的音樂室裏，他與自己的朋友陶醉在美妙的音樂裏。

他完全實現了自己母親的預言：「終有一天，我的兒子，你將成爲一個富有的人。」爲了紀念自己的父母親，伍爾沃斯在紐約的大本德興建並捐贈了一座聖公會教堂。

在一八七七年，伍爾沃斯與來自紐約水城的珍妮・克萊頓小姐結婚。他們有三個女兒，分別是查爾斯・E・F・麥卡恩，已故的富蘭克林・L・赫頓以及詹姆斯・P・多納休。

弗蘭克・W・伍爾沃斯的人生傳奇是美國的驕傲！

博雅文庫 079

締造美國經濟的33位巨人

作　　者　博泰・查理斯・富比士
翻　　譯　邊曉華　胡彧
審　　定　孔　謐
發 行 人　楊榮川
總 編 輯　王翠華
主　　編　張毓芬
責任編輯　侯家嵐
文字編輯　12舟
封面設計　盧盈良
出 版 者　五南圖書出版股份有限公司
地　　址　106台北市大安區和平東路二段339號4樓
電　　話　(02)2705-5066
傳　　真　(02)2706-6100
劃撥帳號　01068953
戶　　名　五南圖書出版股份有限公司
網　　址　http://www.wunan.com.tw
電子郵件　wunan@wunan.com.tw
法律顧問　林勝安律師事務所　林勝安律師
出版日期　2014年6月初版一刷
定　　價　新臺幣480元

國家圖書館出版品預行編目資料

締造美國經濟的33位巨人/博泰・查理斯・富比士著；邊曉華，胡彧譯. — 初版. — 臺北市：五南, 2014.06
面；　公分
譯自：Men who are making America
ISBN 978-957-11-7617-8（平裝）
1.企業家 2.傳記 3.美國
490.9952　　103007544